物联网平台开发及应用

基于CC2530和ZigBee

廖建尚 编著

电子工业出版社
Publishing House of Electronics Industry
北京·BEIJING

内 容 简 介

本书是一本由浅入深对物联网系统进行开发的书籍，全书采用任务式开发的学习方法，共积累了近 50 生动有趣、贴近生活的案例，每个案例均有完整的开发过程，分别是明确的学习目标、清晰的环境开发要求、深入浅出的原理学习、详细的开发内容和完整的开发步骤，最后得出任务结论，引导读者一步一步轻松完成理论学习，并将理论学习用于开发实践进行验证，避免的枯燥的理论学习，强调理论与实践的有机结合，全书配套了相应的源代码，在书本源代码的基础可以进行快速二次开发。

本书按照知识点分类，分为入门篇、基础开发篇和云平台开发篇，将嵌入式系统的开发技术、处理器基本接口驱动、传感器驱动、无线射频技术、Android 移动互联网开发和云平台用一种通信协议结合在一起，实现了强大的物联网数据采集、传输和处理，能适用在多个行业的应用。

本书既可作为高等院校相关专业师生的教材或教学参考书，也可供相关领域的工程技术人员查阅，对于物联网系统开发爱好者，本书也是一本深入浅出、生动有趣、贴近生活的技术读物。

本书配有相关开发资源包，读者可登录华信教育资源网（www.hxedu.com.cn）免费注册后下载。

图书在版编目（CIP）数据

物联网平台开发及应用 ：基于 CC2530 和 ZigBee / 廖建尚编著. —北京：电子工业出版社，2016.9
ISBN 978-7-121-29816-5

Ⅰ．①物…　Ⅱ．①廖…　Ⅲ．①互联网络－应用②智能技术－应用　Ⅳ．①TP393.4②TP18

中国版本图书馆 CIP 数据核字（2016）第 207456 号

责任编辑：田宏峰
印　　刷：涿州市般润文化传播有限公司
装　　订：涿州市般润文化传播有限公司
出版发行：电子工业出版社
　　　　　北京市海淀区万寿路 173 信箱　邮编　100036
开　　本：787×1 092　1/16　印张：22　字数：560 千字
版　　次：2016 年 9 月第 1 版
印　　次：2024 年 2 月第 18 次印刷
定　　价：59.00 元

凡所购买电子工业出版社图书有缺损问题，请向购买书店调换。若书店售缺，请与本社发行部联系，联系及邮购电话：（010）88254888，88258888。

质量投诉请发邮件至 zlts@phei.com.cn，盗版侵权举报请发邮件至 dbqq@phei.com.cn。

本书咨询联系方式：tianhf@phei.com.cn。

物联网和云计算已经逐渐改变了社会的生产方式，以及人们的工作、生活和娱乐方式。物联网在智能农业、智能家居、智能电力、智能交通、智能电网、智能安防、智能物流等方面得到了广泛的应用，并逐步改变着这些产业的结构。

物联网系统涉及的技术很多，对于从事物联网系统开发的工程师来说，需要对软/硬件有一定的理解，因此，一个有志于从事物联网系统开发的人，必须掌握处理器外围接口的驱动开发技术、相应传感器的驱动开发技术，能开发应用程序和移动端程序。本书以 CC2530 微处理器为硬件平台，详细讲解传感器驱动、无线射频技术、Android 移动互联网开发和云平台，理论知识点清晰，实践案例丰富，循序渐进地引导读者掌握物联网系统开发的各种技术。

本书由浅入深地讲述物联网系统的开发，采用任务式开发的方法，通过大量生动有趣、贴近生活的案例来讲述物联网系统的开发。每个案例均有完整的开发过程，包括学习目标、开发环境、原理学习、开发内容和开发步骤，最后得出任务结论，引导读者轻松完成理论学习并用于实践进行验证，避免枯燥的理论学习，强调理论与实践的结合。

书中每个案例均有完整的开发代码，所有的实例都已经在 TI 公司的 CC2530 微处理器和智云平台进行了验证，在源代码的基础可以进行快速二次开发，能轻松地将其转化为各种比赛的案例或者科研工作人员进行科研项目开发等。

本书结构

本书按照知识点分类，分为入门篇、基础开发篇和云平台开发篇。

第 1 篇是入门篇，共 2 章。

第 1 章介绍物联网的基本概念，以及本书开发使用的硬件平台 CC2530。

第 2 章介绍物联网开发的软件环境搭建，从创建第一个 IAR 应用程序入手，介绍如何用 IAR 建立工程，如何编译和调试。

第 2 篇是基础开发篇，共 5 章。

第 3 章是 CC2530 外围接口电路驱动开发，涉及本书中案例有 LED 控制、外部中断、定时器/计数器、串口、A/D 转换、休眠与唤醒、看门狗、DMA 控制，引导读者掌握 CC2530 外围接口电路驱动开发等。

第 4 章是传感器开发项目，在 CC2530 的基础上完成各种传感器的原理学习与开发，包括光敏传感器、温湿度传感器、雨滴/凝露传感器、火焰传感器、继电器、霍尔传感器、超声波测距离传感器、人体红外传感器、可燃气体/烟雾传感器、空气质量传感器、三轴传感器、压力传感器和 RFID 读写等，选用的传感器均是目前在每个行业应用广泛的器件。

第 5 章介绍无线射频开发项目，包括点对点通信、广播通信、信道监听和无线控制，阐述了 ZigBee 无线技术的三种主要通信方式和开发方法。

第 6 章主要介绍 Stack 协议栈的开发，包括认识 Zstack 协议栈、Zstack 协议栈工程解析、多点自组织组网、信息广播/组播、星状网、树状网、ZigBee 串口应用、ZigBee 协议分析、ZigBee 绑定任务等。

第 7 章是物联网开发综合项目，首先介绍与物联网平台有关的技术，如物联网平台控制操作、智能网关程序、节点间通信协议，然后介绍 Android 控制程序、ZigBee 节点控制程序和传感器节点的添加等，综合应用物联网技术。

第 3 篇是云平台开发篇，共 1 章。

第 8 章主要分析云平台开发技术，首先介绍智云物联平台的基本使用方法，然后设计了一种用于数据传输的通信协议和智云的 Android 应用接口，最后对云平台的综合应用和项目发布进行了详细的介绍。

本书特色

（1）任务式开发：抛去传统的理论学习方法，通过合适的案例将理论与实践结合起来，使理论学习和开发实践紧密结合，带领读者快速入门，由浅入深地逐步掌握物联网系统的开发技术。

（2）物联网和云平台的结合：在智云平台上实现物联网系统的开发，将嵌入式系统的开发技术、处理器基本接口驱动、传感器驱动、无线射频技术、Android 移动互联网开发和云平台用一种通信协议结合在一起，实现了强大的物联网数据采集、传输和处理，适合在多个行业的应用。

参与本书编写的人员还有曹成涛、杨志伟、林晓辉，本书既可作为高等院校相关专业师生的教学参考书、自学参考书，也可供相关领域的工程技术人员查阅，对于物联网开发爱好者，本书也是一本的深入浅出的读物。

感谢中智讯（武汉）科技有限公司在本书编写的过程中提供的帮助和支持，特别感谢电子工业出版社的编辑在本书出版过程中给予的指导和大力支持。

本书在编写过程中，借鉴和参考了国内外专家、学者、技术人员的相关研究成果，我们尽可能按学术规范予以说明，但难免有疏漏之处，在此谨向有关作者表示深深的敬意和谢意，如有请疏漏，请及时通过出版社和作者联系。

由于本书涉及的知识面广，限于笔者的水平和经验，疏漏之处在所难免，恳请专家和读者批评指正。

作 者
2016 年 7 月

CONTENTS **目录**

第1篇 入门篇

第1章 物联网开发硬件与软件 ……………………………………………………………… 3

1.1 任务1：认识物联网 ……………………………………………………………………… 3

    1.1.1 物联网 ………………………………………………………………………………… 3

    1.1.2 国外物联网 …………………………………………………………………………… 4

    1.1.3 国内物联网 …………………………………………………………………………… 5

    1.1.4 物联网重点领域 ……………………………………………………………………… 6

    1.1.5 国外物联网发展重点方向和机遇 …………………………………………………… 7

1.2 任务2：认识物联网开发硬件 …………………………………………………………… 8

    1.2.1 物联网开发硬件——TI CC2530 处理器 …………………………………………… 8

    1.2.2 CC2530 无线节点 …………………………………………………………………… 9

    1.2.3 跳线设置及硬件连接 ………………………………………………………………… 9

    1.2.4 CC2530 无线节点硬件资源 ………………………………………………………… 11

第2章 物联网开发环境搭建 …………………………………………………………………… 15

2.1 任务3：物联网开发环境搭建 …………………………………………………………… 15

    2.1.1 学习目标 ……………………………………………………………………………… 15

    2.1.2 开发环境 ……………………………………………………………………………… 15

    2.1.3 原理学习 ……………………………………………………………………………… 15

    2.1.4 开发步骤 ……………………………………………………………………………… 15

2.2 任务4：创建第一个 IAR 应用程序 ……………………………………………………… 18

    2.2.1 创建工程 ……………………………………………………………………………… 18

    2.2.2 工程设置 ……………………………………………………………………………… 22

    2.2.3 IAR 程序的下载与调试 …………………………………………………………… 25

    2.2.4 下载 hex 文件 ……………………………………………………………………… 29

第2篇 基础开发篇

第3章 CC2530 外围接口项目开发 ………………………………………………………… 35

3.1 任务5：LED 控制 ………………………………………………………………………… 35

    3.1.1 学习目标 ……………………………………………………………………………… 35

3.1.2 开发环境 ·· 35

3.1.3 原理学习 ·· 35

3.1.4 开发内容 ·· 37

3.1.5 开发步骤 ·· 38

3.2 任务 6：外部中断 ·· 38

3.2.1 学习目标 ·· 38

3.2.2 开发环境 ·· 39

3.2.3 原理学习 ·· 39

3.2.4 开发内容 ·· 40

3.2.5 开发步骤 ·· 41

3.3 任务 7：定时器 ·· 42

3.3.1 学习目标 ·· 42

3.3.2 开发环境 ·· 42

3.3.3 原理学习 ·· 42

3.3.4 开发内容 ·· 44

3.3.5 开发步骤 ·· 45

3.4 任务 8：串口 ·· 45

3.4.1 学习目标 ·· 45

3.4.2 开发环境 ·· 46

3.4.3 原理学习 ·· 46

3.4.4 开发内容 ·· 48

3.4.5 开发步骤 ·· 50

3.5 任务 9：ADC 采集 ·· 51

3.5.1 学习目标 ·· 51

3.5.2 开发环境 ·· 51

3.5.3 原理学习 ·· 51

3.5.4 开发内容 ·· 52

3.5.5 开发步骤 ·· 53

3.6 任务 10：休眠与唤醒 ·· 54

3.6.1 学习目标 ·· 54

3.6.2 开发环境 ·· 55

3.6.3 原理学习 ·· 55

3.6.4 开发内容 ·· 55

3.6.5 开发步骤 ·· 58

3.7 任务 11：看门狗 ·· 58

3.7.1 学习目标 ·· 58

3.7.2 开发环境 ·· 58

3.7.3 原理学习 ·· 59

3.7.4 开发内容 ·· 59

3.7.5 开发步骤 ·· 60

3.8 任务 12：DMA 61

    3.8.1 学习目标 61

    3.8.2 开发环境 61

    3.8.3 原理学习 61

    3.8.4 开发内容 61

    3.8.5 开发步骤 64

第 4 章　传感器开发项目 65

4.1 任务 13：光敏传感器 65

    4.1.1 学习目标 65

    4.1.2 开发环境 65

    4.1.3 原理学习 65

    4.1.4 开发内容 65

    4.1.5 开发步骤 67

    4.1.6 任务结论 67

4.2 任务 14：温/湿度传感器 67

    4.2.1 学习目标 67

    4.2.2 开发环境 67

    4.2.3 原理学习 67

    4.2.4 开发内容 69

    4.2.5 开发步骤 71

    4.2.6 任务结论 71

4.3 任务 15：雨滴/凝露传感器 71

    4.3.1 学习目标 71

    4.3.2 开发环境 72

    4.3.3 原理学习 72

    4.3.4 开发内容 72

    4.3.5 开发步骤 73

    4.3.6 任务结论 74

4.4 任务 16：火焰传感器 74

    4.4.1 学习目标 74

    4.4.2 开发环境 74

    4.4.3 原理学习 74

    4.4.4 开发内容 75

    4.4.5 开发步骤 76

    4.4.6 任务结论 76

4.5 任务 17：继电器传感器 76

    4.5.1 学习目标 76

    4.5.2 开发环境 77

    4.5.3 原理学习 77

    4.5.4 开发内容 78

4.5.5　开发步骤 ·· 79

4.5.6　任务结论 ·· 79

4.6　任务 18：霍尔传感器 ··· 79

4.6.1　学习目标 ·· 79

4.6.2　开发环境 ·· 79

4.6.3　原理学习 ·· 80

4.6.4　开发内容 ·· 81

4.6.5　开发步骤 ·· 81

4.6.6　任务结论 ·· 82

4.7　任务 19：超声波测距传感器 ··· 82

4.7.1　学习目标 ·· 82

4.7.2　开发环境 ·· 82

4.7.3　原理学习 ·· 82

4.7.4　开发内容 ·· 83

4.7.5　开发步骤 ·· 85

4.7.6　任务结论 ·· 85

4.8　任务 20：人体红外传感器 ··· 85

4.8.1　学习目标 ·· 85

4.8.2　开发环境 ·· 85

4.8.3　原理学习 ·· 85

4.8.4　开发内容 ·· 86

4.8.5　开发步骤 ·· 87

4.8.6　任务结论 ·· 88

4.9　任务 21：可燃气体/烟雾传感器 ··· 88

4.9.1　学习目标 ·· 88

4.9.2　开发环境 ·· 88

4.9.3　原理学习 ·· 88

4.9.4　开发内容 ·· 89

4.9.5　开发步骤 ·· 90

4.9.6　任务结论 ·· 91

4.10　任务 22：空气质量传感器 ··· 91

4.10.1　学习目标 ·· 91

4.10.2　开发环境 ·· 91

4.10.3　原理学习 ·· 91

4.10.4　开发内容 ·· 92

4.10.5　开发步骤 ·· 92

4.10.6　任务结论 ·· 92

4.11　任务 23：三轴传感器 ·· 93

4.11.1　学习目标 ·· 93

4.11.2　开发环境 ·· 93

4.11.3 原理学习 93

4.11.4 开发内容 95

4.11.5 开发步骤 99

4.11.6 任务结论 99

4.12 任务 24：压力传感器 99

4.12.1 学习目标 99

4.12.2 开发环境 99

4.12.3 原理学习 100

4.12.4 开发内容 102

4.12.5 开发步骤 105

4.12.6 任务结论 105

4.13 任务 25：RFID 读写 105

4.13.1 学习目标 105

4.13.2 开发环境 105

4.13.3 原理学习 105

4.13.4 开发内容 109

4.13.5 开发步骤 117

4.13.6 任务结论 117

第 5 章 无线射频开发项目 119

5.1 任务 26：点对点通信 119

5.1.1 学习目标 119

5.1.2 开发环境 119

5.1.3 原理学习 119

5.1.4 开发内容 119

5.1.5 开发步骤 122

5.1.6 任务结论 123

5.2 任务 27：广播通信 123

5.2.1 学习目标 123

5.2.2 开发环境 123

5.2.3 原理学习 123

5.2.4 开发内容 123

5.2.5 开发步骤 126

5.2.6 任务结论 127

5.3 任务 28：信道监听 127

5.3.1 学习目标 127

5.3.2 开发环境 127

5.3.3 原理学习 127

5.3.4 开发内容 128

5.3.5 开发步骤 130

5.3.6 任务结论 131

5.4 任务 29：无线控制 ·· 131

    5.4.1 学习目标 ·· 131

    5.4.2 开发环境 ·· 131

    5.4.3 原理学习 ·· 132

    5.4.4 开发内容 ·· 132

    5.4.5 开发步骤 ·· 134

    5.4.6 任务结论 ·· 135

第 6 章　ZStack 协议栈开发 ·· 137

6.1 任务 30：认识 ZStack 协议栈 ··· 137

    6.1.1 ZStack 的安装 ·· 137

    6.1.2 ZStack 的结构 ·· 138

    6.1.3 设备的选择 ·· 140

    6.1.4 定位编译选项 ··· 141

    6.1.5 ZStack 中的寻址 ··· 142

    6.1.6 ZStack 中的路由 ··· 144

    6.1.7 OSAL 调度管理 ·· 144

    6.1.8 ZStack 的串口通信 ··· 145

    6.1.9 配置信道 ·· 146

6.2 任务 31：ZStack 协议栈工程解析 ·· 147

    6.2.1 学习目标 ·· 147

    6.2.2 开发环境 ·· 147

    6.2.3 原理学习 ·· 147

6.3 任务 32：多点自组织组网 ·· 161

    6.3.1 学习目标 ·· 161

    6.3.2 预备知识 ·· 161

    6.3.3 开发环境 ·· 161

    6.3.4 原理学习 ·· 161

    6.3.5 开发内容 ·· 163

    6.3.6 开发步骤 ·· 166

    6.3.7 任务结论 ·· 168

6.4 任务 33：信息广播/组播 ··· 168

    6.4.1 学习目标 ·· 168

    6.4.2 预备知识 ·· 168

    6.4.3 开发环境 ·· 168

    6.4.4 原理学习 ·· 168

    6.4.5 开发内容 ·· 169

    6.4.6 开发步骤 ·· 172

    6.4.7 任务结论 ·· 173

6.5 任务 34：网络拓扑——星状网 ··· 174

    6.5.1 学习目标 ·· 174

6.5.2　预备知识 ·· 174

6.5.3　开发环境 ·· 174

6.5.4　原理学习 ·· 174

6.5.5　开发内容 ·· 174

6.5.6　开发步骤 ·· 178

6.5.7　任务结论 ·· 178

6.6　任务 35：网络拓扑——树状网 ······················· 179

6.6.1　学习目标 ·· 179

6.6.2　预备知识 ·· 179

6.6.3　开发环境 ·· 179

6.6.4　原理学习 ·· 179

6.6.5　开发内容 ·· 179

6.6.6　开发步骤 ·· 182

6.6.7　任务结论 ·· 183

6.7　任务 36：ZigBee 串口应用 ···························· 183

6.7.1　学习目标 ·· 183

6.7.2　预备知识 ·· 184

6.7.3　开发环境 ·· 184

6.7.4　原理学习 ·· 184

6.7.5　开发内容 ·· 184

6.7.6　开发步骤 ·· 186

6.7.7　任务结论 ·· 187

6.8　任务 37：ZigBee 协议分析 ···························· 187

6.8.1　学习目标 ·· 187

6.8.2　预备知识 ·· 187

6.8.3　开发环境 ·· 187

6.8.4　原理学习 ·· 188

6.8.5　开发内容 ·· 189

6.8.6　开发步骤 ·· 191

6.8.7　任务结论 ·· 192

6.9　任务 38：ZigBee 绑定 ································· 193

6.9.1　学习目标 ·· 193

6.9.2　预备知识 ·· 193

6.9.3　开发环境 ·· 193

6.9.4　原理学习 ·· 193

6.9.5　开发内容 ·· 194

6.9.6　开发步骤 ·· 196

6.9.7　任务结论 ·· 197

第 7 章　物联网开发综合项目 ································· 199

7.1　任务 39：搭建物联网开发平台 ······················· 200

7.1.1　准备开发环境 200
7.1.2　启动程序 200
7.1.3　搜索网络 201
7.1.4　传感器节点操作 202
7.2　任务40：智能网关开发程序 204
7.2.1　智能网关程序框架 204
7.2.2　智能网关服务程序解析 205
7.3　任务41：节点间通信协议 212
7.3.1　应用层通信协议解析 212
7.3.2　串口通信协议解析 214
7.3.3　协议栈通信协议解析 217
7.4　任务42：Android 控制程序开发 218
7.4.1　Android 用户控制程序框架 218
7.4.2　导入 Android 用户控制程序 226
7.5　任务43：ZigBee 节点控制程序开发 228
7.5.1　节点工程介绍 229
7.5.2　传感器介绍 230
7.5.3　传感器底层代码解析 231
7.6　任务44：添加自定义传感器节点 239
7.6.1　定义节点间通信协议 239
7.6.2　编写传感器节点程序 239
7.6.3　编写 Android 界面控制程序 244

第3篇　云平台开发篇

第8章　云平台项目开发 253
8.1　任务45：智云物联开发基础 254
8.1.1　智云物联平台介绍 254
8.1.2　智云物联基本框架和常用硬件 254
8.1.3　智云物联案例 255
8.1.4　开发前准备工作 256
8.2　任务46：智云平台基本使用 256
8.2.1　学习目标 256
8.2.2　开发环境 256
8.2.3　原理学习 256
8.2.4　开发内容 257
8.2.5　开发步骤 262
8.2.6　任务结论 267
8.3　任务47：通信协议 267
8.3.1　学习目标 267
8.3.2　开发环境 267

　　　8.3.3　原理学习 ·· 267

　　　8.3.4　开发内容 ·· 272

　　　8.3.5　开发步骤 ·· 273

　　　8.3.6　任务结论 ·· 275

　8.4　任务 48：智云硬件驱动开发 ·· 275

　　　8.4.1　学习目标 ·· 275

　　　8.4.2　开发环境 ·· 276

　　　8.4.3　原理学习 ·· 276

　　　8.4.4　开发内容 ·· 277

　　　8.4.5　开发步骤 ·· 288

　　　8.4.6　任务结论 ·· 290

　8.5　任务 49：智云 Android 应用接口 ·· 290

　　　8.5.1　学习目标 ·· 290

　　　8.5.2　开发环境 ·· 290

　　　8.5.3　原理学习 ·· 290

　　　8.5.4　开发内容 ·· 296

　　　8.5.5　开发步骤 ·· 313

　　　8.5.6　任务结论 ·· 314

　8.6　任务 50：智云开发调试工具 ·· 314

　　　8.6.1　学习目标 ·· 314

　　　8.6.2　开发环境 ·· 314

　　　8.6.3　原理学习 ·· 314

　　　8.6.4　开发内容 ·· 315

　　　8.6.5　开发步骤 ·· 318

　　　8.6.6　任务结论 ·· 320

　8.7　任务 51：云平台应用 ·· 320

　　　8.7.1　学习目标 ·· 320

　　　8.7.2　开发环境 ·· 320

　　　8.7.3　原理学习 ·· 320

　　　8.7.4　开发内容 ·· 321

　　　8.7.5　开发步骤 ·· 327

　　　8.7.6　任务结论 ·· 328

附录 A　无线节点读取 IEEE 地址 ·· 329

附录 B　认识常用的传感器 ·· 331

参考文献 ·· 333

第 1 篇

入门篇

◎ 物联网开发硬件与软件
◎ 物联网开发环境搭建

第1篇

入门篇

第1章

物联网开发硬件与软件

1.1 任务1：认识物联网

1.1.1 物联网

物联网（Internet of Things），是指利用各种信息传感设备，如射频识别（RFID）装置、无线传感器、红外感应器、全球定位系统、激光扫描器等对现有物品信息进行感知、采集，通过网络支撑下的可靠传输技术，将各种物品的信息汇入互联网，并进行基于海量信息资源的智能决策、安全保障及管理技术与服务的全球公共的信息综合服务平台。

物联网如图1.1所示。

图 1.1　物联网

物联网有两层意思：第一，物联网的核心和基础仍然是互联网，是在互联网基础上延伸和扩展的网络；第二，其用户端延伸和扩展到了任何物品，以及物品之间进行信息交换和通信。因此，物联网是指运用传感器、射频识别（RFID）、智能嵌入式等技术，使信息传感设备感知任何需要的信息，按照约定的协议，通过可能的网络（如基于 Wi-Fi 的无线局域网、3G/4G

等）接入方式，把任何物体与互联网相连接，进行信息交换通信，在进行物与物、物与人的泛在连接的基础上，实现对物体的智能化识别、定位、跟踪、控制和管理。《物联网导论》中给出了物联网的架构图，分为感知识别层、网络构建层、信息处理层和综合应用层，如图1.2所示。

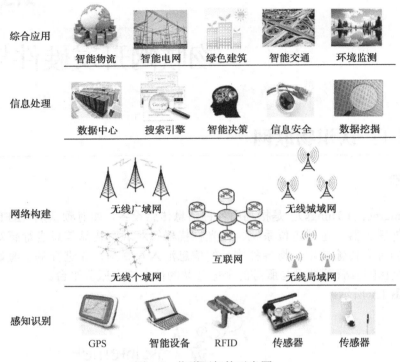

图1.2　物联网架构示意图

随着家居智能化的快速兴起，现代家居中的监测、对讲、安防、管理及控制等更多的功能被集成应用，从而使得可视对讲、家庭安防，以及家居灯光、电器智能控制等子系统越来越多，线路日趋复杂。在满足功能需求不断增长的同时，提高系统的集成度，进一步提升系统的性价比，使安装及维护工作更为简单化，并能保证很好的灵活性，是现代家居智能化的发展趋势。

1.1.2　国外物联网

从全球范围来看，在战略层面，发达国家擅长把握物联网发展的契机，可以看到美国和德国这些国家，主要从工业角度，重塑制造业优势提出了一些相关的发展战略，像美国早年提出的智慧地球的理念一样，近几年的制造业伙伴战略计划、德国的工业4.0理念，都是借助物联网重构生产体系，形成产业革命的好例子。欧盟、韩国以及其他国家，主要从政府层面布局研发项目，在欧盟FPC中设立着一系列的研发项目。

从应用层面来看，物联网应用稳步发展，市场化机制正在逐步形成，其可归纳为三个方面：M2M已经率先形成完整产业链，到2013年年底，全球的M2M数已经达到1.95亿，全球已经有428家移动运营商提供了M2M服务，是所有产业，所有应用里面，产业链最完备，标准化程度最高的应用；车联网是市场化潜力最大的应用之一，很多国家制定了自己的政策，例如美国在未来希望低端车型全部实现联网；全球的智能电网应用进入发展高峰。

从技术层面来看，IT 化和语义化是整个技术标准的热点，在互联网发展的初期，可能大家对整个发展的态势还看不大清楚，随着这几年的发展，可以看到，整个技术的体系已经引入了很多互联网的元素，IP 化、Web 化和语义化的趋势非常明显，整个技术特征可归纳为六个方面。

- 物联网体系架构依然是国际关注和推进的重点。
- 感知层短距离通信技术共存发展的一种态势。
- 无线传感网 IP 化步伐加快，这其实是对 IP 化在感知层面的一种应用。
- 物联网语义从传感网本题定义向网络服务、资源本题延伸。
- 物联网与移动互联网在终端、网络、平台及架构上融合发展。
- 全球物联网标准化稳步推进发展。

从产业层面来看，物联网产业加速发展，物联网环节部分实现突破。从产业链环节来看，很多厂商推出了针对物联网的专用芯片，或者针对物联网的特定的应用场景进行优化。另外，物联泛终端不断演化，支持物联能力的终端越来越多，在终端层面，发展速度是最快的。开源硬件和开放平台催生了物联网设备开发新模式，开源硬件平台已经对整个硬件层面的设计产生了比较深远的影响，通过开源硬件的平台，极大地缩短了物联网产品的研发周期，以前的开发非常难，现在通过开放的电路板和原理图就可以开发出新的终端。另外，这种开放的平台，加上开源硬件的配合也简化了整体的部署。可以看到，整个开源的理念，加速了 C2B 的硬件的生产模式。

从产业的另外一个国际趋势来看，很多企业都瞄准 IoT 的增长机遇，开始实现"结盟圈地"的运动。电信研究院在白皮书中归纳了很多目前比较火的联盟，如 AT&T、思科、通用电气等成立工业互联网联盟。另外，产业界的收购并购也非常火，谷歌收购了 Nest 全面进军智能家居的领域，IT 企业也纷纷布局车联网的领域，国内的 IT 企业也是纷纷布局车联网，国际上这些大的产业巨头都瞄准了整个物联网发展未来的机遇，跨界合作，构建开放的生态系统。

1.1.3 国内物联网

首先，政策日趋完善。我国物联网从 2009 年发展以来，从 2012 年开始加大顶层设计的力度，2012 年 8 月份，以物联网专家委员会成立为标志，这两年政府层面推动了很多顶层设计的工作：首先是以物联网指导意见为标志的 2013 年 2 月份国务院 7 号文发布，对整个物联网的发展起到了推动作用；其次是整个国际联席会议成员的扩大，包括 2015 年 9 月份印发的 10 个物联网发展专项行动计划，从多方面推动了物联网的发展。此外，像国家发改委开展的国家物联网终端应用示范工程区域试点，工业和信息化部、财政部则继续推动物联网发展专项资金的工作。

另外，应用发展进入到实质性的推进阶段。电信研究院于 2014 年发布的"物联网白皮书"列出了很多应用领域的例子，涉及工业、农业、交通、M2M、智能电网等方方面面。但同时也看到，现在的应用还处于一个起步阶段，欣喜的是推进速度比起以前可以说是有目共睹。同时，智慧城市的建设为很多新一代信息技术产业的应用提供了重要载体，物联网、云计算、大数据的应用在建设当中都可以找到。我国智慧城市的数量也在不断增长，已经超过 300 个。

从技术方面来看，我国积极推进物联网自主技术标准和共性基础能力的研究，物联网架构对整个物联网发展非常重要，国内也一直试图在物联网架构设计上能有国内自主创新的东西。

在架构研究上业界达成了统一的共识，就是物联网的发展要借鉴互联网开放的理念，包括它的运营的体系系统及 IP 系统，所以也从可扩展性、泛技术性、服务保障性等方面进行了需求的归纳。我国的技术创新主要体现在一些传感器技术上的突破，包括 RFID 上的创新，以及面向工业控制的 WIA-PA 标准。我国是 ITU 和 ISO 对应工作组的主导国之一，在 M2M 国际标准化组织中也有很多处于领导地位。

从产业方面来看，我国物联网产业体系相对完善，局部领域获得突破，整体领域保持较快增长。2013 年年底，我国物联网产业规模达到 5000 亿，在制造这个环节，获得了局部的突破，如 RFID 技术，以及工业芯片等方面都取得较大的突破。在物联网服务方面，M2M 是整个产业的亮点。另外，国家已经形成四大发展集聚区的空间格局。但是，相对国际来讲，还仍然处于非常弱势的地位。

1.1.4 物联网重点领域

物联网的九大重点领域如图 1.3 所示。

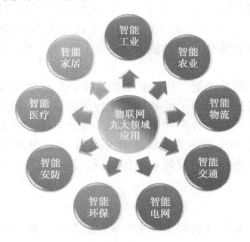

图 1.3 物联网九大重点领域

智能工业：生产过程控制、生产环境监测、制造供应链跟踪、产品全生命周期监测，促进安全生产和节能减排。

智能农业：农业资源利用、农业生产精细化管理、生产养殖环境监控、农产品质量安全管理与产品溯源。

智能物流：建设库存监控、配送管理、安全追溯等现代流通应用系统，建设跨区域、行业、部门的物流公共服务平台，实现电子商务与物流配送一体化管理。

智能交通：交通状态感知与交换、交通诱导与智能化管控、车辆定位与调度、车辆远程监测与服务、车路协同控制，建设开放的综合智能交通平台。

智能电网：电力设施监测、智能变电站、配网自动化、智能用电、智能调度、远程抄表，建设安全、稳定、可靠的智能电力网络。

智能环保：污染源监控、水质监测、空气监测、生态监测，建立智能环保信息采集网络和信息平台。

智能安防：社会治安监控、危化品运输监控、食品安全监控，重要桥梁、建筑、轨道交通、水利设施、市政管网等基础设施安全监测、预警和应急联动。

智能医疗：药品流通和医院管理，以人体生理和医学参数采集及分析为切入点面向家庭和社区开展远程医疗服务。

智能家居：家庭网络、家庭安防、家电智能控制、能源智能计量、节能低碳、远程教育等。

1.1.5　国外物联网发展重点方向和机遇

M2M 车联网市场是最具内生动力和商业化更加成熟的两个领域。M2M 将持续保持高速的增长，根据国际上的预测，预计到 2020 年通过蜂窝移动通信连接的 M2M 的终端将达到 21 亿，实际上未来整体的 M2M 连接市场非常多，我国国内的 M2M 市场也将保持持续的快速增长。另外，车联网应用在逐步提速的过程，首先汽车本身以 20%的速度持续快速增长，车联网的市场一直在高速地增长。很多人都在预测，汽车有可能是下一个获得大规模暴涨、应用爆发的终端产品，未来汽车的应用越来越广泛。

整体的物联网在未来整个工业方面的应用，将推动工业整个转型升级和新产业革命的发展。一个是物联网与工业的融合将带来全新的增长机遇，新的产业组织方式，新的企业与用户关系，新的服务模式和新的业态，这些方面物联网发挥了非常重要的作用。有很多新的制造是基于用户定制的制造，用户选择需要什么样的产品，工厂再去进行制造，所以对整个工业的革命性的变化将是非常大的。另外，工业物联网统一标准将成为大势所趋，整体来看，很多国际上的一些巨头为了在工业物联网领域能够获得比较领先的地位，纷纷确定相关的标准，国际上一些 IT 公司都纷纷加入 IT 标准的制定工作。

物联网与移动互联网融合方向最具市场潜力、创新空间最大，这也是对整体未来发展的一种判断。传统的物联网应用更多面向行业的应用，未来和移动互联网的融合将激发更多的创新能力。首先是移动智能终端，其本质是和传感器形成的人机交互技术，这种集成会让未来能够支撑更多的融合类的应用。另外，物联网借鉴移动互联网的方式，开始从行业领域向个人领域渗透，很多应用开始出现。用户的应用都是基于最终对物体实际信息的采集，是融合的应用，不是传统的移动互联网的应用。物移融合将形成更为突出的马太效应，物联网和移动互联网的融合将形成非常融合的生态系统，通过大的移动互联网企业对整个开放平台的构建，未来有很大的市场潜力。

行业应用仍将持续稳步发展，蕴含巨大空间。未来物联网和移动互联网融合是主流的发展方向，行业应用仍然是它发展的重要领域。物联网的深度应用将进一步催生行业的变革，这种变革已真正在行业的很多领域发生，对于管理层面而言它是一种"革命"，整个行业也向着更加公平、开放的方向发展。

物联网和大数据将不断融合，物联网产生大数据，大数据带动物联网价值提升，物联网是大数据产生的源泉，越来越多的终端采集越来越多的数据，为相关平台提供大数据作进一步的分析。大数据使物联网从现有的感知走向决策，现在物联网更多的是信息采集上来，到了后台，但是处理完了，也没有产生效果，或者它本身还是处于决策非常弱的这样一个环节。

所以，未来说物联网和大数据的结合，将推动整体价值的提升。物联网的数据特性和其他现有的一些特性不太一样，因为物联网面向的终端类型非常多样，因此，这种多样的特性其实是对大数据也提出了新的挑战。

物联网在智慧城市建设中的推广和应用将更加深化，智慧城市本身为物联网的应用提供了巨大的载体，在这种载体中，物联网可以集成一些应用，例如，在城市的信息化管理、民生等方面都可以发挥融合的应用的效果，真正发挥物联网的行业应用的特征，产生深远的影响。

1.2 任务2：认识物联网开发硬件

1.2.1 物联网开发硬件——TI CC2530处理器

ZigBee新一代SoC芯片CC2530是真正的片上系统解决方案，支持IEEE 802.15.4标准、ZigBee、ZigBee RF4CE和能源的应用。拥有256 B的快闪记忆体，CC2530是理想ZigBee应用芯片，支持RemoTI的ZigBee RF4CE，它是业界首款符合ZigBee RF4CE协议栈的芯片，更大内存将允许芯片无线下载、支持系统编程。此外，CC2530结合了一个完全集成的、高性能的RF收发器与一个8051微处理器、8 KB的RAM、32/64/128/256 KB闪存，以及其他强大的功能和外设。

CC2530提供了101dB的链路质量，优秀的接收器灵敏度和健壮的抗干扰性，四种供电模式，多种闪存尺寸，以及丰富的外设（包括2个USART、12位ADC和21个通用GPIO及更多）。除了通过优秀的RF性能、选择性和业界标准增强8051MCU内核支持一般的低功耗无线通信外，CC2530还可以配备TI的一个标准兼容或专有的网络协议栈（RemoTI、ZStack或SimpliciTI）来简化开发，使用户更快地获得市场。CC2530可以用于的应用包括远程控制、消费型电子、家庭控制、计量和智能能源、楼宇自动化、医疗，以及更多领域，拥有以下特性。

（1）强大无线前端。2.4 GHz的IEEE 802.15.4标准射频收发器，出色的接收器灵敏度和抗干扰能力，可编程输出功率为+4.5 dBm，总体无线连接102 dBm，极少量的外部元件，支持运行网状网络系统，只需要一个晶体，6 mm×6 mm的QFN40封装，适合系统配置符合世界范围的无线电频率法规，如欧洲电信标准协会ETSI EN300 328和EN 300 440（欧洲）、FCC的CFR47第15部分（美国）和ARIB STD-T-66（日本）。

（2）低功耗。接收模式为24 mA，发送模式（1 dBm）为29 mA，功耗模式1（4 μs唤醒）为0.2 mA，功率模式2（睡眠计时器运行）为1 μA，功耗模式3（外部中断）为0.4 μA，宽电源电压范围为2～3.6 V。

（3）微控制器。高性能和低功耗8051微控制器内核，32/64/128/256 KB系统可编程闪存，8 KB的内存保持在所有功率模式，支持硬件调试。

（4）丰富的外设接口。强大的5通道DMA，IEEE 802.15.4标准的MAC定时器，通用定时器（1个16位、2个8位），红外发生电路，32 kHz的睡眠计时器和定时捕获，CSMA/CA硬件支持，精确的数字接收信号强度指示/LQI支持，电池监视器和温度传感器，8通道12位ADC，可配置分辨率，AES加密安全协处理器，2个强大的通用同步串口，21个通用I/O引脚，看门狗定时器。

（5）可应用领域。2.4 GHz的IEEE 802.15.4标准系统、RF4CE遥控控制系统（需要大于 64 KB）、ZigBee 系统、楼宇自动化、照明系统、工业控制和监测、低功率无线传感器网络、消费电子、健康照顾和医疗保健。

1.2.2　CC2530 无线节点

无线节点一般安装在任务箱内或者独立使用，主要由嵌入式底板、无线模组、传感器、LCD 屏四部分组成，普通型节点不含 LCD 屏，且嵌入式底板不包含 ARM 芯片。

无线节点硬件如图 1.4 所示。

图 1.4　无线节点硬件

1.2.3　跳线设置及硬件连接

1. ZXBeeEdu 硬件

ZXBeeEdu（+）系列无线节点及配件实物如图 1.5 所示。

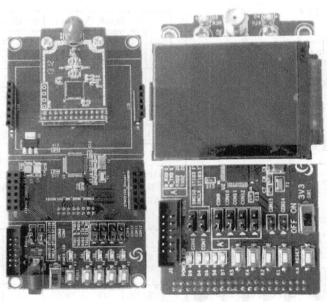

（a）无线节点无线协调器

图 1.5　ZXBee 几个主要模块实物图

（b）无线节点调试接口板 ARM Cortex 仿真器 CC2530 仿真器

图 1.5　ZXBee 几个主要模块实物图（续）

2．硬件结构框图

硬件结构如图 1.6 所示。

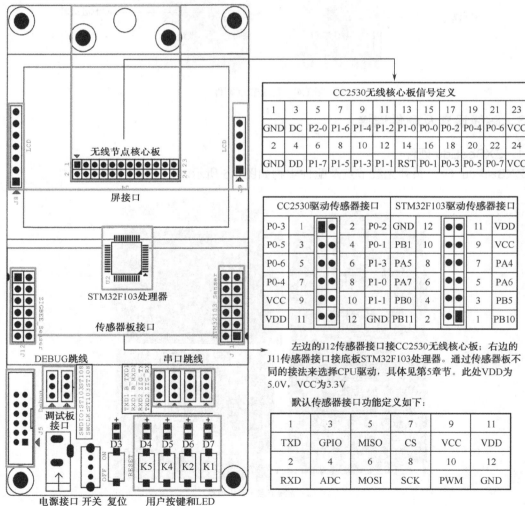

CC2530无线核心板信号定义											
1	3	5	7	9	11	13	15	17	19	21	23
GND	DC	P2-0	P1-6	P1-4	P1-2	P1-0	P0-0	P0-2	P0-4	P0-6	VCC
2	4	6	8	10	12	14	16	18	20	22	24
GND	DD	P1-7	P1-5	P1-3	P1-1	RST	P0-1	P0-3	P0-5	P0-7	VCC

CC2530驱动传感器接口				STM32F103驱动传感器接口			
P0-3	1	2	P0-2	GND	12	11	VDD
P0-5	3	4	P0-1	PB1	10	9	VCC
P0-6	5	6	P1-3	PA5	8	7	PA4
P0-4	7	8	P1-0	PA7	6	5	PA6
VCC	9	10	P1-1	PB0	4	3	PB5
VDD	11	12	GND	PB11	2	1	PB10

左边的J12传感器接口接CC2530无线核心板；右边的J11传感器接口接底板STM32F103处理器。通过传感器板不同的接法来选择CPU驱动，具体见第5章节。此处VDD为5.0V，VCC为3.3V

默认传感器接口功能定义如下：

1	3	5	7	9	11
TXD	GPIO	MISO	CS	VCC	VDD
2	4	6	8	10	12
RXD	ADC	MOSI	SCK	PWM	GND

图 1.6　无线节点硬件框图

3．跳线说明

（1）无线协调器跳线说明：无线协调器直接安装到任务主板对应插槽中，跳线使用如图 1.7 所示。

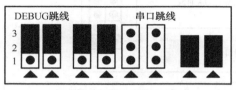

模式一：调试CC2530，CC2530串口连接到网关
（运行ZigBee ZStack协议栈默认设置）

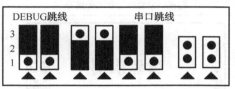

模式二：调试CC2530，CC2530串口连接到调试扩展板

图 1.7　跳线使用（1）

（2）无线节点跳线说明：ZXBee 系列无线节点板上提供了两组跳线用于选择调试不同处理器，跳线使用如图 1.8 所示。

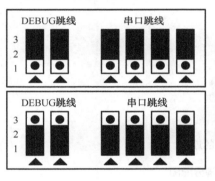

模式一：调试CC2530，CC2530串口连接到调试扩展板（默认）

模式二：调试STM32F103，STM32F103串口连接到调试扩展板

图 1.8　跳线使用（2）

4．传感器板的使用

传感器板可以有两种接法，分别通过无线核心板（CC2530）和底板 STM32F103 驱动，如图 1.9 所示。

5．调试接口板的使用

通过调试接口板的转接，无线节点可以使用仿真器进行调试，同时还可以使用 RS232 串口，连接如图 1.10 所示。

1.2.4　CC2530 无线节点硬件资源

1．传感器接口引脚

传感器接口引脚引脚分配见表 1.1。

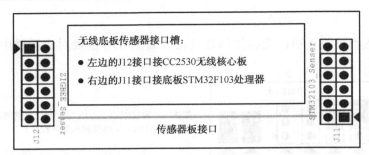

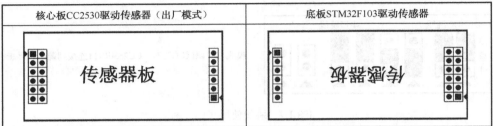

图 1.9　传感器板接法

图 1.10　调试接口板的连接

表 1.1　传感器接口引脚分配图

1	3	5	7	9	11
TXD	GPIO	MISO	CS	VCC	VDD
2	4	6	8	10	12
RXD	ADC	MOSI	SCK	PWM	GND

2．CC2530 无线节点硬件资源分配

CC2530 无线节点硬件资源分配见表 1.2。

表 1.2　CC2530 无线节点硬件资源

引　　脚	底 板 设 备	传感器接口
P0_1	K4	ADC
P0_2	D_TXD2	RXD
P0_3	D_RXD2	TXD
P0_4	K5	CS
P0_5	—	GPIO

续表

引　　脚	底 板 设 备	传感器接口
P0_6	—	MISO
P1_0	D7	SCK
P1_1	D6	PWM
P1_3	—	MOSI
P1_6	D_C2530_MOSI	—
P1_7	D_C2530_MISO	—
P2_1	D_C2530_DD	—
P2_2	D_C2530_DC	—
注：悬空/不使用的引脚没有列出		

## 第 2 章

物联网开发环境搭建

2.1 任务 3：物联网开发环境搭建

2.1.1 学习目标

掌握物联网常用开发工具的安装。

2.1.2 开发环境

- 硬件：电脑（推荐主频 2 GHz+、内存 1 GB+），Andriod 系列任务平台。
- 软件：Windows 7/Windows XP。

2.1.3 原理学习

基于 TI CC2530 处理器的物联网开发主要采用 IAR for 8051 IDE，同时 TI 也提供了一些免费的物联网调试监测工具，主要的一些工具表 2.1 所示。

表 2.1 各种开发软件/环境说明

课程类别		软件环境	软件描述	软件包（DISK-ZigBee\04-常用工具）	系统环境
IAR SYSTEMS	接口技术	IAR for 8051	学习嵌入式接口技术，传感器接口技术的开发环境	CD-EW8051-7601	Windows
IAR SYSTEMS	无线传感网络	IAR for 8051	学习 TI ZStack 协议的开发工具	CD-EW8051-7601、UartAssist.exe、martRFProgrammer、SmartRF_Packet_Sniffer	Windows

2.1.4 开发步骤

1. IAR 的安装

IAR Embedded Workbench IDE 是一款嵌入式软件开发 IDE 环境，ZXBee 接口任务及协议栈工程都基于 IAR 开发，软件安装包位于 "DISK-ZigBee\04-常用工具\CD-EW8051-7601"，按照默认安装即可。

IAR 安装界面如图 2.1 所示。

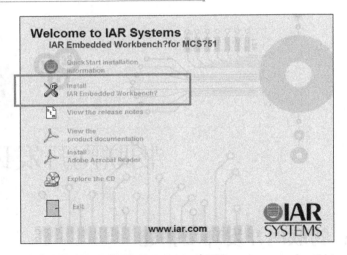

图 2.1　IAR 安装界面

软件安装完成后，即可自动识别 eww 格式的工程，打开如图 2.2 所示的界面。

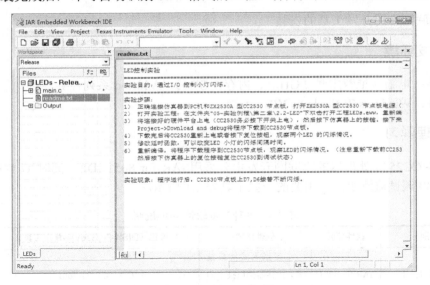

图 2.2　打开 IAR 工程

2．SmartRFProgrammer

SmartRFProgrammer 是 TI 公司提供的一款 Flash 烧写工具，ZXBee 系列 CC2530 无线节点均可通过该工具烧写固件，软件安装包位于"DISK-ZigBee\04-常用工具\ZigBee\Setup_SmartRFProgr_1.12.4.exe"，按照默认安装即可，安装完后打开的软件界面如图 2.3 所示。

SmartRFProgrammer 工具需要配合 CC2530 仿真器使用，第一次使用会要求安装驱动（位于安装目录"C:\Program Files (x86)\Texas Instruments\SmartRF Tools\Drivers\Cebal"）。

（1）ZStack 协议栈：TI 官方为 CC2530 节点提供了 ZStackZigBee 协议栈，使用 ZStack 时需要预先安装协议栈源码包，位于"DISK-ZigBee\03-系统代码\ZStack\ZStack-CC2530-2.4.0-1.4.0.exe"（TI 官方安装包在 Win7 系统安装可能会出错，本安装包为修改版本），安装提示默认安装到 C 盘根目录下。

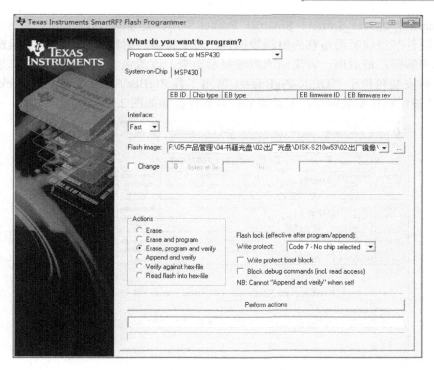

图 2.3　SmartRFProgrammer 工具

安装完后可以找到源码包"C:\Texas Instruments\ZStack-CC2530-2.4.0-1.4.0"，可以阅读源码包内的文档了解 ZStack 协议栈。

（2）ZigBee_Sensor_Monitor：ZigBee_Sensor_Monitor 是 TI 公司提供的一款用于查看网络拓扑结构图的软件，支持星状网、树状网的动态显示。软件安装包位于"DISK-ZigBee\04-常用工具\ZigBee\Setup_ZigBee_Sensor_Monitor_1.3.2.exe"，按照默认安装即可，安装完后打开软件界面如图 2.4 所示。

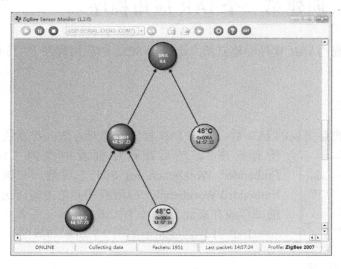

图 2.4　ZigBee_Sensor_Monitor 工具

（3）SmartRF_Packet_Sniffer：SmartRF Packet Sniffer 是 TI 公司提供的一款用于显示和存储通过射频硬件节点侦听而捕获的射频数据包，可支持多种射频协议。数据包嗅探器对数据包进行过滤和解码，最后用一种简洁的方法显示出来。过滤包含几种选项，以二进制文件格式存储。软件安装包位于"DISK-ZigBee\04-常用工具\ZigBee\Setup_SmartRF_Packet_Sniffer_2.15.2.exe"，按照默认安装即可，安装完后打开软件界面如图 2.5 所示。

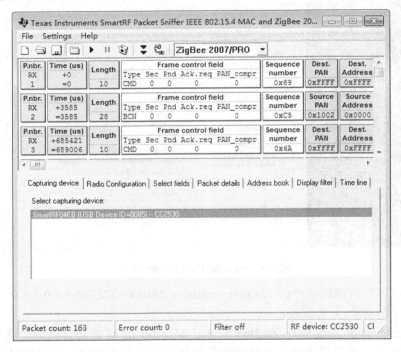

图 2.5　SmartRF Packet Sniffer 工具

2.2　任务 4：创建第一个 IAR 应用程序

本任务主要实现用 IAR 软件中建立第一个基于 8051 的应用程序，然后介绍 IAR 开发环境的基本使用。

2.2.1　创建工程

（1）找到安装光盘提供的 IAR 后，打开 IAR 程序，打开方法：在系统桌面单击"开始→所有程序"，然后在程序列表中找到"IAR Systems→IAR Embedded Workbench for 8051"目录，在该目录下找到"IAR Embedded Workbench"应用程序并单击即可运行（建议将该程序的图标放在桌面上），如图 2.6 所示。

IAR 打开之后显示如图 2.7 所示的界面。

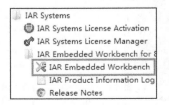

图 2.6　打开 IAR 开发工具

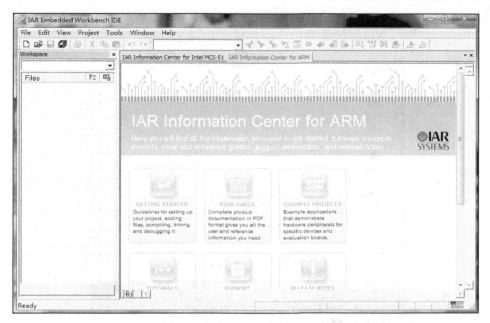

图 2.7　IAR 开发工具显示界面

（2）创建工作空间：在菜单栏单击"File→New→Workspace"，如图 2.8 所示。

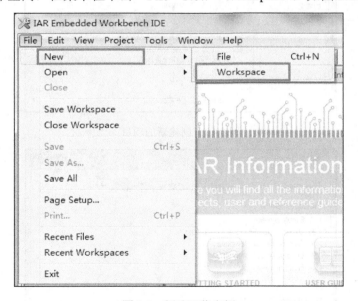

图 2.8　新建工作空间

（3）保存工作空间：在本书中，以桌面上的 LED 文件夹为例，将工作空间保存在该目录，然后单击"保存"按钮。

（4）创建一个新项目：单击"Project→Create New Project"，如图 2.10 所示。

单击新建项目之后就会弹出一个对话框，在"Tool chain"中选择"8051"，然后单击"OK"按钮，如图 2.11 所示。

图 2.9　工作空间保存

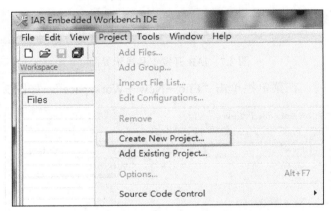

图 2.10　创建新的项目

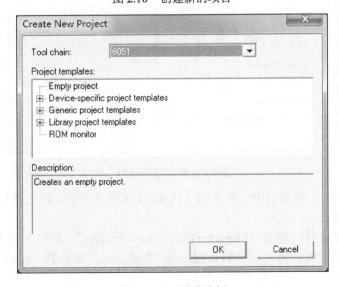

图 2.11　工具链选择

（5）在上一步骤中单击"OK"按钮后，系统就会提示保存项目，将工程保存到 LED 目录下，如图 2.12 所示。

图 2.12　保存项目

（6）新建源程序文件 main.c：在菜单栏中选择"File→New→File"，然后在空白文件中添加代码，具体参考任务目录 1.5 节任务代码 main.c。输入完毕后，按"CTRL+S"或者单击菜单栏中的"File→Save"保存该文件，将该文件保存在 LED 目录下，并命名为 main.c，如图 2.13 所示。

图 2.13　保存 main.c 文件

（7）main.c 文件创建完成后，需要将该文件添加到工程中，单击工程名称，单击鼠标右键并选择"Add→Add main.c"，如图 2.14 所示。

（8）源文件添加完成后如图 2.15 所示。

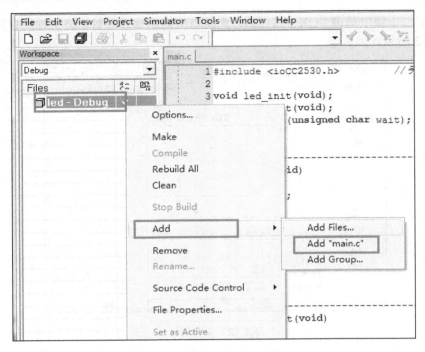

图 2.14　添加源文件到工程

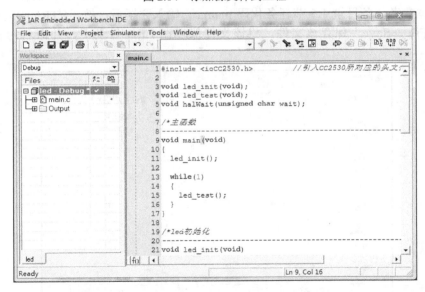

图 2.15　成功添加源文件

2.2.2　工程设置

由于 IAR 开发环境支持众多芯片厂商不同型号的 MCU，为了能够让程序正确地烧写到 CC2530 芯片中并能正确地调试程序，就需要对新建工程进行工程设置，下面是工程的设置步骤。

（1）选中工程，单击鼠标右键选择"Options"，如图 2.16 所示。

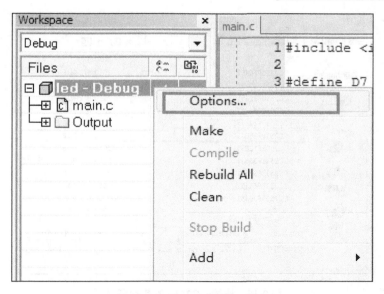

图 2.16 进入工程设置选项

（2）进入工程设置界面后，在"Category"选项框中单击"General Options"配置，在"Device"一栏单击右边的"…"图标选择芯片的型号，如图 2.17 所示。

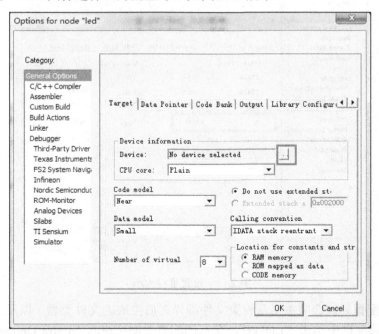

图 2.17 芯片型号选择

在弹出的选择页面中，找到"Texas Instruments"文件夹并进入，选中"CC2530F256.i51"文件，然后单击"打开"按钮即可，如图 2.18 所示。

在"General Options"配置的"Stack/Heap"选项卡中，设置"XDATA"为"0x1FF"，如图 2.19 所示。

图 2.18　选择 CC2530 的芯片型号

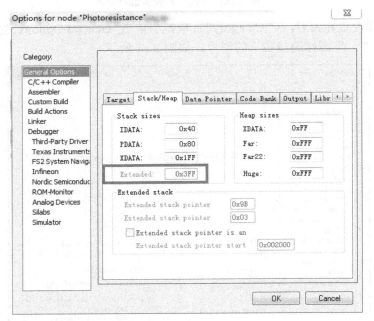

图 2.19　设置堆栈大小

（3）Linker 配置。该选项主要是设置文件编译之后生成的文件类型，以及文件名称。在左侧"Category"选项框中单击"Linker"，在右侧配置页面中进入"Extra Options"选项卡，勾选上"Use command line options"，输入

```
-Ointel-extended,(CODE)=.hex
```

这样工程编译后就可生成 hex 文件，如图 2.20 所示。

（4）Debugger 配置。在"Category"选项框中单击"Debugger"按钮，然后在"Driver"的下拉框中选择"Texas Instruments"，单击"OK"按钮即可完成工程的配置，如图 2.21 所示。

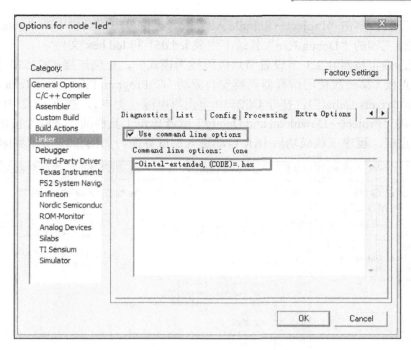

图 2.20　Linker 配置

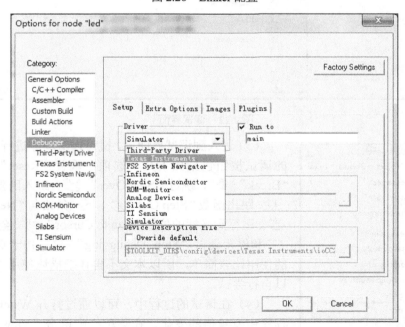

图 2.21　Debugger 配置

2.2.3　IAR 程序的下载与调试

　　工程配置完成后，就可以编译、下载并调试程序了，下面依次介绍程序的下载、调试等功能。

（1）编译工程：单击"Project→Rebuild All"或者直接单击工具栏中的"make"按钮，编译成功后会在该工程的"Debug\Exe"目录下生成 led.d51 和 led.hex 文件。

（2）下载：确定按照 1.2.3 节设置节点板跳线为模式一，正确连接 CC2530 仿真器到 PC 和 CC2530 节点板（第一次使用仿真器需要安装驱动"C:\Program Files (x86)\Texas Instruments\SmartRF Tools\Drivers\Cebal"），打开 CC2530 节点板电源（上电），按下 CC2530 仿真器上的复位按键，单击"Project→Download and Debug"或者单击工具栏的"下载"按钮将程序下载到 CC2530 节点板。程序下载成功后 IAR 自动进入调试界面，如图 2.22 所示界面。

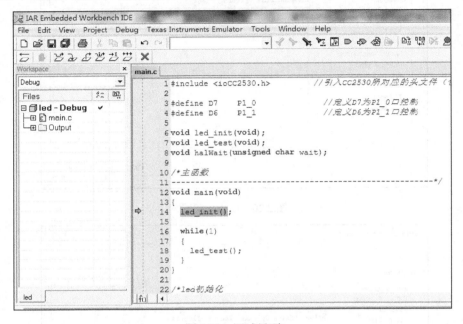

图 2.22　调试界面

图 2.23　启用 Watch 窗口

（3）进入到调试界面后，就可以对程序进行调试了，IAR 的调试按钮包括如下几个选项：重置"Reset"、终止"Break"、跳过"Step Over"、跳入函数"Step Into"、跳出函数"Step Out"、下一条语句"Next Statement"、运行到光标的位置"Run to Cursor"、全速运行"Go"和停止调试"Stop Debugging"。由于这些调试按钮的使用比较简单，所以本文不再详细描述使用方法，用户可以自行尝试。

（4）在调试的过程中，可以通过打开 Watch 窗口来观察程序中变量值的变化。在菜单栏中单击"View→Watch"即可打开该窗口，如图 2.23 所示。

打开 Watch 窗口后，在 IAR 的右侧即可看到 Watch 窗口，显示如图 2.24 所示。

Watch 窗口变量调试方法：将需要调试的变量输入到 Watch 窗口的"Expression"输入框中，然后按回车键，系统就会实时地将该变量的调试结果显示在 Watch 窗口中。在调试过程中，可以借助调试按钮来观察变量值的变化情况，如图 2.25 和图 2.26 所示。

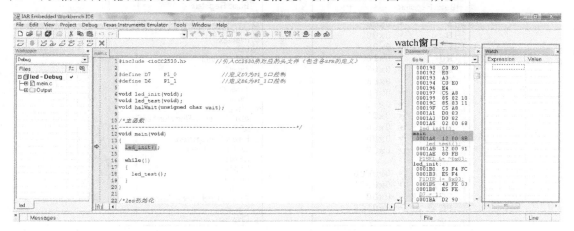

图 2.24　Watch 窗口显示

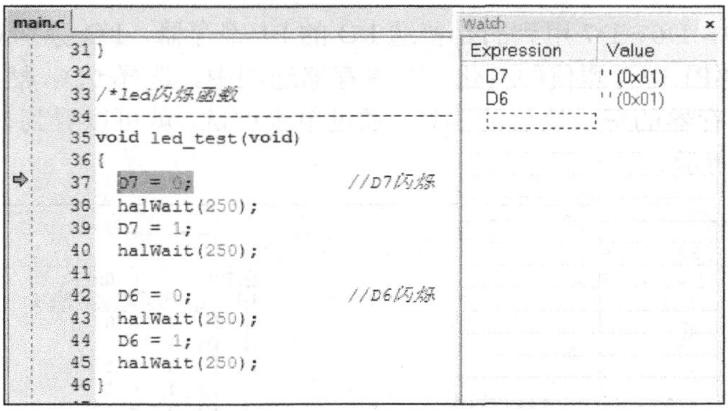

图 2.25　Watch 窗口变量调试（1）

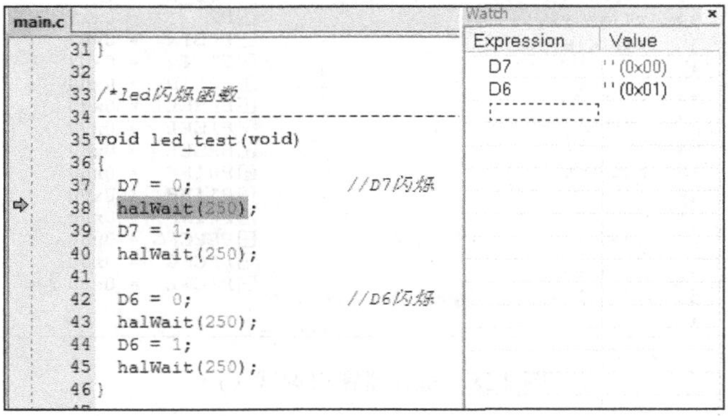

图 2.26　Watch 窗口变量调试（2）

（5）对于嵌入式程序来说最重要的调试功能应该就是查看寄存器的值了，IAR 在调试的过程中也支持寄存器值的查看，打开寄存器窗口的方法为：在程序调试过程中，在菜单栏单击"View→Register"即可打开。默认情况下寄存器窗口显示基础寄存器的值，单击寄存器下拉框选项可以看到不同设备的寄存器，如图 2.27 所示。

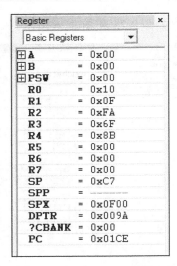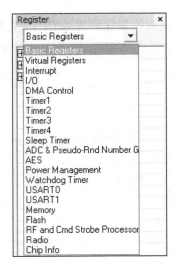

图 2.27　寄存器窗口页面

（6）在本任务中，D6、D7 用到的是普通 I/O 的 P1 寄存器，I/O 分别对应着 P1_1、P1_0。下面通过调试来观察 P1 寄存器值的变化。在寄存器选项中，选择 I/O，然后将 P1 寄存器选项展开，就可以看到寄存器的每一位值的信息。通过单步调试，就可以看到 P1 寄存器值的变化，如图 2.28 和图 2.29 所示。

图 2.28　寄存器窗口调试（1）

（7）调试结束之后，单击"全速运行"按钮，或者将 CC2530 重新上电或者按下"复位"按钮，就可以观察两个 LED 的闪烁情况。

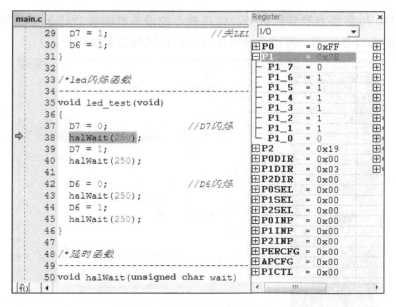

图 2.29 寄存器窗口调试 (2)

2.2.4 下载 hex 文件

2.2.3 节介绍了利用 IAR 环境烧写程序,但有时会利用程序编译生成 hex 文件并下载到 CC2530 中,下面介绍如何利用 SmartRF Flash Programmer 仿真软件将 hex 文件下载到 CC2530 中。

(1) 正确连接 CC2530 仿真器到 PC 和 CC2530 节点板,打开 CC2530 节点板电源(上电)。

(2) 运行 SmartRF Flash Programmer 仿真软件,运行界面如图 2.30 所示。

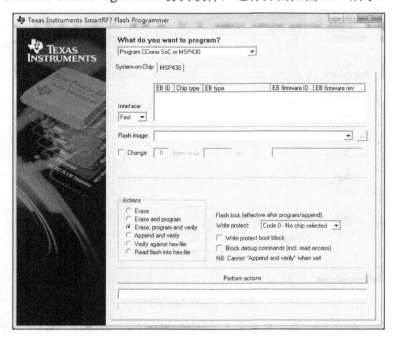

图 2.30 仿真软件显示界面

按下 CC2530 仿真器上的复位按键，仿真软件的设备框中就会显示 CC2530 的信息，如图 2.31 所示（如果没有显示，需检查硬件连线后，再次按仿真器的按钮）。

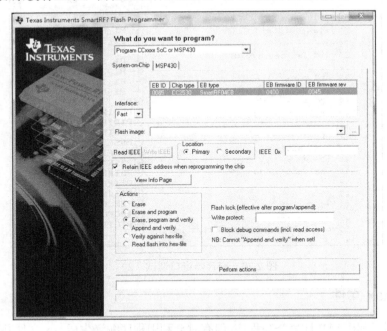

图 2.31　显示 CC2530 信息

（3）在"Flash image"一栏右侧单击"…"按钮选择 led.hex，然后单击"打开"按钮，如图 2.32 所示。

图 2.32　选择 hex 文件

（4）选择 hex 文件之后，单击仿真软件页面的"Perform actions"按钮，就可以开始下载程序了，如图 2.33 所示。

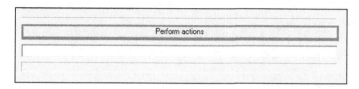

图 2.33 下载程序

下载完成后，就会提示"Erase，program and verify OK"信息，如图 2.34 所示。

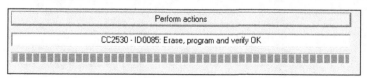

图 2.34 程序下载完成

第 2 篇

基础开发篇

- ◎ CC2530 外围接口项目开发
- ◎ 传感器开发项目
- ◎ 无线射频开发项目
- ◎ ZStack 协议栈开发
- ◎ 物联网开发综合项目

## 第3章

CC2530 外围接口项目开发

3.1 任务 5：LED 控制

3.1.1 学习目标

通过 CC2530 的 I/O 引脚控制 LED 灯闪烁。通过 CC2530 的 I/O 引脚，输出高低电平来控制 D6 及 D7 的亮与灭，掌握 CC2530 I/O 引脚的基本编程。

3.1.2 开发环境

- 硬件：CC2530 节点板一块，CC2530 仿真器，PC。
- 软件：Windows 7/Windows XP，IAR 集成开发环境。

3.1.3 原理学习

用作通用 I/O 时，引脚可以组成 3 个 8 位端口，即端口 0、端口 1 和端口 2，分别表示为 P0、P1 和 P2。其中 P0 和 P1 是 8 位端口，而 P2 只有 5 位可用，所有端口均可以通过 SFR 寄存器 P0、P1 和 P2 位寻址和字节寻址。

寄存器 PxSEL，其中 x 为端口的标号 0~2，用来设置端口的每个引脚为通用 I/O 或者外部设备 I/O 信号，缺省的情况下，每当复位之后，所有数字输入、输出引脚都设置为通用输入引脚。

寄存器 PxDIR 用来改变一个端口引脚的方向，设置为输入或输出，其中设置 PxDIR 的指定位为 1，对应的引脚口设为输出；设置为 0，对应的引脚口设为输入。

当读取寄存器 P0、P1、和 P2 的值时，不管引脚配置如何，输入引脚的逻辑值都被返回，但在执行读-修改-写期间不适用。当读取目标是寄存器 P0、P1 和 P2 中一个独立位（寄存器的值）而不是引脚上的值，可以被读取、修改并写回端口寄存器。

用作输入时，通用 I/O 端口引脚可以设置为上拉、下拉或者三态模式。复位之后，所有端口均为高电平输入，要取消输入的上拉或下拉功能，要将 PxINP 中的对应位设置为 1。I/O 端口引脚 P1.0 和 P1.1 没有上拉、下拉功能。

CC2530 的 I/O 控制口共 21 个，可分成 3 组，分别是 P0、P1 和 P2；由电路原理图可以看出，D7 所对应的 I/O 口为 P1_0，D6 所对应的 I/O 口为 P1_1。

图 3.1 所示为 LED 灯的驱动电路，本任务选择 P1_0 和 P1_1 I/O 引脚，P1_0 与 P1_1 分别控制 LED4（D7）和 LED3（D6），因此需要配置好 P1_0 口及 P1_1 口。

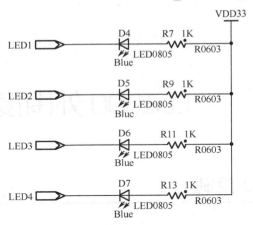

图 3.1　LED 驱动电路图

P1 控制寄存器中每一位的取值所对应的意义为：（P1DIR 为 P1 方向寄存器，P0DIR 同理），表 3.1 是 P1DIR 功能分配表，表 3.2 是 P1SEL 功能分配表

表 3.1　P1DIR 功能分配表

D7	D6	D5	D4	D3	D2	D1	D0
P1.7 的方向	P1.6 的方向	P1.5 的方向	P1.4 的方向	P1.3 的方向	P1.2 的方向	P1.1 的方向	P1.0 的方向
0：输入	0：输入	0：输入	0：输入	0：输入	0：输入	0：输入	0：输入
1：输出	1：输出	1：输出	1：输出	1：输出	1：输出	1：输出	1：输出

注：P1SEL 为 P1 功能选择寄存器（P0SEL 同理）。

表 3.2　P1SEL 功能分配表

D7	D6	D5	D4	D3	D2	D1	D0
P1.7 的功能	P1.6 的功能	P1.5 的功能	P1.4 的功能	P1.3 的功能	P1.2 的功能	P1.1 的功能	P1.0 的功能
0：普通 I/O	0：普通 I/O	0：普通 I/O	0：普通 I/O	0：普通 I/O	0：普通 I/O	0：普通 I/O	0：普通 I/O
1：外设功能	1：外设功能	1：外设功能	1：外设功能	1：外设功能	1：外设功能	1：外设功能	1：外设功能

常使用位操作完成寄存器的设置，位操作常用的有按位与"&"、按位或"|"、按位取反"～"、按位异或"^"，以及左移运算符"<<"和右移运算符">>"。

（1）按位或运算符"|"：参加运算的两个运算量中，如果两个相应的位至少有一个是 1，结果为 1，否则为 0。按位或运算常用来对一个数据的某些特定位置 1，如 P1DIR |= 0X02，0X02 为十六进制数，转换成二进制数为 0000 0010，若 P1DIR 原来的值为 0011 0000，或运算后 P1DIR 的值为 0011 0010。根据上面给出的取值表可知，按位或运算后 P1_1 的方向改为输出，其他 I/O 口方向保持不变。

（2）按位与运算符"&"：参加运算的两个运算量中，如果两个相应的位都是 1，则结果为 1，否则为 0。按位与运算符常用于清除一个数中的某些特定位。

（3）按位异或运算符"^"：参加运算的两个运算量中，如果两个相应的位相同，均为 0 或者均为 1，结果值中该位为 0，否则为 1。按位异或常用于一个数中某些特定位翻转。

（4）按位取反"～"：用于对一个二进制数按位取反，即0变1，1变0。

（5）左移运算符"<<"：左移运算符用于将一个数的各个二进制全部左移若干位，移到左端的高位被舍弃，右边的低位补0。

（6）右移运算符">>"：用于对一个二进制数位全部右移若干位，移到右端的低位被舍弃。

例如，P1DIR &= ～0X02，"&"表示按位与运算，"～"运算符表示取反，0X02为0000 0010，即"～0X02"为1111 1101。若P1DIR原来的值为0011 0010，与运算后P1DIR的值为0011 0000。

3.1.4 开发内容

通过上述原理可知，要实现D6、D7的点亮熄灭只需配置P1_0和P1_1口引脚即可，然后将引脚适当的输出高低电平则可实现D6、D7的闪烁控制。下面是源码实现的解析过程。

```
/*主函数*/
void main(void){
    led_init();
    while(1) {
        led_test();
    }
}
```

主函数主要实现了以下功能。

（1）初始化LED灯函数led_init()：设置P1.0和P1.1为普通I/O口，P1方向为输出，关闭D6、D7灯。

（2）在主函数中使用while(1)，等待LED灯开关的测试即可。

通过下面的代码来解析LED灯的初始化。

```
/*LED初始化*/
void led_init(void)
{
    P1SEL &= ~0x03;          //P1.0和P1.1为普通I/O口
    P1DIR |= 0x03;           //输出
    D7 = 1;                  //关LED
    D6 = 1;
}
```

上述代码功能实现了P1选择寄存器和方向寄存器的设置，并将LED灯的电平置为高电平，即初始状态下LED灯灭。接下来实现LED灯的轮流闪烁了，通过下面的代码来解析LED灯开关的测试。

```
/*LED闪烁函数*/
void led_test(void)
{
    D7 = 0;                  //D7闪烁
    halWait(250);            //延时
    D7 = 1;
    halWait(250);
    D6 = 0;                  //D6闪烁
```

```
    halWait(250);                    //延时
    D6 = 1;
    halWait(250);
}
```

上述代码通过改变 LED 灯的电平高低来实现灯的亮与灭，即每隔 250ms 让 LED 灯闪烁一次。为了增加任务效果，也可以手动更改闪烁时间，其中，延时函数的代码如下。

```
/*延时函数*/
void halWait(unsigned char wait)
{
    unsigned long largeWait;
    if(wait == 0)
    {return;}
    largeWait = ((unsigned short) (wait << 7));
    largeWait += 114*wait;
    largeWait = (largeWait >> CLKSPD);
    while(largeWait--);
    return;
}
```

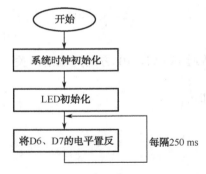

图 3.2   LED 灯任务流程图

图 3.2 是 LED 灯任务的流程图。

通过图 3.2 所示的流程图可知，要实现 D6、D7 的轮流闪烁，就需要系统时钟初始化，而且系统时钟初始化是必需的，而在 main.c 中并没有看到调用系统时钟初始化的方法，这是因为官方的库文件已经将系统时钟初始化的方法的调用过程写进启动文件中了（在后面的所有章节中也需要涉及系统时钟的初始化，将不再重复说明）。

3.1.5   开发步骤

（1）将 CC2530 仿真器正确连接到 PC 和 CC2530 节点板，确定按照 1.2.3 节设置节点板跳线为模式一，打开 CC2530 节点板电源（上电）。

（2）在开发资源包"DISK-ZigBee/02-开发例程/Chapter 03"目录下，打开本任务工程，选择"Project→Rebuild All"重新编译工程。

（3）将连接好的硬件平台上电（CC2530 务必按下开关上电），然后按下 CC2530 仿真器上的复位按键，最后选择 "Project→Download and debug"将程序下载到 CC2530 节点板。

（4）下载完后将 CC2530 重新上电或者按下复位按钮，观察两个 LED 的闪烁情况。

（5）修改延时函数，可以改变 LED 小灯的闪烁间隔时间。

3.2   任务 6：外部中断

3.2.1   学习目标

理解 CC2530 外部中断，掌握外部中断的编写流程。学会如何捕获一个外部中断和 CC2530

捕获外部中断后的处理流程。

3.2.2 开发环境

● 硬件：CC2530 节点板一块，CC2530 仿真器，PC。
● 软件：Windows 7/Windows XP，IAR 集成开发环境。

3.2.3 原理学习

中断是 CC2530 实时地处理内部或外部事件的一种内部机制。当某种内部或外部事件发生时，CC2530 的中断系统将迫使 CPU 暂停正在执行的程序，转而去进行中断事件的处理，中断处理完毕后，又返回被中断的程序处继续执行下去，中断又分外部中断和内部中断。

通用 I/O 引脚设置为输入后，可以用于产生中断，可以设置为外部信号的上升或下降沿出发。P0、P1 和 P2 都有中断使能位，对于 IEN1～2 寄存器内的端口所有的位都是公共的。

● IEN1.P0IE：P0 中断使能。
● IEN2.P1IE：P1 中断使能。
● IEN2.P2IE：P2 中断使能。

除了公共中断使能外，每个端口都位于 SFR 寄存器 P0IEN、P1IEN 和 P2IEN 的单独中断使能，配置外设 I/O 或通用输出 I/O 引脚使能都有中断产生。

当中断条件发生时，P0～P2 中断标志寄存器 P0IFG、P1IFG 或 P2IFG 中相应的中断状态标志将设置为 1，不管引脚是否设置了它的中断使能位，中断状态标志都会设置。当执行中断时，中断状态标志被清除，该标志清 0，且该标志必须在清除 CPU 端口中断标志（PxIF）之前清除。

● PICTL：P0、P1、P2 的触发设置。
● P0IFG：P0 中断标志。
● P1IFG：P1 中断标志。
● P2IFG：P2 中断标志。

本任务中所涉及的寄存器如下。

P0IEN：各个控制口的中断使能，0 为中断禁止，1 为中断使能，如表 3.3 所示。

表 3.3　P0IEN 功能分配表

D7	D6	D5	D4	D3	D2	D1	D0
P0_7	P0_6	P0_5	P0_4	P0_3	P0_2	P0_1	P0_0

P0INP：设置各个 I/O 口的输入模式，0 为上拉/下拉，1 为三态模式，如表 3.4 所示。

表 3.4　P0INP 功能分配表

D7	D6	D5	D4	D3	D2	D1	D0
P0_7 模式	P0_6 模式	P0_5 模式	P0_4 模式	P0_3 模式	P0_2 模式	P0_1 模式	P0_0 模式

PICTL：D0～D3 设置各个端口的中断触发方式，0 为上升沿触发，1 为下降沿触发，如表 3.5 和表 3.6 所示。

表 3.5 PICTL 功能分配表（1）

D7	D6	D5	D4	D3	D2	D1	D0
I/O 驱动能力	未用	未用	未用	P2_0～P2_4	P1_4～P1_7	P1_0～P1_3	P0_0～P0_7

IEN10：中断使能 1，0 为中断禁止，1 为中断使能。

表 3.6 PICTL 功能分配表（2）

D7	D6	D5	D4	D3	D2	D1	D0
未用	未用	端口 0	定时器 4	定时器 3	定时器 2	定时器 1	DMA 传输

D7 控制 I/O 引脚在输出模式下的驱动能力。选择输出驱动能力增强来补偿引脚 DVDD 的低 I/O 电压，确保在较低的电压下的驱动能力和较高电压下相同。0 为最小驱动能力增强，1 为最大驱动能力增强。

P0IFG：中断状态标志寄存器，当输入端口有中断请求时，相应的标志位将置 1，如表 3.7 所示。

表 3.7 P0IFG 功能分配表

D7	D6	D5	D4	D3	D2	D1	D0
P0_7	P0_6	P0_5	P0_4	P0_3	P0_2	P0_1	P0_0

3.2.4 开发内容

本任务通过外部中断（K5 按键中断）来控制 LED 灯的亮与灭，下面是源码实现的解析过程。

```
/*主函数*/
void main(void)
{
    led_init();
    ext_init();
    while(1);                    //等待中断
}
```

实现步骤如下。

（1）初始化 LED 灯函数 led_init()：设置 P1_0 和 P1_1 为普通 I/O 口，设置 P1 方向为输出，关闭 D6、D7 灯。

（2）根据电路原理图可知，本任务将 P0_4 的 I/O 口设置为外部中断。配置外部中断的相关 SFR 寄存器，开启各级中断使能（各 SFR 详细介绍请查阅《CC2530 中文手册》），其中 EA 为总中断使能；P0IEN 为 P0 中断使能；PICTL 用于设置 P0 口输入上升沿引起中断触发。

（3）在主函数中使用 while(1)等待中断即可。

其中，外部中断初始化的代码实现如下。

```
/*外部中断初始化*/
void ext_init(void)
{
    P0SEL &= ~0x10;              //通用I/O
```

```
    P0DIR &= ~0x10;                 //作输入
    P0INP &= ~0x10;                 //0:上拉/下拉
    P0IEN |= 0x10;                  //开P0口中断
    PICTL &=~ 0x01;                 //上升沿触发
    P0IFG &= ~0x10;                 //P0_4中断标志清0
    P0IE = 1;                       //P0中断使能
    EA = 1;                         //总中断使能
}
```

上述代码实现了中断寄存器的配置。接下来就只需要实现通过 K5 按键中断来控制 LED 灯的闪烁了，通过下面的代码来解析按键中断的实现过程。

```
/*中断服务子程序*/
#pragma vector = P0INT_VECTOR
__interrupt void P0_ISR(void)
{
    EA = 0;                         //关中断
    halWait(250);
    D6=0;
    halWait(250);
    D6=1;
    halWait(250);
    D6=0;
    halWait(250);
    D6=1;
    halWait(250);
    D6=0;
    if((P0IFG & 0x10 ) >0 ) {       //按键中断,p0_4
        P0IFG &= ~0x10;             //P0_4中断标志清0
        D7 = !D7;
    }
    P0IF = 0;                       //P0中断标志清0
    EA = 1;                         //开中断
}
```

当检测到有外部中断（按键中断）即按下 K5 键时，便会触发中断服务子程序，此时，D6 每隔 250ms 闪烁一次，D7 状态反转。在一个程序中使用中断，一般包括两个部分：中断服务子程序的编写和中断使能的开启。在程序中涉及某中断时，必须在触发中断前使能此中断。

图 3.3 是外部中断任务的流程图。

3.2.5　开发步骤

（1）正确连接 CC2530 仿真器到 PC 和 CC2530 节点板，确定按照 1.2.3 节设置节点板跳线为模式一，打开 CC2530 节点板电源（上电）。

（2）在开发资源包"DISK-ZigBee\02-开发例程\Chapter 03"目录下，打开本任务工程，选择"Project→Rebuild All"重新编

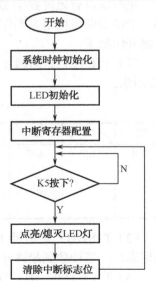

图 3.3　外部中断任务流程图

译工程。

（3）将连接好的硬件平台上电（CC2530 务必按下开关上电），然后按下 CC2530 仿真器上的复位按键，最后选择"Project→Download and debug"将程序下载到 CC2530 节点板。

（4）下载完后将 CC2530 重新上电或者按下复位按钮。

（5）连续按下 CC2530 主板上 K5 按键，会发现当按键被按下时，LED 的亮灭状态会发生改变。

通过该任务可以了解当外部事件触发时，如何进入中断处理程序。读者可以修改中断处理程序，控制两个 LED 的变化。

3.3 任务 7：定时器

3.3.1 学习目标

掌握 CC2530 定时器 T1 的简单用法。

3.3.2 开发环境

● 硬件：CC2530 节点板一块，CC2530 仿真器，PC。
● 软件：Windows 7/Windows XP，IAR 集成开发环境。

3.3.3 原理学习

定时器 1 是一个 16 位定时器，在时钟上升或下降沿递增或递减，时钟边沿周期由寄存器位 CLKCON.TICKSPD 定义，设置了系统时钟的划分，提供 0.25～32 MHz 不同频率。定时器 1 由 T1CTL.DIV 分频器进一步分频，分频值为 1、8、32 或 128。

定时器具有定时器/计数器/脉宽调制功能，它有 3 个单独可编程输入捕获/输出比较信道，每一个信道都可以用来当作 PWM 输出或用来捕获输入信号的边沿时间，本次任务学习到的寄存器介绍如下。

（1）T1CTL：定时器 1 的控制，D1、D0 控制运行模式，D3、D2 设置分频划分值，如表 3.8 所示。

表 3.8　T1CTL 功能表

D7	D6	D5	D4	D3D2	D1D0
未用	未用	未用	未用	00：不分频；01：8 分频；10：32 分频；11：128 分频	00：暂停运行；01：自由运行，反复从 0x0000 到 0xffff 计数；10：模计数，从 0x000 到 T1CC0 反复计数；11：正计数/倒计数，从 0x0000 到 T1CC0 反复计数并且从 T1CC0 倒计数到 0x0000

（2）T1STAT：定时器 1 的状态寄存器，D4～D0 为通道 4 到通道 0 的中断标志，D5 为溢出标志位，当计数到最终计数值时自动置 1，如表 3.9 所示。

（3）T1CCTL0：D1、D0 为捕捉模式选择，00 为不捕捉，01 为上升沿捕获，10 为下降沿捕获，11 为上升或下降沿都捕获；D2 位为捕获或比较的选择，0 为捕获模式，1 为比较模式；

D5、D4、D3 为比较模式的选择，000 为发生比较式输出端置 1，001 为发生比较时输出端清 0，010 为比较时输出翻转，其他模式较少使用，如表 3.10 和表 3.11 所示。

表 3.9　T1STAT 功能表

D7	D6	D5	D4	D3	D2	D1	D0
未用	未用	溢出中断	通道 4 中断	通道 3 中断	通道 2 中断	通道 1 中断	通道 0 中断

表 3.10　T1CCTL0 功能表（1）

D7	D6	D5D4D3	D2	D1D0
未用	未用	比较模式	捕获/比较	捕捉模式

IRCON：中断标志 4，0 为无中断请求；1 为有中断请求。

表 3.11　T1CCTL0 功能表（2）

D7	D6	D5	D4	D3	D2	D1	D0
睡眠定时器	必须为 0	端口 0	定时器 4	定时器 3	定时器 2	定时器 1	DMA 完成

定时器有一个很重要的概念——操作模式，操作模式包含自由运行模式（Free-Running）、模模式（Modulo）和正计数/倒计数模式（Up-Down）。

① 在自由运行操作模式下，计数器从 0x0000 开始，每个活动时钟边沿增加 1。当计数器达到 0xFFFF（溢出），计数器载入 0x0000，继续递增它的值，如图 3.4 所示。当达到最终计数值 0xFFFF，设置标志 IRCON.T1IF 和 T1STAT.OVFIF。如果设置了相应的中断屏蔽位 TIMIF.OVFIM 和 IEN1.T1EN，将产生一个中断请求。自由运行模式可以用于产生独立的时间间隔，输出信号频率。

② 当定时器运行在模模式，16 位计数器从 0x0000 开始，每个活动时钟边沿增加 1。当计数器达到 T1CC0（溢出），寄存器 T1CC0H:T1CC0L 保存的最终计数值，计数器将复位到 0x0000，并继续递增。如果定时器开始于 T1CC0 以上的一个值，当达到最终计数值（0xFFFF）时，设置标志 IRCON.T1IF 和 T1CTL.OVFIF。如果设置了相应的中断屏蔽位 TIMIF.OVFIM 和 IEN1.T1EN，将产生一个中断请求。模模式可以用于周期不是 0xFFFF 的应用程序，如图 3.5 所示。

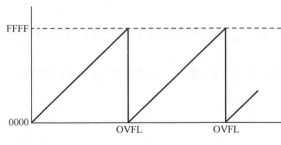

图 3.4　自由运行模式

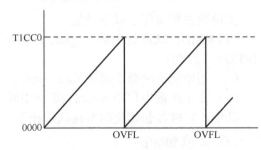

图 3.5　模模式

③ 在正计数/倒计数模式，计数器反复从 0x0000 开始，正计数直到达到 T1CC0H:T1CC0L 保存的值，然后计数器将倒计数直到 0x0000，如图 3.6 所示，这个定时器用于周期必须是对称输出脉冲而不是 0xFFFF 的应用程序，因此允许中心对齐的 PWM 输出应用的实现。在正计数/倒计数模式，当达到最终计数值时，设置标志 IRCON.T1IF 和 T1CTL.OVFIF。如果设置

了相应的中断屏蔽位 TIMIF.OVFIM 及 IEN1.T1EN，将产生一个中断请求。

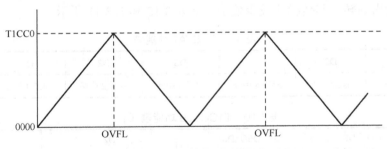

图 3.6　正计数/倒计数模式

比较三种模式可以看出：自由运行模式的溢出值为 0xFFFF 不可变；而其他两种模式则可通过对 T1CC0 赋值，以精确控制定时器的溢出值。

3.3.4　开发内容

本任务通过定时器 1 来控制 LED 灯的定时闪烁，在定时器的自由模式下，通过特定的 T1CC0，使定时器每隔 1s 触发一次中断，精确控制 LED 灯的闪烁间隔为 1 s，即亮 0.5 s→暗 0.5 s→亮 0.5 s→暗 0.5 s→亮 0.5 s→暗 0.5 s（即从暗转亮的时刻间隔为 1 s）。亮/暗的反转通过溢出中断来实现。

下面是源码实现的解析过程。

```
/*主函数*/
void main(void)
{
    led_init();
    time1_init();
    while(1) {
        D7=!D7;
        halWait(250);                    //延时
    }
}
```

主函数主要实现了以下功能。

（1）初始化 LED 灯函数 led_init()：设置 P1_0 和 P1_1 为普通 I/O 口，设置 P1 方向为输出，关闭 D6、D7 灯。

（2）初始化定时器 1 函数 time1_init()：选择 8 分频自由模式，并将定时器 1 中断使能。

（3）在主函数中使用 while(1)等待中断即可。

其中，定时器初始化的实现代码如下。

```
/*timer1初始化*/
void time1_init(void)
{
    T1CTL = 0x05;                  //8分频，自由模式
    T1STAT= 0x21;                  //通道0,中断有效;自动重装模式(0x0000→0xffff)
    IEN1|=0X02;                    //定时器1中断使能
    EA=1;                          //开总中断
```

}

上述代码实现了定时器 1 的初始化，可以精确控制 LED 灯闪烁时间间隔。下面的代码是定时器中断服务程序，在该程序中实现了 LED 灯翻转的操作，解析定时器中断的实现过程。

```
/*中断服务子程序*/
#pragma vector = T1_VECTOR
__interrupt void T1_ISR(void)
{
    EA=0;                    //关总中断
    counter++;
    if(counter>30){
        counter=0;
      D6 = !D6;              //D6 灯反转
    }
    T1IF=0;
    EA=1;                    //开总中断
}
```

上述代码功能实现了当发生定时器中断时 D6 灯闪烁。

定时器任务的流程如图 3.7 所示。

3.3.5　开发步骤

（1）正确连接 CC2530 仿真器到 PC 和 CC2530 节点板，确定按照 1.2.3 节设置节点板跳线为模式一，打开 CC2530 节点板电源（上电）。

（2）在开发资源包"DISK-ZigBee/02-开发例程/Chapter 03"目录下，打开本任务工程，选择"Project→Rebuild All"重新编译工程。

（3）将连接好的硬件平台上电（CC2530 务必按下开关上电），然后按下 CC2530 仿真器上的复位按键，最后选择"Project→Download and debug"将程序下载到 CC2530 节点板。

（4）下载完后可以单击"Debug→Go"程序全速运行；也可以将 CC2530 重新上电或者按下复位按钮让刚才下载的程序重新运行。

（5）程序运行后，会发现板子上有一个 D7 闪烁不停；另外一个 D6 灯会每过一段时间状态反转，看看程序是如何实现这个功能的。D6 是通过定时器中断来任务的。

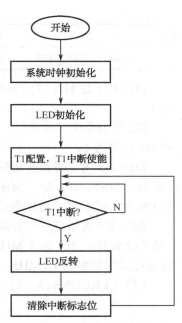

图 3.7　定时器任务流程图

3.4　任务 8：串口

3.4.1　学习目标

本任务学习串口工作原理，并且实现串口通信（任务中需要 PC 与开发板之间使用 RS232 交叉串口连接线）；能正确配置 CC2530 的串口。

3.4.2 开发环境

硬件：CC2530 节点板一块，CC2530 仿真器，PC，交叉串口线一根。
软件：Windows 7/Windows XP，IAR 集成开发环境、串口调试助手。

3.4.3 原理学习

CC2530 包括 2 个串行通信接口，即 USART0 与 USART1，每个串口包括 UART（异步）模式和 SPI（同步）模式两种模式，本任务仅涉及 UART 模式。UART 模式提供全双工传送，接收器的位同步不影响发送功能，传送一个 UART 字节包含起始位、8 个数据位、1 个可选的第 9 位数据，或者奇偶校验位加 1 个或 2 个停止位。数据包传送只有一个字节。

UART 操作有 USART 控制和状态寄存器 UxCSR、UART 控制寄存器 UxUCR 来控制，其中 x 是 USART 的编号，数值为 0 或者 1。当 UxCSR.MODE 设置为 1 时，选择了 UART 模式。

本次任务所用到的寄存器介绍如下。

（1）CLKCONCMD：时钟频率控制寄存器，如表 3.12 所示。

表 3.12 T1CCTL0 功能表

D7	D6	D5～D3	D2～D0
32 kHz 时间振荡器选择	系统时钟选择	定时器输出标记	系统主时钟选择

D7 位为 32 kHz 时间振荡器选择，0 为 32 kHz 的 RC 振荡器，1 为 32 kHz 的晶振，默认为 1。

D6 位为系统时钟选择，0 为 32 MHz 的晶振，1 为 16 MHz 的 RC 振荡器。当 D7 位为 0 时 D6 必须为 1。

D5～D3 为定时器输出标记，000 为 32 MHz，001 为 16 MHz，010 为 8 MHz，011 为 4 MHz，100 为 2 MHz，101 为 1 MHz，110 为 500 kHz，111 为 250 kHz，默认为 001。需要注意的是：当 D6 为 1 时，定时器频率最高可采用频率为 16 MHz。

D2～D0 为系统主时钟选择，000 为 32 MHz，001 为 16 MHz，010 为 8 MHz，011 为 4 MHz，100 为 2 MHz，101 为 1 MHz，110 为 500 kHz，111 为 250 kHz。当 D6 为 1 时，系统主时钟最高可采用频率为 16 MHz。

（2）CLKCONSTA：时间频率状态寄存器，如表 3.13 所示。

表 3.13 CLKCONSTA 功能表

D7	D6	D5～D3	D2～D0
当前 32 kHz 时间振荡器	当前系统时钟	当前定时器输出标记	当前系统主时钟

D7 位为当前 32 kHz 时间振荡器频率，0 为 32 kHz 的 RC 振荡器，1 为 32 kHz 的晶振。
D6 位为当前系统时钟选择，0 为 32 MHz 的晶振，1 为 16 MHz 的 RC 振荡器。
D5～D3 为当前定时器输出标记，000 为 32 MHz，001 为 16 MHz，010 为 8 MHz，011 为 4 MHz，100 为 2 MHz，101 为 1 MHz，110 为 500 kHz，111 为 250 kHz。
D2～D0 为当前系统主时钟，000 为 32 MHz，001 为 16 MHz，010 为 8 MHz，011 为 4 MHz，100 为 2 MHz，101 为 1 MHz，110 为 500 kHz，111 为 250 kHz。

（3）U0CSR：USART0 控制与状态，如表 3.14 所示。

表 3.14　U0CSR 功能表

D7	D6	D5	D4	D3	D2	D1	D0
模式选择	接收器使能	SPI 主/从模式	帧错误状态	奇偶错误状态	接收状态	传送状态	收发主动状态

D7 为工作模式选择，0 为 SPI 模式，1 为 USART 模式。

D6 为 UART 接收器使能，0 为禁用接收器，1 为接收器使能。

D5 为 SPI 主/从模式选择，0 为 SPI 主模式，1 为 SPI 从模式。

D4 为帧错误检测状态，0 为无错误，1 为出现出错。

D3 为奇偶错误检测，0 为无错误出现，1 为出现奇偶校验错误。

D2 为字节接收状态，0 为没有收到字节，1 为准备好接收字节。

D1 为字节传送状态，0 为字节没有被传送，1 为写到数据缓冲区的字节已经被发送。

D0 为 USART 接收/传送主动状态，0 为 USART 空闲，1 为 USART 忙碌。

（4）U0GCR：USART0 通用控制寄存器，如表 3.15 所示。

表 3.15　USART0 功能表

D7	D6	D5	D4～D0
SPI 时钟极性	SPI 时钟相位	传送位顺序	波特率指数值

D7 为 SPI 时钟极性，0 为负时钟极性，1 为正时钟极性。

D6 为 SPI 时钟相位。

D5 为传送为顺序，0 为最低有效位先传送，1 为最高有效位先传送。

D4～D0 为波特率设置，如表 3.16 所示

表 3.16　串口波特率

波特率/bps	指 数 值	小 数 部 分	波特率/bps	指 数 值	小 数 部 分
2400	6	59	4800	7	59
9600	8	59	19200	9	59
28800	9	216	38400	10	59
57600	10	216	76800	11	59
115200	11	216	230400	12	216

（5）U0BAUD：波特率控制小数部分。

1．UART 发送

当 USART 收/发数据缓冲器、寄存器 UxBUF 写入数据时，该字节发送到输出引脚 TXDx，UxBUF 寄存器是双缓冲的。

当字节传送开始时，UxCSR.ACTIVE 位变为高电平，而当字节传送结束时为低电平。当传送结束时，UxCSR.TX_BYTE 为置为 1；当 USART 收、发数据缓冲寄存器就绪，准备接收新的发送数据时，就产生了一个中断请求。该中断在传送开始之后立刻发生，因此，当字节正在发送时，新的字节能够装入数据缓冲器。

2．UART 接收

当 UxCSR.RE 位写入 1 时，UART 上的数据接收就开始了，然后 UART 会在输入引脚 RXDx 寻找有效的起始位，并且设置 UxCSR.ACTIVE 位为 1，当检测出有效起始位时，收到的字节保存在接收寄存器，且 UxCSR.RX_BYTE 位置为 1，完成后产生接收中断，从而 UxCSR.ACTIVE 变为低电平；通过寄存器 UxBUF 读取收到的数据，读出后，UxCSR.RX_BYTE 清 0。

3.4.4　开发内容

在无线传感网络中，CC2530 需要将采集到的数据发送给上位机处理，同时上位机需要向 CC2530 发送控制信息，这一切都离不开两者之间的信息传递。本任务要实现的就是串口之间的通信，下面是源码实现的解析过程。

```
/*主函数*/
void main(void)
{
    xtal_init();
    led_init();
    uart0_init(0x00, 0x00);                //初始化串口：无奇偶校验，停止位为 1 位
    Uart_Send_String("Please Input string end with '@'\r\n");
    while(1) {
        uart_test();
    }
}
```

主函数主要实现了以下功能。

（1）初始化 LED 灯函数 led_init()：设置 P1_0 和 P1_1 为普通 I/O 口，设置 P1 方向为输出，关闭 D6、D7 灯。

（2）初始化串口函数 uart0_init()：配置 I/O 口、设置波特率、奇偶校验位和停止位。

（3）在主函数中使用 while(1)等待串口数据的接收和显示即可。

其中，串口初始化的实现代码为：

```
/*uart0 初始化*/
void uart0_init(unsigned char StopBits,unsigned char Parity)
{
    P0SEL |=  0x0C;                //初始化 UART0 端口
    PERCFG&= ～0x01;               //选择 UART0 为可选位置一
    P2DIR &= ～0xC0;               //P0 优先作为串口 0
    U0CSR = 0xC0;                  //设置为 UART 模式,而且使能接收器
    U0GCR = 0x09;
    U0BAUD = 0x3b;                 //设置 UART0 波特率为 19200bps
    U0UCR |= StopBits|Parity;      //设置停止位与奇偶校验
}
```

串口配置流程如下。

（1）配置 USART0 所对应的 I/O 口，通过对 PECFRG.0 清零来设置 UART0 为可选位置 1，即 RXD 对应 P0_2，TXD 对应 P0_3。

（2）配置 P0_2 和 P0_3 为外部设备 I/O，然后选择 UART 模式，并使能接收器。

（3）配置 USART0 的参数：波特率为 19200，无奇偶校验、停止位为 1。

接下来就是实现串口接收和发送数据，通过下面的代码来解析串口收发数据的代码实现过程。

```
/*串口打印函数*/
void uart_test(void)
{
    uchar ch;
    D7 = 1;
    ch = Uart_Recv_char();
    Uart_Send_char(ch);
    if (ch == '@' || recvCnt >= 256) {            //接收结束
        recvBuf[recvCnt] = 0;
        Uart_Send_String("\r\n");
        Uart_Send_String(recvBuf);
        Uart_Send_String("\r\n");
        recvCnt = 0;
    }else {
        recvBuf[recvCnt++] = ch;
        D7 = 0;
        halWait(250);
    }
}
```

上述代码功能如下。

（1）向 PC 端发送一条字符串"Please Input string end with '@'！"。

（2）使用 while(1)不断地去试图获取接收的每一个字符。当此字符不为"@"时，则表示还未输入完成，继续将此字符添加到字符数组 recvBuf 中；当此字符正好为"@"时，则表示输入完成。

（3）跳出循环将 recvBuf 中的每一个字符按次序发送到 PC 端，同时重置 recvCnt。

其中，串口发送字节、发送字符串和接收字节函数代码如下。

```
/*串口发送字节函数*/
void Uart_Send_char(char ch)
{
    U0DBUF = ch;
    while(UTX0IF == 0);
     UTX0IF = 0;
}

/*串口发送字符串函数*/
void Uart_Send_String(char *Data)
{
    while (*Data != '\0') {
        Uart_Send_char(*Data++);
    }
}

/*串口接收字节函数*/
```

```
int Uart_Recv_char(void)
{
    int ch;
    while (URX0IF == 0);
    ch = U0DBUF;
    URX0IF = 0;
    return ch;
}
```

串口任务的流程如图3.8所示。

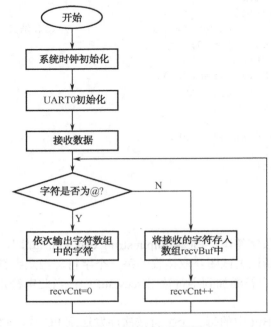

图3.8 串口任务流程图

3.4.5 开发步骤

（1）正确连接CC2530仿真器到PC和CC2530节点板，确定按照1.2.3节设置节点板跳线为模式一，打开CC2530节点板电源（上电）。用RS232串口线一端连接CC2530节点板，另一端连接PC串口。

（2）在PC上打开串口终端软件，设置好波特率为19200。

（3）在开发资源包"DISK-ZigBee/02-开发例程/Chapter 03"目录下，打开本任务工程，选择"Project→Rebuild All"重新编译工程。

（4）将连接好的硬件平台上电（CC2530务必按下开关上电），然后按下CC2530仿真器上的复位按键，最后选择"Project→Download and debug"将程序下载到CC2530节点板。

（5）下载完后可以单击"Debug→Go"程序全速运行；也可以将CC2530重新上电或者按下复位按钮让刚才下载的程序重新运行。

（6）程序运行后，在PC上的串口软件中会看到串口输出"Please Input string end with '@'"。在PC通过键盘发送数据到CC2530，输完后按@结束，然后检查CC2530回送给PC的数据。

3.5 任务 9：ADC 采集

3.5.1 学习目标

● 掌握 CC2530 片内 ADC 工作原理，了解 ADC 单次采样与连续采样的区别。
● 能正确配置 CC2530 片内 ADC 使其正确工作。

3.5.2 开发环境

● 硬件：CC2530 节点板一块，CC2530 仿真器，PC，交叉串口线。
● 软件：Windows 7/Windows XP，IAR 集成开发环境，串口调试助手。

3.5.3 原理学习

CC2530 芯片的片内 ADC 支持多达 12 位（补码）的模/数转换，ADC 包括一个模拟多路转换器，具有多达 8 个可自配置的通道，以及一个参考电压发生器，ADC 的主要特性如下所示。

● 可选的抽取率，这也设置了分辨率（7 到 12 位）。
● 8 个独立的输入通道，可接收单端或差分信号。
● 参考电压可设为内部单端，外部单端，外部差分或 AVDD_SOC。
● 产生中断请求。
● 转换结束时的 DMA 触发。
● 温度传感器输入。
● 电池测量功能。

ADC 一般涉及 6 个 SFR，如表 3.17 所示。

表 3.17 SFR 寄存器及其功能

寄 存 器	功 能
ADCCON1	用于 ADC 通用控制，包括转换结束标志、ADC 触发方式、随机数发生器
ADCCON2	用于连续 ADC 转换的配置（本任务不涉及连续 ADC 转换，故不使用此 SFR）
ADCCON3	用于单次 ADC 转换的配置，包括选择参考电压、分辨率、转换源
ADCH[7:0]	ADC 转换结果的高位，即 ADC[13:6]
ADCL[7:2]	ADC 转换结果的低位，即 ADC[5:0]
ADCCFG	选择 P0_0～P0_7 作为 ADC 输入的 AIN0～AIN7（由于本次试验选择片内温度传感器作为转换源，不涉及 AIN0～AIN7，故不使用此 SFR）

注：以上 SFR 的具体内容请参考 CC2530 中文手册。

ADC 有 ADCCON1、ADCCON2 和 ADCCON3 三种控制寄存器，它们用于配置 ADC 并报告结果，其中 ADCCON1 分析如下。

（1）ADCCON1.EOC（为 ADCCON1 的第 7 位）是一个状态位，当一个转换结束时设置为高电平，当读取 ADCH 时它就被清除，该位可用于判断转换是否完成。

（2）ADCCON1.ST（为 ADCCON1 的第 6 位）用于启动一个转换序列，当这个位设置为高电平 ADCCON1.STSEL 等于"11"且当前没有转换正在运行时就启动一个序列，这个序列转换完成，这个位就自动被清除。

（3）ADCCON1.STSEL 位控制哪个事件将启动一个新的转换序列，当置为"11"时 ADCCON1.ST 位有效。

（4）ADCCON1.RCTRL[1:0]用于控制 16 位随机数发生器（未用到，置为"11"）。ADCCON1 的最低两位未用到，一直设为"11"。

ADCCON2 主要用于控制序列转换（即连续转换，本任务未用到），ADCCON3 用于控制额外转换（即单次转换），具体寄存器配置请参考 CC2530 相关手册。

3.5.4　开发内容

利用 ADC 转换 CC2530 芯片自带有温度传感器的温度值，通过串口将温度值发送到 PC 并显示出来。

本任务要实现 ADC 采集，下面是源码实现的解析过程。

```
/*主函数*/
void main(void)
{
    xtal_init();                        //初始化系统时钟
    led_init();                         //初始化LED
    uart0_init(0x00, 0x00);             //初始化串口：无奇偶校验，停止位为1位
    Uart_Send_String("Hello CC2530 - TempSensor!\r\n");    //串口发送字符串
    while(1) {
        adc_test();                                         //ADC测试
    }
}
```

ADC 采集任务的主要配置过程如下。

```
/*ADC采集函数*/
void adc_test(void)
{
    char i;
    float avgTemp;
    char output[]="";
    D7 = 0;
    avgTemp = getTemperature();             //获取温度值
    for(i = 0 ; i < 64 ; i++) {
        avgTemp += getTemperature();
        avgTemp = avgTemp/2;                //每采样1次，取1次平均值
    }
    output[0] = (unsigned char)(avgTemp)/10 + 48;       //十位
    output[1] = (unsigned char)(avgTemp)%10 + 48;       //个位
    output[2] = '.';                                    //小数点
    output[3] = (unsigned char)(avgTemp*10)%10+48;      //十分位
    output[4] = (unsigned char)(avgTemp*100)%10+48;     //百分位
    output[5] = '\0';                                   //字符串结束符
    Uart_Send_String(output);
    Uart_Send_String("℃\r\n");
```

```
    D7 = 1;                            //LED 熄灭，表示转换结束，
    halWait(250);
    halWait(250);
}
```

getTempurature()函数是获取温度值的关键，分析如下。

（1）配置 ADC 单次采样：令 ADCCON3=0x3E，选择 1.25 V 为系统电压，选择 14 位分辨率，选择 CC2530 片内温度传感器作为 ADC 转换源。

（2）令 ADCCON1 |= 0x30，设置 ADC 触发方式为手动（即当 ADCCON.6=1 时，启动 ADC 转换）。

（3）令 ADCCON1 |= 0x40，启动 ADC 单次转换。

（4）使用语句"while(!(ADCCON1 & 0x80))"等待 ADC 转换的结束。

（5）转换结果存放在 ADCH[7:0]（高 8 位），ADCH[7:2]（低 6 位），通过

```
value =ADCL>>2;
value = (ADCH << 6);
```

将转换结果存进 value 中。

（6）利用公式 temperature= value×0.06229－311.43，计算出温度值并返回。

获取温度函数的代码实现如下。

```
/*得到实际温度值*/
float getTemperature(void)
{
    unsigned int  value;
    ADCCON3 = (0x3E);     //选择 1.25 V 为参考电压；12 位分辨率；对片内温度传感器采样
    ADCCON1 |= 0x30;       //选择 ADC 的启动模式为手动
    ADCCON1 |= 0x40;       //启动 AD 转化
    while(!(ADCCON1 & 0x80));          //等待 ADC 转化结束
    value =  ADCL >> 2;
    value |= (ADCH << 6);              //取得最终转化结果，存入 value 中
    return value*0.06229-311.43;       //根据公式计算出温度值
}
```

图 3.9 是 ADC 采集任务的流程图。

3.5.5　开发步骤

（1）正确连接 CC2530 仿真器到 PC 和 CC2530 节点板，确定按照 1.2.3 节设置节点板跳线为模式一，打开 CC2530 节点板电源（上电）。用 RS232 串口线一端连接 CC2530 节点板，另一端连接 PC 串口。

（2）在 PC 上打开串口终端软件，设置好波特率为 19200。

（3）在开发资源包"DISK-ZigBee/02-开发例程/Chapter 03"目录下，打开本任务工程，选择"Project→Rebuild All"重新编译工程。

（4）将连接好的硬件平台上电（CC2530 务必按下开关上电），然后按下 CC2530 仿真器上的复位按键，最后选择"Project→Download and debug"将程序下载到 CC2530 节点板。

（5）下载完后可以单击"Debug→Go"程序全速运行；也可以将 CC2530 重新上电或者按下复位按钮让刚才下载的程序重新运行。

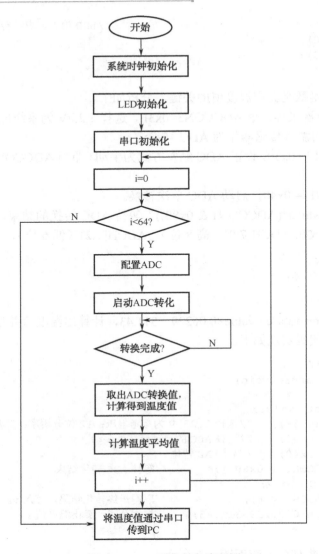

图 3.9　ADC 采集任务流程图

（6）程序运行后，在 PC 上的串口软件中会看到串口输出检测到的温度。使用 CC2530 芯片自带的模拟温度传感器获得的温度误差较大，在后面的数字温/湿度传感器任务中能够得到较准确的温度值。

3.6　任务 10：休眠与唤醒

3.6.1　学习目标

学习 CC2530 芯片休眠与唤醒工作原理，学会配置休眠与唤醒至正常工作。

3.6.2 开发环境

- 硬件：CC2530 节点板一块，CC2530 仿真器，PC。
- 软件：Windows 7/Windows XP，IAR 集成开发环境。

3.6.3 原理学习

CC2530 中文手册对 CC2530 的 4 种功耗模式进行了详细的介绍，简要情况如表 3.18 所示。

表 3.18 CC2530 功耗模式

电 源 模 式	高频振荡器	低频振荡器	电源稳压器（数字）
配置	A：无 B：32 MHz 的晶体振荡器 C：16 MHz 的 RC 振荡器	A：无 B：32.735 MHz 的 RC 振荡器 C：32.768 MHz 的晶体振荡器	—
PM0	B,C	B 或者 C	开
PM1	A	B 或者 C	开
PM2	A	B 或者 C	关
PM3	A	A	关

从表 3.16 可看出，CC2530 共有 4 种电源模式：PM0（完全清醒）、PM1（有点瞌睡）、PM2（半醒半睡）、PM3（睡得很死）。越靠后，关闭的功能就越多，功耗也越来越低。它们之间的转化关系如图 3.10 所示。

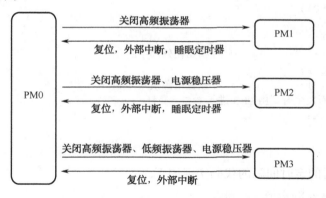

图 3.10 电源模式转化关系图

把 PM1、PM2 唤醒到 PM0，有三种方式：复位、外部中断、睡眠定时器中断；但把 PM3 唤醒到 PM0，只有两种方式：复位、外部中断（这是因为在 PM3 下，所有振荡器均停止工作，睡眠定时器也停止工作）。

3.6.4 开发内容

本任务要实现电源模式转化，下面是源码实现的解析过程。

```
/*主函数*/
void main(void)
```

```
{
    xtal_init();
    led_init();
    //PM0 状态，亮灯并延时
    D7 = LED_ON;                    //亮 LED1，表示统在 PM0 模式工作
    halWait(250);
    halWait(250);
    //PM1 状态，灭灯
    setSleepTimer(1);               //设置睡眠定时器的定时间隔为 1 s
    sleepTimer_init();              //开睡眠定时器中断
    D7 = LED_OFF;
    PowerMode(1);                   //设置电源模式为 PM1
    //1 s 后，由 PM1 进入 PM0，亮灯并延时
    D7 = LED_ON;
    halWait(250);
    halWait(250);
    halWait(250);
    halWait(250);
    //PM2，灭灯
    setSleepTimer(2);               //设置睡眠定时器的定时间隔为 2 s
    D7 = LED_OFF;
    PowerMode(2);                   //设置电源模式为 PM2
    //2 s 后，由 PM2 进入 PM0，亮灯并延时
    D7 = LED_ON;
    halWait(250);
    halWait(250);
    halWait(250);
    halWait(250);
    //PM3，灭灯
    ext_init();                     //初始化外部中断
    D7 = LED_OFF;
    PowerMode(3);                   //设置电源模式为 PM3
    //当外部中断发生时，由 PM3 进入 PM0，亮灯
    D7 = LED_ON;
    while(1);
}
```

设置睡眠定时器的定时间隔的代码实现如下。

```
/*设置睡眠定时器的定时间隔*/
void setSleepTimer(unsigned int sec)
{
    unsigned long sleepTimer = 0;
    sleepTimer |= ST0;                              //取得目前的睡眠定时器的计数值
    sleepTimer |= (unsigned long)ST1 << 8;
    sleepTimer |= (unsigned long)ST2 << 16;
    sleepTimer += ((unsigned long)sec * (unsigned long)32768);//加上所需的定
时时长
    ST2 = (unsigned char)(sleepTimer >> 16);    //设置睡眠定时器的比较值
    ST1 = (unsigned char)(sleepTimer >> 8);
    ST0 = (unsigned char)sleepTimer;
```

```
}
```

选择电源模式的代码实现如下。

```
/*选择电源模式*/
void PowerMode(unsigned char mode)
{
    if(mode<4) {
        SLEEPCMD &= 0xfc;              //将 SLEEP.MODE 清 0
        SLEEPCMD |= mode;              //选择电源模式
        PCON |= 0x01;                  //启用此电源模式
    }
}
```

外部中断服务程序的代码实现如下。

```
/*外部中断服务程序*/
#pragma vector = P0INT_VECTOR
__interrupt void P0_ISR(void)
{
    EA = 0;                           //关中断
    halWait(250);
    halWait(250);
    halWait(250);
    halWait(250);
    if((P0IFG & 0x10 ) >0 ) {         //按键中断
        P0IFG &= ~0x10;               //P0_4 中断标志清 0
    }
    P0IF = 0;                         //P0 中断标志清 0
    EA = 1;                           //开中断
}
```

睡眠定时器中断服务程序的代码实现如下。

```
/*睡眠定时器中断服务程序*/
#pragma vector= ST_VECTOR
__interrupt void sleepTimer_IRQ(void)
{
    EA=0;                             //关中断
    STIF=0;                           //睡眠定时器中断标志清 0
    EA=1;                             //开中断
}
```

关于如何使用睡眠定时器来唤醒系统，可以总结为如下流程：开睡眠定时器中断→设置睡眠定时器的定时间隔→设置电源模式。

注：设置睡眠定时器的定时间隔这一步一定要在"设置电源模式"之前，因为进入睡眠后系统就不会继续执行程序了。

首先对睡眠定时器进行简单的介绍：它是运行于 32.768 kHz 的 24 位定时器，当系统运行在除了 PM3 之外的所有的电源模式下，睡眠定时器都会不间断运行。睡眠定时器使用的寄存器有 ST0、ST1、ST2。对其功能的详细介绍可以参考 CC2530 数据手册。

图 3.11 是休眠与唤醒任务的流程图（注：图中的虚线框表示系统的运行状况）。

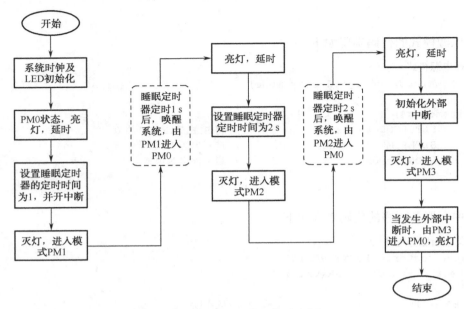

图 3.11　休眠与唤醒任务流程图

3.6.5　开发步骤

（1）正确连接 CC2530 仿真器到 PC 和 CC2530 节点板，确定按照 1.2.3 节设置节点板跳线为模式一，打开 CC2530 节点板电源（上电）。

（2）在开发资源包 "DISK-ZigBee/02-开发例程/Chapter 03" 目录下，打开本任务工程，选择 "Project→Rebuild All" 重新编译工程。

（3）将连接好的硬件平台上电（CC2530 务必按下开关上电），然后按下 CC2530 仿真器上的复位按键，最后选择 "Project→Download and debug" 将程序下载到 CC2530 节点板。

（4）将 CC2530 重新上电或者按下复位按钮让刚才下载的程序重新运行。

（5）观察任务现象，程序运行后：

● D7 第 1 次闪烁后表示系统工作在 PM1 模式；

● D7 第 2 次闪烁后表示系统进入 PM2 模式；

● D7 第 3 次闪烁后系统进入 PM3 模式。

按下 K5 按键后 D7 点亮，系统由 PM3 模式进入 PM0 模式。

3.7　任务 11：看门狗

3.7.1　学习目标

掌握 CC2530 片内看门狗工作原理，配置看门狗并正常应用。

3.7.2　开发环境

● 硬件：CC2530 节点板一块，CC2530 仿真器，PC。

● 软件：Windows 7/Windows XP，IAR 集成开发环境。

3.7.3 原理学习

看门狗（Watch Dog），准确地说应该是看门狗定时器，是专门用来监测单片机程序运行状态的电路结构。其基本原理是：启动看门狗定时器后，它就会从 0 开始计数，若程序在规定的时间间隔内没有及时对其清零，看门狗定时器就会复位系统（相当于重启电脑），看门狗工作原理如图 3.12 所示。

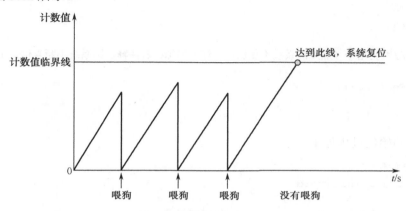

图 3.12 看门狗工作原理图

看门狗的使用可以总结为：选择模式→选择定时器间隔→放狗→喂狗。

（1）选择模式。看门狗定时器有两种模式，即看门狗模式和定时器模式。在定时器模式下，它就相当于普通的定时器，达到定时间隔会产生中断（可以在 ioCC2530.h 文件中找到其中断向量为 WDT_VECTOR）；在看门狗模式下，当达到定时间隔时，不会产生中断，取而代之的是向系统发送一个复位信号。本任务中，通过 WDCTL.MODE=0 来选择为看门口模式。

（2）选择定时间隔。有四种可供选择的时钟周期，为了测试方便，选择时间间隔为 1 s（即令 WDCTL.INT=00）。

（3）放狗。令 WDCTL.EN=1，即可启动看门狗定时器。

（4）喂狗。定时器启动之后，就会从 0 开始计数。在其计数值达到 32768 之前（即<1 s），若用以下代码喂狗

```
WDCTL = 0xa0;
WDCTL = 0x50;
```

则定时器的计数值会被清 0，然后它会再次从 0x0000 开始计数，这样就防止了其发送复位信号，表现在板上就是 D7 会一直亮着，不会闪烁。

若不喂狗（即把此代码注释掉），那么当定时器计数达到 32768 时，就会发出复位信号，程序将会从头开始运行，表现在开发板上就是 D7 不断闪烁，闪烁间隔为 1 s（注：喂狗程序一定要严格与上述代码功能一致，顺序颠倒、写错或者少写一句都将起不到清 0 的作用）。

3.7.4 开发内容

通过上述原理可知，本任务要实现看门狗定时器的清 0，下面是源码实现的解析过程。

```
/*主函数*/
void main(void)
{
    xtal_init();                    //初始化系统时钟
    led_init();                     //初始化 LED
    watchdog_init();                //初始化看门狗定时器

    halWait(250);
    D7 = 0;                         //点亮 D7

    while(1)
    {
        //喂狗指令（加入后系统不复位，小灯不闪烁；若注释，则系统不断复位，小灯每隔 1 s 闪
烁一次）

        FeetDog();
    }
}
```

看门狗的初始化过程如下。

```
/*看门狗初始化*/
void watchdog_init(void)
{
    WDCTL = 0x00;                   //时间间隔 1 s
    WDCTL |= 0x08;                  //看门狗模式
}
```

看门狗初始化结束之后，在 while 循环中不断调用喂狗程序。

```
/*喂狗程序，实际上就是清除定时器，即定时器清 0*/
void FeedDog(void)
{
    //当 0xA 跟随 0x5 写到 CLR[3 :0]位，定时器被清除（即加载 0）
    WDCTL = 0xa0;
    WDCTL = 0x50;
}
```

看门狗任务流程如图 3.13 所示。

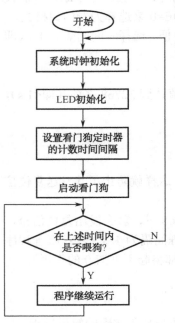

图 3.13　看门狗任务流程图

3.7.5　开发步骤

（1）正确连接 CC2530 仿真器到 PC 和 CC2530 节点板，确定按照 1.2.3 节设置节点板跳线为模式一，打开 CC2530 节点板电源（上电）。

（2）在开发资源包"DISK-ZigBee/02-开发例程/Chapter 03"目录下，打开本任务工程 watchdog.eww，选择"Project→Rebuild All"重新编译工程。

（3）将连接好的硬件平台上电（CC2530 务必按下开关上电），然后按下 CC2530 仿真器上的复位按键，接下来选择"Project→Download and debug"将程序下载到 CC2530 节点板。

（4）下载完后可以单击"Debug→Go"程序全速运行，也可以将 CC2530 重新上电或者按下复位按钮让刚才下载的程序重新运行。

（5）程序运行后，发现 D7 一直亮着（系统不复位）；这是因为在 main 函数中加上 FeedDog() 函数，会定期地处理看门狗定时中断，系统不复位。

（6）若注释掉 FeedDog 函数，重新编译并下载程序到 CC2530 板中，运行代码，发现 D7 以 1 s 的间隔闪烁（系统每隔 1 s 复位一次）。

3.8 任务 12：DMA

3.8.1 学习目标

掌握 DMA 传输过程，在 CC2530 节点板上运行自己的程序，能正确配置 CC2530 内 DMA 控制器。

3.8.2 开发环境

- 硬件：CC2530 节点板一块，CC2530 仿真器，PC。
- 软件：Windows 7/Windows XP，IAR 集成开发环境。

3.8.3 原理学习

DMA 是 Direct Memory Access 的缩写，即直接内存存取，它是一种高速的数据传输模式，ADC、UART、RF 收发器等外设单元和存储器之间可以直接在 DMA 控制器的控制下交换数据而几乎不需要 CPU 的干预。除了在数据传输开始和结束时做一点处理外，在传输过程中 CPU 可以进行其他的工作。这样，在大部分时间里，CPU 和这些数据交互处于并行工作状态。因此，系统的整体效率可以得到很大的提高。从介绍中可以看出，DMA 在很多场景中都可以使用。本任务仅涉及最简单的 DMA 传输，目的在于展示 DMA 的通用使用流程。至于 DMA 在其他情景中的应用，以后会在综合性的任务中实现。

3.8.4 开发内容

通过上述原理可知，本任务要实现 DMA 传输，下面是源码实现的解析过程。

```
/*主函数*/
void main(void)
{
    xtal_init();                    //初始化系统时钟
    led_init();                     //初始化 LED
    uart0_init(0x00, 0x00);         //初始化串口：无奇偶校验，停止位为 1 位

    while(1)
    {
        dma_test();                 //DMA 测试
    }
}
```

使用 DMA 的基本流程是：配置 DMA→启用配置→启动 DMA 传输→等待 DMA 传输完毕，下面分别介绍。

（1）配置 DMA：首先必须配置 DMA，但 DMA 的配置比较特殊，它不是直接对某些 SFR 赋值，而是在外部定义一个结构体并对其赋值，然后将此结构体的首地址的高 8 位赋给 DMA0CFGH，将其低 8 位赋给 DMA0CFGL。

```
/*用于配置DMA的结构体*/
#pragma bitfields=reversed
typedef struct
{
    unsigned char SRCADDRH;          //源地址高 8 位
    unsigned char SRCADDRL;          //源地址低 8 位
    unsigned char DESTADDRH;         //目的地址高 8 位
    unsigned char DESTADDRL;         //目的地址低 8 位
    unsigned char VLEN      :3;      //长度域模式选择
    unsigned char LENH      :5;      //传输长度高字节
    unsigned char LENL      :8;      //传输长度低字节
    unsigned char WORDSIZE  :1;      //字节（Byte）或字（Word）传输
    unsigned char TMODE     :2;      //传输模式选择
    unsigned char TRIG      :5;      //触发事件选择
    unsigned char SRCINC    :2;      //源地址增量：-1/0/1/2
    unsigned char DESTINC   :2;      //目的地址增量：-1/0/1/2
    unsigned char IRQMASK   :1;      //中断屏蔽
    unsigned char M8        :1;      //7 或 8 bit 传输长度，仅在字节传输模式下适用
    unsigned char PRIORITY  :2;      //优先级
}DMA_CFG;
#pragma bitfields=default
```

注：关于配置结构体中的详细说明，请参考 CC2530 数据手册。

关于上面源码中对配置结构体的定义，须做一点说明的是：在定义此结构体时，用到了很多冒号（:)，后面还跟着一个数字，这种语法叫作"位域"。位域是指信息在存储时，并不需要占用一个完整的字节，而只需占几个或一个二进制位。例如，在存放一个开关量时，只有 0 和 1 两种状态，用一位二进位即可。为了节省存储空间，并使处理简便，C 语言提供了一种数据结构，称为"位域"或"位段"。所谓"位域"是把一个字节中的二进位划分为几个不同的区域，并说明每个区域的位数。每个域有一个域名，允许在程序中按域名进行操作。这样就可以把几个不同的对象用一个字节的二进制位域来表示。

（2）启用配置：首先将结构体的首地址&dmaConfig 的高/低 8 位分别赋给 SFRDMA0CFGH 和 DMA0CFGL（其中的 0 表示对通道 0 配置，CC2530 包含 5 个 DMA 通道，此处使用通道 0）；然后对 DMAARM.0 赋值 1，启用通道 0 的配置，使通道 0 处于工作模式。

（3）开启 DMA 传输：对 DMAREQ.0 赋值 1，启动通道 0 的 DMA 传输。

（4）等待 DMA 传输完毕：通道 0 的 DMA 传输完毕后，就会触发中断，通道 0 的中断标志 DMAIRQ.0 会被自动置 1；然后对两个字符串的每一个字符进行比较，将校验结果发送至 PC。

DMA 传输过程如下。

```
/*DMA 传输函数*/
```

```
void dma_test(void)
{
    DMA_CFG dmaConfig;              //定义配置结构体
    char sourceString[]="I'm the sourceString!\r\n";          //源字符串
    char destString[sizeof(sourceString)]="I'm the destString!\r\n"; //目的
字符串
    char i;
    char error=0;
    Uart_Send_String(sourceString);           //传输前的原字符数组
    Uart_Send_String(destString);             //传输前的目的字符数组

    //配置DMA结构体
    dmaConfig.SRCADDRH=(unsigned char)((unsigned int)&sourceString >> 8);
    //源地址
    dmaConfig.SRCADDRL=(unsigned char)((unsigned int)&sourceString);
    dmaConfig.DESTADDRH=(unsigned char)((unsigned int)&destString >> 8);
    //目的地址
    dmaConfig.DESTADDRL=(unsigned char)((unsigned int)&destString);
    dmaConfig.VLEN=0x00;                //选择LEN作为传送长度
    //传输长度
    dmaConfig.LENH=(unsigned char)((unsigned int)sizeof(sourceString) >> 8);
    dmaConfig.LENL=(unsigned char)((unsigned int)sizeof(sourceString));
    dmaConfig.WORDSIZE=0x00;            //选择字节（Byte）传送模式
    dmaConfig.TMODE=0x01;              //选择块（Block）传送模式
    dmaConfig.TRIG=0;                  //无触发(可以理解为手动触发)
    dmaConfig.SRCINC=0x01;            //源地址增量为1
    dmaConfig.DESTINC=0x01;          //目的地址增量为1
    dmaConfig.IRQMASK=0;              //DMA中断屏蔽
    dmaConfig.M8=0x00;                //选择8位长的字节来传送数据
    dmaConfig.PRIORITY=0x02;          //传输优先级为高
    //将配置结构体的首地址赋予相关SFR
    DMA0CFGH=(unsigned char)((unsigned int)&dmaConfig >> 8);
    DMA0CFGL=(unsigned char)((unsigned int)&dmaConfig);
    DMAARM=0x01;                      //启用配置
    DMAIRQ=0x00;                      //清中断标志
    DMAREQ=0x01;                      //启动DMA传输

    while(!(DMAIRQ&0x01));            //等待传输结束
    for(i=0;i<sizeof(sourceString);i++) {   //校验传输的正确性
        if(sourceString[i]!=destString[i])
        error++;
    }
    if(error==0) {                    //将结果通过串口传输到PC
        Uart_Send_String("Correct!");
        Uart_Send_String(destString);        //传输后的目的字符数组
    }
    else
    Uart_Send_String("Error!");

    halWait(250);
```

```
    halWait(250);
}
```

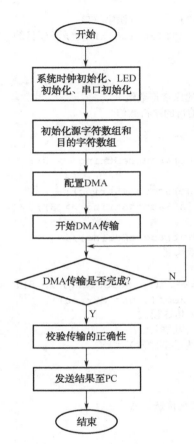

图 3.14 DMA 任务流程图

图 3.14 是 DMA 任务的流程图。

3.8.5 开发步骤

（1）正确连接 CC2530 仿真器到 PC 和 CC2530 节点板，确定按照 1.2.3 节设置节点板跳线为模式一，打开 CC2530 节点板电源（上电）。用 RS232 串口线一端连接 CC2530 节点板，另一端连接 PC 串口。

（2）在 PC 上打开串口终端软件，设置好波特率为 19200。

（3）在开发资源包"DISK-ZigBee/02-开发例程/Chapter 03"目录下，打开本任务工程 dma.eww，选择"Project→Rebuild All"重新编译工程。

（4）将连接好的硬件平台上电（CC2530 务必按下开关上电），然后按下 CC2530 仿真器上的复位按键，接下来选择"Project→Download and debug"将程序下载到 CC2530 节点板。

（5）下载完后可以单击"Debug→Go"程序全速运行；也可以将 CC2530 重新上电或者按下复位按钮让刚才下载的程序重新运行。

（6）程序运行后，将字符数组 sourceString 的内容通过 DMA 传输到字符数组 destString 中，转换结果通过串口显示到 PC 上。

## 第4章

传感器开发项目

4.1 任务 13：光敏传感器

4.1.1 学习目标

理解光敏传感器原理，能完成驱动 CC2530 和光敏传感器，实现光照检测。

4.1.2 开发环境

- 硬件：CC2530 节点板一块，光敏传感器板一块，USB 接口 CC2530 仿真器，PC。
- 软件：Windows 7/Windows XP，IAR 集成开发环境。

4.1.3 原理学习

光传感器（见图 4.1）是利用光敏元件将光信号转换为电信号的传感器，它的敏感波长在可见光波长附近，包括红外线波长和紫外线波长。光传感器不只局限于对光的探测，它还可以作为探测元件组成其他传感器，对许多非电量进行检测，只要将这些非电量转换为光信号的变化即可。

光敏模块与 CC2530 部分接口电路如图 4.2 所示，图中的 ADC 引脚连接到了 CC2530 的 P0_1 口，通过此 I/O 口输出的控制信号，可控制 ADC 转换得到相应数值。

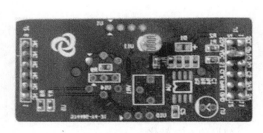

图 4.1 光敏传感器

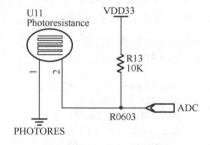

图 4.2 光敏模块与 CC2530 部分接口电路

4.1.4 开发内容

通过原理可知，本任务通过读取光敏传感器的控制信号，经 ADC 转换在串口显示。光照越强，显示的值越小。下面是源码实现的解析过程。

```
/*主函数*/
void main(void)
{
    xtal_init();
    led_init();
    uart0_init(0x00, 0x00);
    while(1) {
        Photoresistance_Test();
    }
}
```

主函数主要实现了以下功能。

（1）初始化系统时钟函数 xtal_init()：选用 32MHz 晶体振荡器。

（2）初始化 LED 灯函数 led_init()：设置 P1.0 和 P1.1 为普通 I/O 口，设置 P1 方向为输出，关闭 D6、D7 灯。

（3）初始化串口函数 uart0_init()：配置 I/O 口、设置波特率、奇偶校验位和停止位。

（4）在主函数中使用 while(1)等待光照强度的测试即可。

通过下面的代码来解析光照强度的测试。

```
/*Photoresistance_Test 函数*/
void Photoresistance_Test(void)
{
    char StrAdc[10];
    int AdcValue;
    AdcValue = getADC();
    sprintf(StrAdc,"%d\r\n",AdcValue);
    Uart_Send_String(StrAdc);              //串口发送数据
    halWait(250);                          //延时
    D7=!D7;                                //标志发送状态
    halWait(250);
    halWait(250);
}
```

上述代码实现了 ADC 转换，并将获取到的值从串口打印输出，每更新一次数据，D7 灯闪烁一次，其中，ADC 转换过程的源代码如下。

```
/*得到 ADC 转换后的值*/
int getADC(void)
{
    unsigned int  value;
    P0SEL |= 0x02;
    ADCCON3  = (0xB1);              //选择 AVDD5 为参考电压;12 分辨率;P0_1 ADC
    ADCCON1 |= 0x30;               //选择 ADC 的启动模式为手动
    ADCCON1 |= 0x40;               //启动 A/D 转化
    while(!(ADCCON1 & 0x80));      //等待 A/D 转化结束
    value =  ADCL >> 2;
    value |= (ADCH << 6);          //取得最终转化结果，存入 value 中
    return ((value) >> 2);
}
```

光敏传感器任务的流程图如 4.3 所示。

4.1.5　开发步骤

（1）准备好带有光敏传感器的 CC2530 射频板，确定按照 1.2.3 节设置节点板跳线为模式一，将 CC2530 仿真器连接到该 CC2530 射频板上，接上电源。

（2）在开发资源包"DISK-ZigBee\02-开发例程\Chapter 04"目录下，打开本任务工程。

（3）选择"Project→Rebuild All"重新编译工程。

（4）上电 CC2530 节点板，然后按下连接好的 CC2530 仿真器的复位按键；接下来单击 IAR 菜单"Project→Download and debug"，将程序下载程序到 CC2530 射频板上。

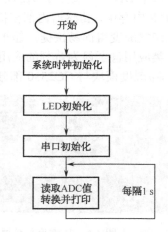

图 4.3　光敏传感器任务流程图

（5）在 PC 上打开超级终端或串口调试助手，设置波特率为 19200，8 数据位，1 停止位，无硬件流控。

（6）将 CC2530 射频板上电并复位，运行刚才下载的程序。

（7）用手电筒照射光敏传感器或用手罩住光敏传感器，观察 ADC 转换值的变化。

4.1.6　任务结论

光照越强，显示的 ADC 转换值越小。

4.2　任务 14：温/湿度传感器

4.2.1　学习目标

理解 DHT11 温/湿度传感器的原理，掌握驱动 CC2530 读取 DHT11 的温/湿度数据。

4.2.2　开发环境

● 硬件：CC2530 节点板一块，温/湿度传感器板一块，USB 接口 CC2530 仿真器，PC，交叉串口线。

● 软件：Windows 7/Windows XP，IAR 集成开发环境，串口调试工具（超级终端）。

4.2.3　原理学习

本任务通过 CC2530 I/O 口模拟 DHT11 的读取时序，读取 DHT11 的温/湿度数据。

DHT11 数字温/湿度传感器是一款含有已校准数字信号输出的温/湿度复合传感器，如图 4.4 所示。它应用专用的数字模块采集技术和温/湿度传感技术，确保产品具有极高的可靠性与卓越的长期稳定性。传感器包括一个电阻式感湿元件和一个 NTC 测温元件，并与一个高性能 8 位 CC2530 相连接，因此该产品具有品质卓越、超快响应、抗干扰能力强、性价比极高等优点。每个 DHT11 传感器都在极为精确的湿度校验室中进行校准，校准系数以程序的形式存储在 OTP 内存中，传感器内部在检测信号的处理过程中要调用这些校准系数。单线制串行接口，使系统集成变得简易快捷。超小的体积、极低的功耗，信号传输距离可达 20 m 以上，使其成为各类应用甚至最为苛刻的应用场合的最佳选择。

温/湿度模块与 CC2530 部分接口电路如图 4.5 所示。

图 4.4　温/湿度传感器

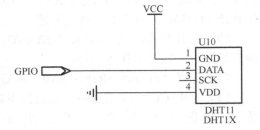

图 4.5　温/湿度模块与 CC2530 部分接口电路

DHT11 的获取温/湿度值的原理是：DHT11 的串行接口 DATA 用于微处理器与 DHT11 之间的通信和同步，采用单总线数据格式，一次通信时间为 4 ms 左右，数据分小数部分和整数部分，具体格式在下面说明，当前小数部分用于以后扩展，现读出为零。操作流程为：一次完整的数据传输为 40 bit，数据格式为 8 bit 湿度整数数据+8bit 湿度小数数据+8 bit 温度整数数据+8 bit 温度小数数据+8 bit 校验和数据。

传送正确时校验和数据等于"8 bit 湿度整数数据+8bit 湿度小数数据+8 bit 温度整数数据+8 bit 温度小数数据"所得结果的末 8 位。CC2530 发送一次开始信号后，DHT11 从低功耗模式转换到高速模式，等待主机开始信号结束后，DHT11 发送响应信号，送出 40 bit 的数据，并触发一次信号采集，可选择读取部分数据。从模式下，DHT11 接收到开始信号触发一次温/湿度采集，如果没有接收到主机发送开始信号，DHT11 不会主动进行温/湿度采集，采集数据后转换到低速模式。通信过程如图 4.6 所示。

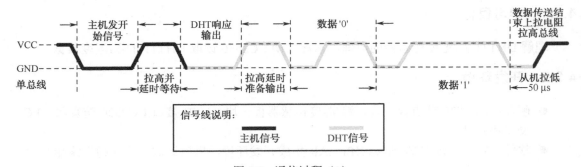

图 4.6　通信过程（1）

总线空闲状态为高电平，主机把总线拉低等待 DHT11 响应，主机把总线拉低必须大于 18 ms，保证 DHT11 能检测到起始信号。DHT11 接收到主机的开始信号后，等待主机开始信号结束，然后发送 80 μs 低电平响应信号。主机发送开始信号结束后，延时等待 20～40 μs 后，读取 DHT11 的响应信号，主机发送开始信号后，可以切换到输入模式，或者输出高电平均可，总线由上拉电阻拉高，如图 4.7 所示。

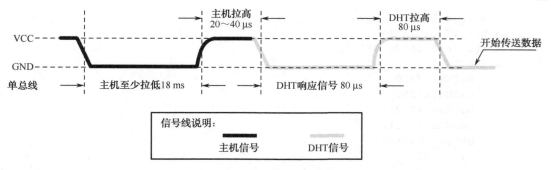

图 4.7 通信过程（2）

总线为低电平，说明 DHT11 发送响应信号，DHT11 发送响应信号后，再把总线拉高 80 μs，准备发送数据，每比特数据都以 50 μs 低电平时隙开始，高电平的长短定了数据位是 0 还是 1，格式见图 4.8 和图 4.9。如果读取响应信号为高电平，则 DHT11 没有响应，请检查线路是否连接正常。当最后一比特数据传送完毕后，DHT11 拉低总线 50 μs，随后总线由上拉电阻拉高进入空闲状态。

数字 0 信号表示方法如图 4.8 所示。

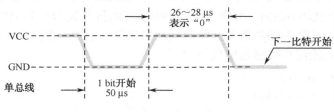

图 4.8 数字 0 表示

数字 1 信号表示方法如图 4.9 所示。

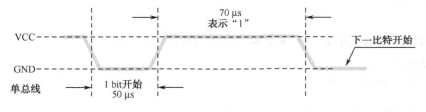

图 4.9 数字 1 表示

4.2.4 开发内容

本任务按照 DHT11 的读取时序来操作 CC2530 I/O 口，读取 DHT11 的温/湿度数据，并将读取的数据通过串口打印出来。

根据温/湿度传感器 DHT11 的工作原理，以及温/湿度数据读取时序，通过编程实现温/湿度值的采集，下面是源码实现的解析过程。

```
/*主函数*/
void main(void)
{
    xtal_init();
```

```
    led_init();
    dht11_I/O_init();
    uart0_init(0x00, 0x00);
    while(1) {
        halWait(250);
        halWait(250);
        halWait(250);
        halWait(250);
        dht11_update();
        D7 = !D7;
    }
}
```

主函数主要实现了以下功能。

（1）初始化系统时钟函数 xtal_init()：选用 32 MHz 晶体振荡器。

（2）初始化 LED 函数 led_init()：设置 P1.0 和 P1.1 为普通 I/O 口，设置 P1 方向为输出，然后关闭 D6、D7 灯。

（3）初始化温/湿度传感器函数 dht11_io_init()：配置 P1.5 I/O 口。

（4）初始化串口函数 uart0_init()：配置 I/O 口、设置波特率、奇偶校验位和停止位。

（5）在主函数中使用 while(1)每隔 1 s 更新温/湿度的值并让 D7 灯闪烁。

上述代码实现了获取温/湿度的值并将数据从串口打印输出，每更新一次数据，D7 灯闪烁一次，其中，初始化温/湿度传感器的代码如下。

```
/*初始化温/湿度传感器*/
void dht11_io_init(void)
{
    P0SEL  &= ~0x20;                    //P1 为普通 I/O 口
    COM_OUT;
    COM_SET;
}
```

函数 dht11_update()实现每隔 1s 更新传感器的数值，代码如下。

```
/*更新数值*/
void dht11_update(void)
{
    int flag = 1;
    unsigned char dat1, dat2, dat3, dat4, dat5, ck;
    //主机拉低 18 μs
    COM_CLR;
    halWait(18);
    COM_SET;
    flag = 0;
    while (COM_R && ++flag);
    if (flag == 0) return;
    //总线由上拉电阻拉高主机延时 20 μs
    //主机设为输入判断从机响应信号
    //判断从机是否有低电平响应信号如不响应则跳出，响应则向下运行
    flag = 0;
    while (!COM_R && ++flag);
    if (flag == 0) return;
```

```
    flag = 0;
    while (COM_R && ++flag);
    if (flag == 0) return;
    dat1 = dht11_read_byte();
    dat2 = dht11_read_byte();
    dat3 = dht11_read_byte();
    dat4 = dht11_read_byte();
    dat5 = dht11_read_byte();
    ck = dat1 + dat2 + dat3 + dat4;
    if (ck == dat5) {
        sTemp = dat3;
        sHumidity = dat1;
    }
    printf("湿度: %u%% 温度: %u℃ \r\n", dat1, dat3);
}
```

图 4.10 是温/湿度传感器任务的流程图。

4.2.5 开发步骤

（1）准备好带有温/湿度传感器的 CC2530 射频板，确定按照 1.2.3 节设置节点板跳线为模式一，将 CC2530 仿真器连接到该 CC2530 射频板上，接上电源。

（2）将交叉串口线一端连接电脑 PC，另一端连接到带温度传感器的 CC2530 节点板上。

（3）在开发资源包"DISK-ZigBee/02-开发例程/Chapter 04"目录下，打开本任务工程。

（4）选择"Project→Rebuild All"重新编译工程。

（5）上电 CC2530 节点板，然后按下连接好的 CC2530 仿真器的复位按键；接下来单击 IAR 菜单"Project→Download and debug"，将程序下载程序到 CC2530 射频板上。

（6）在 PC 上打开超级终端或串口调试助手，设置波特率为 19200，8 数据位，1 停止位，无硬件流控。

（7）将 CC2530 射频板上电并复位，运行刚才下载的程序。观察 PC 串口中输出的温度、湿度任务数据。

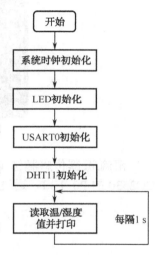

图 4.10 温/湿度传感器任务流程图

4.2.6 任务结论

程序运行后，可以通过串口输出当前的温/湿度值。

4.3 任务 15：雨滴/凝露传感器

4.3.1 学习目标

理解雨滴/凝露传感器原理，掌握驱动 CC2530 和雨滴/凝露传感器，实现对雨滴/凝露信息采集。

4.3.2 开发环境

- 硬件：CC2530 节点板一块，雨滴/凝露传感器板一块，USB 接口 CC2530 仿真器，PC。
- 软件：Windows 7/Windows XP，IAR 集成开发环境。

4.3.3 原理学习

本任务采用凝露传感器 HDS10，其为正特性开关型元件，对低湿度不敏感，仅对高湿度敏感，测试范围为 9～100RH，湿度和电阻有关系，当湿度达到 94%以上，其输出电阻从 100 kΩ 迅速增大。雨滴/凝露传感器又叫作雨滴检测传感器，如图 4.11 所示，可用于检测是否下雨及雨量的大小。

图 4.11 雨滴/凝露传感器

雨滴/凝露传感器与 CC2530 部分接口电路如图 4.12 所示，图中的 ADC 引脚连接到了 CC2530 的 P0_1 口，通过此 I/O 口输出的控制信号，可通过 ADC 转换得到相应数值。

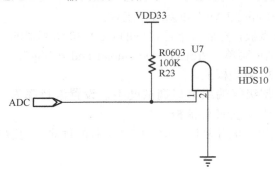

图 4.12 雨滴/凝露传感器与 CC2530 部分接口电路

4.3.4 开发内容

本任务实例代码通过读取雨滴/凝露传感器的控制信号，经 ADC 转换在串口显示。雨量越多，显示的值越大。下面是源码实现的解析过程。

```
/*主函数*/
void main(void)
{
    xtal_init();
    led_init();
    uart0_init(0x00, 0x00);
```

```
    while(1) {
        Rain_Test();
    }
}
```

主函数主要实现了以下功能。

（1）初始化系统时钟函数 xtal_init()：选用 32 MHz 晶体振荡器。

（2）初始化 LED 灯函数 led_init()：设置 P1.0 和 P1.1 为普通 I/O 口，设置 P1 方向为输出，关闭 D6、D7 灯。

（3）初始化串口函数 uart0_init()：配置 I/O 口、设置波特率、奇偶校验位和停止位。

（4）在主函数中使用 while(1)每隔 1 s 更新雨滴值并让 D7 灯闪烁。

通过下面的代码来解析雨滴值的测试。

```
/*Rain_Test 函数*/
void Rain_Test(void)
{
    char StrAdc[10];
    int AdcValue;
    AdcValue = getADC();
    sprintf(StrAdc,"%d\r\n",AdcValue);
    Uart_Send_String(StrAdc);               //串口发送数据
    halWait(250);                           //延时
    D7=!D7;                                 //标志发送状态
    halWait(250);
    halWait(250);
}
```

上述代码实现了 ADC 转换，并将获取到的值从串口打印输出，每更新一次数据，D7 灯闪烁一次，其中，配置 ADC 并启动转换的实现代码如下。

```
/*得到 ADC 值*/
int getADC(void)
{
    unsigned int value;
    P0SEL |= 0x02;
    ADCCON3 = (0xB1);                       //选择 AVDD5 为参考电压；12 分辨率；P0_1 ADC
    ADCCON1 |= 0x30;                        //选择 ADC 的启动模式为手动
    ADCCON1 |= 0x40;                        //启动 AD 转化
    while(!(ADCCON1 & 0x80));               //等待 AD 转化结束

    value = ADCL >> 2;
    value |= (ADCH << 6);                   //取得最终转化结果，存入 value 中
    return ((value) >> 2);
}
```

图 4.13 是雨滴任务的流程图。

4.3.5 开发步骤

（1）准备好带有雨滴/凝露传感器的 CC2530 射频板，确定按照 1.2.3 节设置节点板跳线为模式一，将 CC2530 仿真器连接到该 CC2530 射频板上，接上电源。

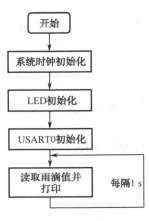

```
开始
  ↓
系统时钟初始化
  ↓
LED初始化
  ↓
USART0初始化
  ↓
读取雨滴值并    每隔1 s
打印
```

图 4.13　雨滴任务流程图

（2）在开发资源包"DISK-ZigBee/02-开发例程/Chapter 04"目录下，打开本任务工程。

（3）选择"Project→Rebuild All"重新编译工程。

（4）上电 CC2530 节点板，然后按下连接好的 CC2530 仿真器的复位按键；接下来单击 IAR 菜单"Project→Download and debug"，将程序下载程序到 CC2530 射频板上。

（5）在 PC 上打开超级终端或串口调试助手，设置波特率为 19200，8 数据位，1 停止位，无硬件流控。

（6）将 CC2530 射频板上电并复位，运行刚才下载的程序。

（7）对着雨滴/凝露传感器缓缓吹气，观察 ADC 转换值的变化。

4.3.6　任务结论

雨量越多，湿度越大，显示的 ADC 转换值越大。

4.4　任务 16：火焰传感器

4.4.1　学习目标

理解火焰传感器原理，掌握驱动 CC2530 和火焰传感器，实现火焰检测。

4.4.2　开发环境

● 硬件：CC2530 节点板一块，火焰传感器板一块，USB 接口 CC2530 仿真器，PC。

● 软件：Windows 7/Windows XP，IAR 集成开发环境。

4.4.3　原理学习

火焰的热辐射具有离散光谱的气体辐射和连续光谱的固体辐射，不同燃烧物的火焰辐射强度、波长分布有所差异，但总体来说，其对应火焰温度的近红外波长域及紫外光域具有很大的辐射强度，根据这种特性可制成火焰传感器。本任务采用 LM158 温度传感器，LM158 利用了双运算放大器电路来设计，如图 4.14 所示。

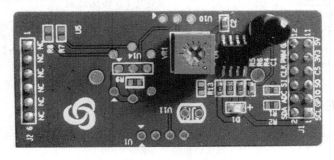

图 4.14　火焰传感器

火焰传感器与 CC2530 部分接口电路如图 4.15 所示，图中的 GPIO 引脚连接到了 CC2530 的 P0_5 口，可以直接读取此 I/O 口输入的信号。

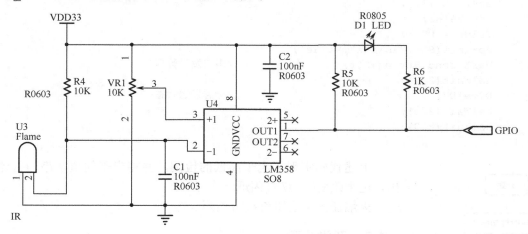

图 4.15 火焰传感器与 CC2530 部分接口电路

4.4.4 开发内容

通过原理可知，本任务通过检测 I/O 口值的变化来读取火焰传感器的控制信号，检测到火焰时，显示的 I/O 值变为 0。本任务的关键就是配置 P0_5 口，将其设置成输入模式来检测电平变化，下面是实现的解析过程。

```
/*主函数*/
void main(void)
{
    xtal_init();
    led_init();
    uart0_init(0x00, 0x00);
    P0SEL &= ~0x20;                    //P0_5 为普通 I/O 口
    P0DIR &= ~0x20;                    //P0_5 输入
    while(1) {
        Flame_Test();
    }
}
```

主函数实现了以下功能。

（1）初始化系统时钟函数 xtal_init()：选用 32 MHz 晶体振荡器。

（2）初始化函数 LED 函数 led_init()：设置 P1.0 和 P1.1 为普通 I/O 口，设置 P1 方向为输出，然后关闭 D6、D7 灯。

（3）初始化串口函数 uart0_init()：配置 I/O 口、设置波特率、奇偶校验位和停止位。

（4）配置 P0_5 口：将 P0_5 设为输入，检测电平变化。

（5）在主函数中使用 while(1)每隔 1 s 检测是否有火焰。

通过下面的代码来解析火焰的检测。

```
/*Flame_Test 函数*/
```

```
void Flame_Test(void)
{
    char Str[10];
    int Value;
    Value = P0_5;
    sprintf(Str,"%d\r\n",Value);
    Uart_Send_String(Str);          //串口发送数据
    halWait(250);                   //延时
    D7 =!D7;                        //标志发送状态
    halWait(250);
    halWait(250);
}
```

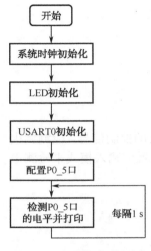

图 4.16　火焰任务流程图

上述代码实现了电平高低的检测，并将电平的值从串口打印输出，电平改变时 D7 灯闪烁一次。

火焰任务流程如图 4.16 所示。

4.4.5　开发步骤

（1）准备好带有火焰传感器的 CC2530 射频板，确定按照 1.2.3 节设置节点板跳线为模式一，将 CC2530 仿真器连接到该 CC2530 射频板上，接上电源。

（2）在开发资源包"DISK-ZigBee/02-开发例程/Chapter 04"目录下，打开本任务工程。

（3）选择"Project→Rebuild All"重新编译工程。

（4）上电 CC2530 节点板，然后按下连接好的 CC2530 仿真器的复位按键；接下来单击 IAR 菜单"Project→Download and debug"，将程序下载程序到 CC2530 射频板上。

（5）在 PC 上打开超级终端或串口调试助手，设置波特率为 19200，8 数据位，1 停止位，无硬件流控。

（6）将 CC2530 射频板上电并复位，运行刚才下载的程序。

（7）先逆时针将电位器转到底（以 CC2530 芯片在射频板正上方为准），再顺时针调试电位器使 LED 由亮至刚刚灭。

（8）在传感器附近使用打火机，观察 I/O 值的变化。

4.4.6　任务结论

检测到火焰时，显示的 I/O 值变为 0。

4.5　任务 17：继电器传感器

4.5.1　学习目标

理解继电器原理，掌握驱动 CC2530 的 I/O 口，实现对继电器控制。

4.5.2 开发环境

- 硬件：CC2530 节点板一块，继电器节点板一块，USB 接口 CC2530 仿真器，PC。
- 软件：Windows 7/Windows XP，IAR 集成开发环境。

4.5.3 原理学习

本任务使用的继电器模块是电磁继电器，电磁继电器一般由铁芯、线圈、衔铁、触点簧片等组成。只要在线圈两端加上一定的电压，线圈中就会流过一定的电流，从而产生电磁效应，衔铁就会在电磁力吸引的作用下克服返回弹簧的拉力吸向铁芯，从而带动衔铁的动触点与静触点（常开触点）吸合。继电器传感器如图 4.17 所示。

图 4.17 继电器

通过 CC2530 的 I/O 口输出高低电平实现继电器的控制，继电器模块与 CC2530 部分接口电路如图 4.18 和 4.19 所示，其中 ADC、GPIO 分别对应 CC2530 的 P0_1、P0_5 两个 I/O 口。U12 和 U13 是光耦隔离芯片 TLP281-1，U11 是 ULN2003A 高压大电流达林顿晶体管阵列芯片，可用来驱动继电器。

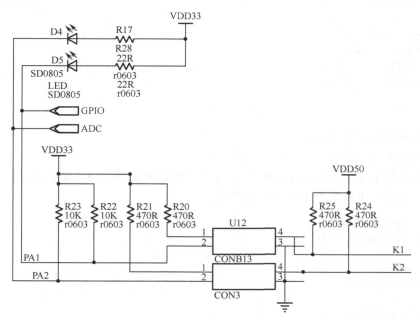

图 4.18 继电器模块与 CC2530 部分接口电路（1）

物联网平台开发及应用——基于CC2530和ZigBee

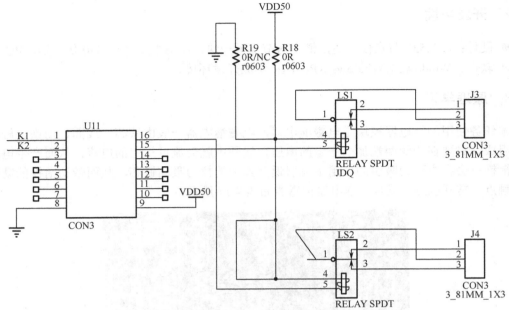

图 4.19　继电器模块与 CC2530 部分接口电路（2）

4.5.4　开发内容

根据继电器的原理可知，要让继电器工作，关键是配置 P0_1 和 P0_5 口，将 P0_1 和 P0_5 I/O 口配置成输出引脚，下面是源码实现的解析过程。

```
/*主函数*/
void main(void)
{
    P0SEL &=~ 0x22;
    P0DIR |= 0x22;
    while(1) {
        Relay_Test();
    }
}
```

主函数主要实现了以下功能。

（1）配置 I/O 口：将 P0_1 和 P0_5 设为输出。

（2）在主函数中使用 while(1)每隔 1 s 改变电平的高低来驱动继电器的开关。

通过下面的代码来解析继电器开关的控制。

```
/*Relay_Test 函数*/
void Relay_Test(void)
{
    P0_1=0;
    halWait(250);
    P0_1=1;
    halWait(250);
```

PAGE｜**78**

```
PO_5=0;
halWait(250);
PO_5=1;
halWait(250);
}
```

上述代码实现了每隔 1 s 改变 P0_1 和 P0_5 的电平高低，从而来控制继电器的工作。
图 4.20 是继电器任务的流程图。

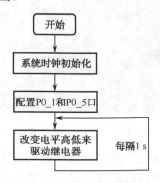

图 4.20　继电器任务流程图

4.5.5　开发步骤

（1）准备好带有继电器传感器的 CC2530 射频板，确定按照 1.2.3 节设置节点板跳线为模式一，将 CC2530 仿真器连接到该 CC2530 射频板上，接上电源。

（2）在开发资源包"DISK-ZigBee/02-开发例程/Chapter 04"目录下，打开本任务工程。

（3）选择"Project→Rebuild All"重新编译工程。

（4）上电 CC2530 节点板，然后按下连接好的 CC2530 仿真器的复位按键；接下来单击 IAR 菜单"Project→Download and debug"，将程序下载程序到 CC2530 射频板上。

（5）将 CC2530 射频板上电并复位，运行刚才下载的程序。

4.5.6　任务结论

连接继电器传感器的板子上的 D4、D5 交换闪烁，并且能听到继电器开合的"咔嚓"声。

4.6　任务 18：霍尔传感器

4.6.1　学习目标

理解霍尔传感器原理，掌握驱动 CC2530 和霍尔传感器，实现对磁场的感应。

4.6.2　开发环境

● 硬件：CC2530 节点板一块，霍尔传感器板一块，USB 接口 CC2530 仿真器，PC。
● 软件：Windows 7/Windows XP，IAR 集成开发环境。

4.6.3 原理学习

霍尔电流传感器是根据霍尔原理设计的，有直测式和磁平衡式两种工作方式。霍尔电流传感器一般由原边电路、聚磁环、霍尔器件、次级线圈和放大电路等组成。霍尔传感器一般由原边电路、聚磁环、霍尔器件、（次级线圈）和放大电路等组成。

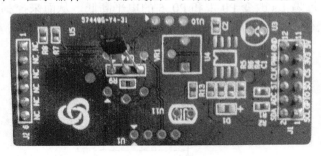

图 4.21　霍尔电流传感器

（1）直测式，当电流通过一根长导线时，在导线周围将产生一磁场，这一磁场的大小与流过导线的电流成正比，它可以通过磁芯聚集感应到霍尔器件上并使其有一信号输出。

（2）磁平衡式（闭环式），磁平衡式电流传感器也叫作霍尔闭环电流传感器，也称为补偿式传感器，即主回路被测电流 I_p 在聚磁环处所产生的磁场通过一个次级线圈，电流所产生的磁场进行补偿，从而使霍尔器件处于检测零磁通的工作状态。

磁平衡式电流传感器的工作原理为，当主回路有一电流通过时，在导线上产生的磁场被聚磁环聚集并感应到霍尔器件上，所产生的信号输出用于驱动相应的功率管并使其导通，从而获得一个补偿电流 I_s。这一电流再通过多匝绕组产生磁场，该磁场与被测电流产生的磁场正好相反，因而补偿了原来的磁场，使霍尔器件的输出逐渐减小。当与 I_p 与匝数相乘所产生的磁场相等时，I_s 不再增加，这时的霍尔器件起指示零磁通的作用，此时可以通过 I_s 来平衡。被测电流的任何变化都会破坏这一平衡，一旦磁场失去平衡，霍尔器件就有信号输出。经功率放大后，立即就有相应的电流流过次级绕组以对失衡的磁场进行补偿。从磁场失衡到再次平衡，所需的时间理论上不到 1 μs，这是一个动态平衡的过程。

本任务采用的是 3141 霍尔传感器，当霍尔传感器检测到磁场时就会输出一个低电平，未检测到磁场时就会输出一个高电平。霍尔传感器与 CC2530 部分接口电路如图 4.22 所示，图中的 GPIO 引脚连接到了 CC2530 的 P0_5 口，可以直接读取此 I/O 口输出的信号。

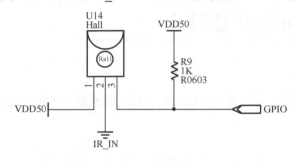

图 4.22　霍尔传感器与 CC2530 部分接口电路

4.6.4 开发内容

根据霍尔传感器的原理可知,本任务的关键是配置 P0_5 口,将其设置成输入模式来检测霍尔传感器输出的电平变化,下面是源码实现的解析过程。

```
/*主函数*/
void main(void)
{
    xtal_init();
    led_init();
    uart0_init(0x00, 0x00);
    P0SEL &= ~0x20;                    //P0_5 为普通 I/O 口
    P0DIR &= ~0x20;                    //P0_5 输入
    while(1) {
        Hall_Test();
    }
}
```

主函数主要实现了以下功能。

(1)初始化系统时钟函数 xtal_init():选用 32 MHz 晶体振荡器。

(2)初始化 LED 函数 led_init():设置 P1.0 和 P1.1 为普通 I/O 口,设置 P1 方向为输出,然后关闭 D6、D7 灯。

(3)初始化串口函数 uart0_init():配置 I/O 口、设置波特率、奇偶校验位和停止位。

(4)配置 P0_5 口:将 P0_5 设为输入。

(5)在主函数中使用 while(1)每隔 1 s 检测电平的高低变化。

通过下面的代码来解析霍尔传感器的电平变化。

```
/*Hall_Test 函数*/
void Hall_Test(void)
{
    char Str[10];
    int Value;
    Value = P0_5;
    sprintf(Str,"%d\r\n",Value);
    Uart_Send_String(Str);             //串口发送数据
    halWait(250);                      //延时
    D7=!D7;                            //标志发送状态
    halWait(250);
    halWait(250);
}
```

上述代码功能:实现了将 P0_5 口的电平数值通过串口打印输出并让 D7 闪烁一次。

图 4.23 是霍尔传感器任务的流程图。

4.6.5 开发步骤

(1)准备好带有霍尔传感器的 CC2530 射频板,确定按照 1.2.3

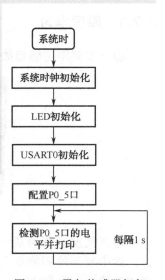

图 4.23 霍尔传感器任务
流程图

节设置节点板跳线为模式一，将 CC2530 仿真器连接到该 CC2530 射频板上，接上电源。

（2）在开发资源包"DISK-ZigBee/02-开发例程/Chapter 04"目录下，打开本任务工程。

（3）选择"Project→Rebuild All"重新编译工程。

（4）上电 CC2530 节点板，然后按下连接好的 CC2530 仿真器的复位按键；接下来单击 IAR 菜单"Project→Download and debug"，将程序下载程序到 CC2530 射频板上。

（5）在 PC 上打开超级终端或串口调试助手，设置波特率为 19200，8 数据位，1 停止位，无硬件流控。

（6）将 CC2530 射频板上电并复位，运行刚才下载的程序。

（7）以磁铁靠近传感器，观察 I/O 值的变化。

4.6.6　任务结论

检测到磁场时，显示的 I/O 值变为 0。

4.7　任务 19：超声波测距传感器

4.7.1　学习目标

理解超声波测距原理，掌握驱动 CC2530 控制 SRF05 超声波测距模块，进行距离测试。

4.7.2　开发环境

- 硬件：CC2530 节点板一块，SRF05 超声波传感器板一块，USB 接口 CC2530 仿真器，PC，交叉串口线。
- 软件：Windows 7/Windows XP，IAR 集成开发环境，串口调试工具（超级终端）。

4.7.3　原理学习

超声波测距传感器如图 4.24 所示。

图 4.24　超声波测距传感器

超声波发射器向某一方向发射超声波，在发射时刻的同时开始计时，超声波在空气中传播，途中碰到障碍物就立即返回来，超声波接收器收到反射波就立即停止计时（超声波在空气中的传播速度为 340 m/s，根据计时器记录的时间 t，就可以计算出发射点距障碍物的距离(s)，即 $s=340t/2$）。

SRF05 超声波测距模块可以提供 2～450 cm 的非接触式距离感测功能，测距精度可达到 3 mm；模块包括超声波发射器、接收器与控制电路，下面是 SRF05 基本工作过程。

（1）采用 I/O 口 TRIG 触发测距，给至少 10 μs 的高电平信号。

（2）模块自动发送 8 个 40 kHz 的方波，自动检测是否有信号返回。

（3）有信号返回，通过 I/O 口 ECHO 输出一个高电平，高电平持续的时间就是超声波从发射到返回的时间。

（4）测试距离=（高电平时间×声速（340 m/s））/2。

图 4.25 为 SRF05 与 CC2530 的接口原理图。

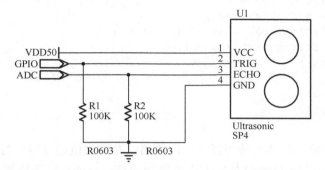

图 4.25 SRF05 与 CC2530 的接口原理图

图 4.25 中的 GPIO 引脚 TRIG 连接到了 CC2530 的 P0_5 口，通过在此 I/O 口给个 10μs 的高电平，即可触发模块测距。ADC 引脚即上文提到的 I/O 口 ECHO 连到 CC2530 的 P0_1 口，通过测得 ECHO 引脚的高电平时间，就可以算出距离值了。

ECHO 高电平时间测量是通过 CC2530 的定时器 T1 来完成的。

4.7.4 开发内容

本任务实例通过 CC2530 控制 SRF05 超声波测距模块测取距离，然后通过串口显示出来。以下是源码实现的解析过程。

```
/*主函数*/
void main(void)
{
    xtal_init();
    led_init();
    uart0_init(0x00, 0x00);
    srf05Init();
    while(1) {
        Ultrasonic_Test();
    }
}
```

主函数主要实现了以下功能。

（1）初始化系统时钟函数 xtal_init()：选用 32 MHz 晶体振荡器。

（2）初始化 LED 灯函数 led_init()：设置 P1.0 和 P1.1 为普通 I/O 口，设置 P1 方向为输出，关闭 D6、D7 灯。

（3）初始化串口函数 uart0_init()：配置 I/O 口、设置波特率、奇偶校验位和停止位。

（4）初始化超声波传感器函数 srf05Init()：配置 P0_0 和 P0_5 口。

（5）在主函数中使用 while(1)每隔 1 s 检测数据。

通过下面的代码来解析超声波传感器测距的过程。

```
/*Ultrasonic_Test 函数*/
void Ultrasonic_Test(void)
{
    char StrDistance[10];
    unsigned int distance;
    distance = srf05Distance();
    sprintf(StrDistance,"%u\r\n",distance);
    Uart_Send_String(StrDistance);
    halWait(250);                          //延时
    D7=!D7;                                //标志发送状态
    halWait(250);
    halWait(250);
}
```

上述代码实现了测试物体与传感器之间的距离值并将数值通过串口打印输出，同时让 D7 灯闪烁一次，其中 srf05Distance()为 SRF05 的测距函数，具体代码实现如下。

```
int srf05Distance(void)
{
    unsigned int i = 0;
    float cnt = 0;
    int d;
    T1CNTL = 0;                                  //定时器清 0
    srf05Start();                                //触发 SRF05 开始测距
    while ((0 == WAVE_INPUT_PIN) && ++i);  //等待 ECHO 引脚变高
    if (i == 0) return -1;                       //超时，则返回-1
    T1CTL = 0x0D; //128div                       //开启定时器
    i = 0;
    while (WAVE_INPUT_PIN && ++i);          //等待 ECHO 引脚变低
    T1CTL = 0x00;
    if (i == 0) return -1;                       //超时则返回-1
    cnt = (T1CNTH<<8) | (T1CNTL);                //读取定时器的值
    //clk 为定时器频率,单位 kHz,距离=cnt/(clk*1000)*340*100/2（cm）
    d = (cnt) / clk * 17;
    return d;
}
```

其中 srf05Start()为触发 SRF05 测距操作，具体代码实现如下。

```
static void srf05Start (void)
{
    WAVE_EN_PIN = 1;
    Delay_10us();
    Delay_10us();
    WAVE_EN_PIN = 0;
}
```

图 4.26 是超声波测距传感器任务的流程图。

4.7.5 开发步骤

（1）准备好带有超声波距离检测传感器的 CC2530 射频板，确定按照 1.2.3 节设置节点板跳线为模式一，将 CC2530 仿真器连接到该 CC2530 射频板上，接上电源。

（2）将交叉串口线一端连接电脑 PC，另一端连接到带温度传感器的 CC2530 节点板上。

（3）在开发资源包"DISK-ZigBee/02-开发例程/Chapter 04"目录下，打开本任务工程。

（4）选择"Project→Rebuild All"重新编译工程。

（5）上电 CC2530 节点板，然后按下连接好的 CC2530 仿真器的复位按键；接下来单击 IAR 菜单"Project→Download and debug"，将程序下载程序到 CC2530 射频板上。

（6）在 PC 上打开超级终端或串口调试助手，设置波特率为 19200，8 数据位，1 停止位，无硬件流控。

（7）将 CC2530 射频板上电并复位，运行刚才下载的程序。

（8）用物体（建议用一本书）挡在超声波距离检测传感器的两个探头面前，由近到远或由远到近慢慢移动物体，观察 PC 上串口输出的距离检测值（注意物体离传感器不要超过有效范围）。

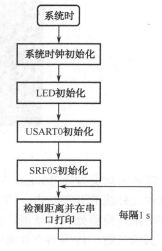

图 4.26　超声波测距传感器任务
流程图

4.7.6 任务结论

程序运行后，串口输出书本到传感器的距离值（单位为 cm）。

4.8 任务 20：人体红外传感器

4.8.1 学习目标

理解人体红外传感器原理，掌握驱动 CC2530 和人体红外传感器实现人体检测。

4.8.2 开发环境

● 硬件：CC2530 节点板一块，人体传感器板一块，USB 接口 CC2530 仿真器，PC。
● 软件：Windows 7/Windows XP，IAR 集成开发环境。

4.8.3 原理学习

人体红外传感器如图 4.27 所示。

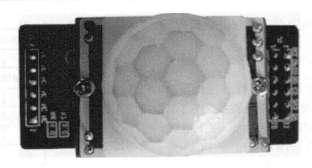

图 4.27 人体红外传感器

普通人体会发射 10 μm 左右的特定波长红外线，用专门设计的传感器就可以针对性地检测这种红外线的存在与否，当人体红外线照射到传感器上后，因热释电效应将向外释放电荷，后续电路经检测处理后就能产生控制信号。

实践证明，传感器不加光学透镜（也称为菲涅尔透镜），其检测距离小于 2 m，而加上光学透镜后，其检测距离可大于 7 m。

红外线传感器是利用红外线的物理性质来进行测量的传感器。红外线又称为红外光，它具有反射、折射、散射、干涉、吸收等性质。任何物质，只要它本身具有一定的温度（高于绝对零度），都能辐射红外线。红外线传感器测量时不与被测物体直接接触，因而不存在摩擦，并且有灵敏度高，反应快等优点。

红外线传感器常用于无接触温度测量、气体成分分析和无损探伤，在医学、军事、空间技术和环境工程等领域得到广泛的应用。

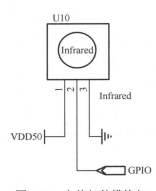

本任务使用 HC-SR501 传感器，是基于红外线技术的自动控制模块，广泛应用于各类自动感应电器设备，HC-SR501 的核心控制模块是采用稳定性好、可靠性强、灵敏度高且超低功耗的 LH1788 探头的自动控制模块，LH1788 更是在红外技术下衍生而来的器件，超低的驱动电压是该模块的优势所在。

人体红外传感器检测到有人体活动时，其输出的 I/O 值发生变化。当传感器模块检测到有人入侵时，会返回一个高电平信号，无人入侵时，返回一个低电平信号，通过读取 I/O 口的状态判断是否有人体活动。人体红外传感器模块与 CC2530 开发板部分接口电路如图 4.28 所示。

图 4.28 人体红外模块与 CC2530 的接口原理图

根据 CC2530 开发板的电路原理图得知，图 4.28 中的 GPIO 连接到 CC2530 的 P0_5 口，因此通过检测此 I/O 口电平状态的变化，可判断是否检测到周围有人靠近。

4.8.4 开发内容

通过原理可知，本任务的关键就是配置 P0_5 口，将其设置成输入模式来检测人体红外传感器输出的电平变化。下面是源码实现的解析过程。

```
/*主函数*/
void main(void)
```

```
{
    xtal_init();                        //初始化系统时钟
    led_init();                         //初始化 LED
    uart0_init(0x00, 0x00);             //初始化串口
    P0SEL &= ~0x20;                     //P0_5 为普通 I/O 口
    P0DIR &= ~0x20;                     //P0_5 输入
    while(1) {
        Infrared_Test();                //人体红外检测
    }
}
```

人体红外测试函数的源码解析如下。

```
/*Infrared_Test 函数*/
void Infrared_Test(void)
{
    char Str[10];
    int Value;
    Value = P0_5;                       //P0_5 与 GPIO 相连
    sprintf(Str,"%d\r\n",Value);
    Uart_Send_String(Str);              //串口发送数据
    halWait(250);                       //延时
    D7=!D7;                             //标志发送状态
    halWait(250);
    halWait(250);
}
```

图 4.29 是人体红外传感器任务的流程图。

4.8.5 开发步骤

（1）准备好带有人体红外感应传感器的 CC2530 射频板，确定按照 1.2.3 节设置节点板跳线为模式一，将 CC2530 仿真器连接到该 CC2530 射频板上，接上电源。

（2）在开发资源包"DISK-ZigBee/02-开发例程/Chapter 04"目录下，打开本任务工程。

（3）选择"Project→Rebuild All"重新编译工程。

（4）上电 CC2530 节点板，然后按下连接好的 CC2530 仿真器的复位按键；接下来单击 IAR 菜单"Project→Download and debug"，将程序下载程序到 CC2530 射频板上。

（5）在 PC 上打开超级终端或串口调试助手，设置波特率为 19200，8 数据位，1 停止位，无硬件流控。

（6）将 CC2530 射频板上电并复位，运行刚才下载的程序。

（7）人体靠近节点或者用手在节点面前晃动，观察 I/O 值的变化；几秒后，人体远离节点 1 m 左右，观察 I/O 值的变化。

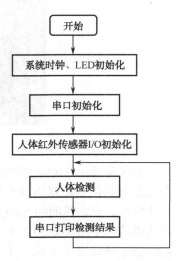

图 4.29 人体红外传感器任务
流程图

4.8.6　任务结论

当检测到有人体活动时，串口显示 I/O 值为 1。

4.9　任务 21：可燃气体/烟雾传感器

4.9.1　学习目标

● 理解可燃气体/烟雾传感器原理。
● 学会驱动 CC2530 和可燃气体/烟雾传感器实现对可燃气体的检测。

4.9.2　开发环境

● 硬件：CC2530 节点板一块，可燃气体/烟雾传感器板一块，USB 接口 CC2530 仿真器，PC。
● 软件：Windows 7/Windows XP，IAR 集成开发环境。

4.9.3　原理学习

可燃气体/烟雾传感器如图 4.30 所示。

图 4.30　可燃气体/烟雾传感器

本任务采用 MQ-2 型可燃气体/烟雾传感器，MQ 系列气体传感器的敏感材料是在活性很高的金属氧化物粉料添加少量的铂催化剂、激活剂及其他添加剂，按一定比例烧结而成的半导体器件。最常见的如 SnO_2 金属氧化物半导体在空中被加热到一定温度时，氧原子被吸附在带负电荷的半导体表面。半导体表面的电子会转移到吸附氧上，氧原子就变成了氧负离子，同时在半导体表面形成一个正的空间电荷层，导致表面势垒升高，从而阻碍电子流动。在工作条件下，当传感器遇到还原性气体，氧负离子与还原性气体发生氧化还原反应而导致其表面浓度降低，势垒随之降低，导致传感器的阻值减小。

MQ-2/MQ-2S 气体传感器对液化气、丙烷、氢气的灵敏度高，对天然气和其他可燃蒸汽的检测也很理想，这种传感器可检测多种可燃性气体，是一款适合多种应用的低成本传感器。

MQ-2/MQ-2S 气敏元件的结构和外形如图 4.31 所示，由微型 Al_2O_3 陶瓷管、SnO_2 敏感层、测量电极和加热器构成的敏感元件固定在塑料或不锈钢制成的腔体内，加热器为气敏元件提供了必要的工作条件。封装好的气敏元件有 6 只针状引脚，其中 4 个用于信号取出，2 个用于提供加热电流。

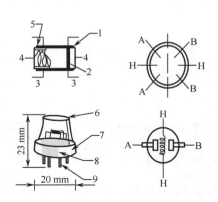

	部件	材料
1	气体敏感层	二氧化锡
2	电极	金（Au）
3	测量电极引线	铂（Pt）
4	加热器	镍铬合金（Ni-Cr）
5	陶瓷管	Al_2O_3
6	防爆网	100目双层不锈钢（SUB316）
7	卡环	镀镍铜材（Ni-Cu）
8	基座	胶木或尼龙
9	针状引脚	镀镍铜材（Ni-Cu）

图 4.31　MQ-2/MQ-2S 气敏元件的结构和外形

可燃气体传感器模块与 CC2530 开发板部分接口电路如 4.32 所示。

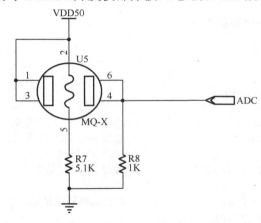

图 4.32　可燃气体/烟雾传感器与 CC2530 的接口原理图

根据 CC2530 开发板的电路原理图得知，图 4.32 中的 ADC 口连接到 CC2530 的 P0_1 口，CC2530 是通过 ADC 来读取可燃气体/烟雾传感器的输出的值，当检测到附近有可燃气体时，ADC 转换的值会发生变化。

4.9.4　开发内容

本任务关键是对 ADC 进行配置，然后读取 ADC 采集到的值，再将采集到的值转换成电压值进行判断，最后将判断结果打印到串口，下面是可燃气体检测的源码解析。

```
/*主函数*/
void main(void)
{
    xtal_init();                    //初始化系统时钟
    led_init();                     //初始化 LED
    uart0_init(0x00, 0x00);         //初始化串口
    while(1) {
```

```
    CombustibleGas_Test();              //可燃气体测试
  }
}
```

可燃气体测试函数的源码解析如下。

```
/*CombustibleGas_Test 函数*/
void CombustibleGas_Test(void)
{
    char StrAdc[10];
    int AdcValue;
    AdcValue = getADC();                //得到 ADC 转换的值
    sprintf(StrAdc,"%d\r\n",AdcValue);
    Uart_Send_String(StrAdc);           //串口发送数据
    halWait(250);                       //延时
    D7=!D7;                             //标志发送状态
    halWait(250);
    halWait(250);
}
```

获取 ADC 值函数的源码解析如下。

```
/*得到 ADC 值*/
int getADC(void)
{
    unsigned int  value;
    P0SEL |= 0x02;
    ADCCON3  = (0xB1);                  //选择 AVDD5 为参考电压；12 分辨率；P0_1  ADC
    ADCCON1 |= 0x30;                    //选择 ADC 的启动模式为手动
    ADCCON1 |= 0x40;                    //启动 AD 转化
    while(!(ADCCON1 & 0x80));           //等待 AD 转化结束
    value =  ADCL >> 2;
    value |= (ADCH << 6);               //取得最终转化结果，存入 value 中
    return ((value) >> 2);
}
```

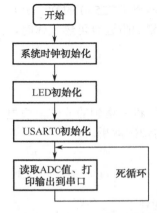

图 4.33 可燃气体/烟雾传感器任务流程图

图 4.33 是可燃气体/烟雾传感器任务的流程图。

4.9.5 开发步骤

（1）准备好带有可燃气体/烟雾传感器的 CC2530 射频板，确定按照 1.2.3 节设置节点板跳线为模式一，将 CC2530 仿真器连接到该 CC2530 射频板上，接上电源。

（2）在开发资源包"DISK-ZigBee/02-开发例程/Chapter 04"目录下，打开本任务工程。

（3）选择"Project→Rebuild All"重新编译工程。

（4）上电 CC2530 节点板，然后按下连接好的 CC2530 仿真器的复位按键；接下来单击 IAR 菜单"Project→Download and debug"，将程序下载程序到 CC2530 射频板上。

（5）在 PC 上打开超级终端或串口调试助手，设置波特率为 19200，8 数据位，1 停止位，无硬件流控。

（6）将 CC2530 射频板上电并复位，运行刚才下载的程序。

（7）用打火机对着传感器喷气，观察 ADC 转换值的变化。

4.9.6 任务结论

当使用打火机对着传感器喷气时，ADC 转换值不断变大。

4.10 任务 22：空气质量传感器

4.10.1 学习目标

● 理解空气质量传感器原理。
● 学会驱动 CC2530 和空气质量传感器实现对污染气体的检测。

4.10.2 开发环境

● 硬件：CC2530 节点板一块，空气质量传感器板一块，USB 接口 CC2530 仿真器，PC。
● 软件：Windows 7/Windows XP，IAR 集成开发环境。

4.10.3 原理学习

空气质量传感器如图 4.34 所示。

图 4.34 空气质量传感器

空气质量传感器所使用的气敏材料是在清洁空气中电导率较低的二氧化锡（SnO_2）。当传感器所处环境中存在污染气体时，传感器的电导率随空气中污染气体浓度的增加而增大。使用简单的电路即可将电导率的变化转换为与该气体浓度相对应的输出信号。

空气质量传感器（MQ-135）对氨气、硫化物、苯系蒸汽的灵敏度高，对烟雾和其他有害气体的监测也很理想，这种传感器可检测多种有害气体，是一款适合多种应用的低成本传感器。空气质量传感器模块与 CC2530 开发板部分接口电路如图 4.35 所示。

根据 CC2530 开发板的电路原理图得知，图 4.35 中的 ADC 口连接到 CC2530 的 P0_1 口。CC2530 是通过 ADC 来读取空气质量传感器的输出的值，当检测到空气质量有变化时，ADC 转换的值会发生变化。

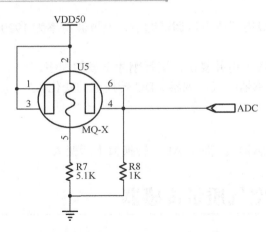

图 4.35　空气质量传感器与 CC2530 的接口原理图

4.10.4　开发内容

本任务实例代码通过读取空气质量传感器的输出信号，经 ADC 转换在串口显示。当检测到附近有污染气体时，ADC 转换的值发生变化。任务关键是对 ADC 进行配置，然后读取 ADC 采集到的值，最后将结果打印到串口，由于本任务的 ADC 配置与前面任务一致，所以本任务原理学习不再重复，读者可前往前面原理学习进行查看。

图 4.36 是空气质量传感器任务的流程图。

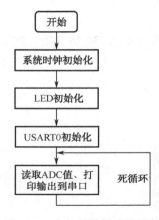

图 4.36　空气质量传感器任务
流程图

4.10.5　开发步骤

（1）准备好带有空气质量传感器的 CC2530 射频板，确定按照 1.2.3 节设置节点板跳线为模式一，将 CC2530 仿真器连接到该 CC2530 射频板上，接上电源。

（2）在开发资源包 "DISK-ZigBee/02-开发例程/Chapter 04" 目录下，打开本任务工程。

（3）选择 "Project→Rebuild All" 重新编译工程。

（4）CC2530 节点板上电，然后按下连接好的 CC2530 仿真器的复位按键；接下来单击 IAR 菜单 "Project→Download and debug"，将程序下载程序到 CC2530 射频板上。

（5）在 PC 上打开超级终端或串口调试助手，设置波特率为 19200，8 数据位，1 停止位，无硬件流。

（6）将 CC2530 射频板上电并复位，运行刚才下载的程序。

（7）打火机对传感器喷气，观察 ADC 转换值的变化。

4.10.6　任务结论

当传感器附近有污染气体时，ADC 转换值变大。

4.11 任务 23：三轴传感器

4.11.1 学习目标

● 理解三轴传感器原理。
● 学会驱动 CC2530 和三轴传感器实现对 X、Y、Z 三轴方向重力加速度的检测。

4.11.2 开发环境

● 硬件：CC2530 节点板一块，三轴传感器板一块，USB 接口 CC2530 仿真器，PC。
● 软件：Windows 7/Windows XP，IAR 集成开发环境。

4.11.3 原理学习

三轴传感器如图 4.37 所示。

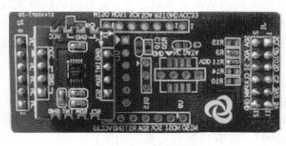

图 4.37　三轴传感器

目前的三轴加速度传感器大多采用压阻式、压电式和电容式工作原理，产生的加速度正比于电阻、电压和电容的变化，通过相应的放大和滤波电路进行采集。这个和普通的加速度传感器是基于同样的一个原理，所以在一定的技术上三个单轴就可以变成一个三轴。

本任务中的三轴加速度传感器与 MCU 之间是通过 I2C 总线通信的，I2C 总线使用一根串行数据线（SDA）、一根串行时钟线（SCL）来进行通信的。

主机（MCU）每次与从设备（三轴加速度传感器）通信都需要向从设备发送一个开始信号，通信结束之后再向从设备发送一个结束信号。

1. 开始和结束条件

开始条件：SDA 从高电平拉到低电平，SCL 保持低电平；当数据传输结束之后，SDA 从低电平拉到高电平，SCL 保持高电平。图 4.38 是 I2C 的开始、结束条件的时序图。

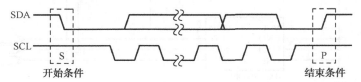

图 4.38　I2C 开始、结束的时序图

2. 应答

I2C 的每个字节的数据传输结束之后有一个应答位，而且当主机充当数据发送者、数据接

收者不同角色时，应答信号会不一样，通信应答信号如图 4.39 所示。

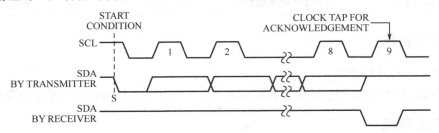

图 4.39　通信应答信号

从图 4.39 可知，当主机为发送者时（BY TRANSMITTER），发送完 1 B 的数据结束之后，主机等待从设备发送应答信号位，等待过程中 SDA 保持高电平，SCL 由低电平拉高到高电平，当检测到 SDA 为低电平时，即从设备应答。当主机为接收者时（BY RECEIVER），每接收完 1 B 的数据之后，主机发送应答信号，将 SDA 置为低电平，SCL 从低电平拉高到高电平。

- 写数据格式：当主机需要向从设备写数据时，需要向从设备发送主机的写地址（0x98），然后发送数据内容。
- 读数据格式：当主机需要向从设备读数据时，需要向从设备发送主机的读地址（0x99），然后开始接收从设备发送过来的数据。

3．获取三轴加速度传感器的值

要获取重力加速度的值，只要通过下列几个过程即可。

（1）发送写地址（0x98），设置传感器的电源模式。

（2）发送读地址（0x99），读取传感器采集到的值。

（3）采集到的值，第一个字节为 X 轴的值，第二个字节为 Y 轴的值，第三个字节为 Z 轴的值。

（4）通过下列公式来计算得出重力加速度的值。

$$a=\text{sqrt}((x^2 + y^2 + z^2))/21.33$$

式中，sqrt 为开根号，a 的单位为 g（g=9.80 m/s^2）。

三轴加速度传感器模块与 CC2530 开发板部分接口电路如如图 4.40 所示。

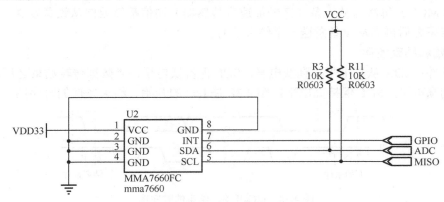

图 4.40　三轴传感器与 CC2530 的接口原理图

在本次任务中没有使用到 CC2530 自带的 I2C 模块，而是利用两个普通的 I/O 口来模拟 I2C

时序来实现与传感器的通信的。

4.11.4 开发内容

根据原理可知，本任务的关键点是首先进行传感器的 I/O 口初始化，然后利用 I/O 口来模拟 I2C 通信的时序，最后读取三轴加速度的值，下面将源码的实现过程进行解析。

```c
/*主函数*/
void main(void)
{
    char strSizeOfDataType[20];
    int n_uchar,n_char,n_schar,n_uint,n_int,n_sint,n_uint8,n_int8;
    xtal_init();                      //初始化系统时钟
    uart0_init(0x00, 0x00);           //初始化串口
    while(1) {
        Acceleration_Test();          //三轴加速度测试
    }
}
```

（1）三轴加速度传感器 I/O 口资源宏定义。

```c
#ifdef SENSOR_REV01              //传感器 01 版本 I/O 口资源宏定义
#define SDABIT  (1<<7)
#define SCLBIT  (1<<2)
#define SA0BIT  (1<<5)
#define SDA  P0_7
#define SCL  P1_2
#define SA0  P0_5
#endif
#ifdef SENSOR_REV02              //传感器 02 版本 I/O 口资源宏定义
#define SDABIT  (1<<1)
#define SCLBIT  (1<<6)
#define SA0BIT  (1<<5)
#define SDA  P0_1
#define SCL  P0_6
#define SA0  P0_5
#endif
```

注：由于三轴加速度传感器有两个版本，不同的版本其 SDA、SCL 连接到 MCU 的引脚不一样，请读者注意查看传感器的版本。

（2）三轴加速度 I/O 口初始化。

```c
/*********************************************************************
*函数名称：IICInit
*函数说明：I2C 初始化
*函数作者：zonesion
*********************************************************************/
void IICInit(void)
{
#ifdef SENSOR_REV01                     //传感器 01 版本 I/O 口初始化
    P0SEL &=~ (SDABIT);
```

```
    P1SEL &=~ (SCLBIT);
    P0SEL &=~ (SA0BIT);
    P0DIR |= SDABIT;
    P1DIR |= SCLBIT;
    P0DIR |= SA0BIT;
    SA0=0;
#endif
#ifdef SENSOR_REV02              //传感器02版本I/O口初始化
    P0SEL &=~ (SDABIT);
    P0SEL &=~ (SCLBIT);
    P0SEL &=~ (SA0BIT);
    P0DIR |= SDABIT;
    P0DIR |= SCLBIT;
    P0DIR |= SA0BIT;
    SA0=0;
#endif
}
```

（3）I2C 开始条件。

```
/*I2C开始条件函数*/
void Start(void)
{
    SDA=1;
    Delay1us();                  //延时大约1 μs
    SCL=1;
    ActiveTime();                //延时大约 5 μs
    SDA=0;
    ActiveTime();
    SCL=0;
    ActiveTime();
}
```

（4）I2C 结束条件。

```
/*I2C结束条件函数*/
void Stop(void)  //SCL高状态的时候，是有效的控制状态，然后通过SDA的翻转来表示启动和
停止
{
    SDA=0;
    Delay1us();
    SCL=1;
    ActiveTime();
    SDA=1;
    ActiveTime();
    SCL=0;
    ActiveTime();
}
```

（5）等待从设备发送应答信号。

```
/*等待从设备发送应答信号函数*/
```

```
unsigned char ChkACK(void)
{
    SDA=1;
    ActiveTime();
    SCL=1;
    ActiveTime();
    if(!SDA) {
        SCL=0;
        ActiveTime();
        return 0;
    }else{
        SCL=0;
        ActiveTime();
        return 1;
    }
}
```

（6）主机发送应答信号。

```
/*主机发送应答信号函数*/
void SendAck(void)
{
    SDA=0;
    Delay1us();
    SCL=1;
    ActiveTime();
    SCL=0;
    ActiveTime();
}
```

（7）不发送应答信号。

```
/*不发送应答信号函数*/
void SendNoAck(void)
{
    SCL=0;
    ActiveTime();
    SDA=1;
    Delay1us();
    SCL=1;
    ActiveTime();
}
```

（8）字节发送函数。

```
/*字节发送函数*/
void Send8bit(unsigned char AData)//发送8位字节，先发送高位，在传输低位
{
    unsigned char i=8;
    for(i=8; i>0;i--) {
        if(AData&0x80)
            SDA=1;
```

```
        else
            SDA=0;
        Delay1us();
        SCL=1;
        ActiveTime();
        SCL=0;
        AData<<=1;
        ActiveTime();
    }
}
```

（9）字节接收函数。

```
/*字节接收函数*/
//ACK=1 表示需要向 MMA 传输停止位，ACK=0 则表示不需要向 MMA 传输停止位
unsigned char Read8bit(unsigned char ack)
{
    unsigned char temp=0;
    unsigned char  i;
    unsigned char label;
    label=ack;
    SDA=1;
    Delay1us();
    for(i=8;i>0;i--) {
        //ActiveTime();                      //保险起见，回头可以删掉
        SCL=1;
        ActiveTime();
        if(SDA)
            temp+=0x01;
        else
            temp&=0xfe;
        SCL=0;
        ActiveTime();
        if(i>1)
            temp<<=1;
        }
    if(label) {
        SendAck();
    } else {
        SendNoAck();
    }                                       //改成输出模式
    return temp;
}
```

（10）读取传感器采集到的值。

```
/*读取到 MMA7660 传感器的值*/
uint8 MMA7660_GetResult(uint8 Regs_Addr)
{
    uint8 ret;
    if(Regs_Addr>MMA7660_ZOUT)
    return 0;
```

```
    ret=RegRead(IIC_Read,Regs_Addr);
    while(ret&0x40) {
        //判断 Bit 6 是否为 1，若为 1，则为警告值，需要重新采集
        ret=RegRead(IIC_Read,Regs_Addr);
    }
    return ret;
}
```

图 4.41 是三轴加速度传感器任务的流程图。

4.11.5　开发步骤

（1）准备好带有三轴传感器的 CC2530 射频板，确定按照 1.2.3 节设置节点板跳线为模式一，将 CC2530 仿真器连接到该 CC2530 射频板上，接上电源。

（2）在开发资源包"DISK-ZigBee/02-开发例程/Chapter 04"目录下，打开本任务工程。

（3）选择"Project→Rebuild All"重新编译工程。

（4）CC2530 节点板上电，然后按下连接好的 CC2530 仿真器的复位按键；接下来单击 IAR 菜单"Project→Download and debug"，将程序下载程序到 CC2530 射频板上。

（5）在 PC 上打开超级终端或串口调试助手，设置波特率为 19200，8 数据位，1 停止位，无硬件流。

（6）将 CC2530 射频板上电并复位，运行刚才下载的程序。

（7）倾斜传感器，观察显示值的变化。

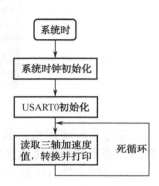

图 4.41　三轴加速度传感器任务流程图

4.11.6　任务结论

当传感器发生倾斜时，三个轴方向的显示值对应变化。

4.12　任务 24：压力传感器

4.12.1　学习目标

● 理解压力传感器原理。
● 学会驱动 CC2530 和压力传感器实现对大气压力的检测。

4.12.2　开发环境

● 硬件：CC2530 节点板一块，压力传感器板一块，USB 接口 CC2530 仿真器，PC。
● 软件：Windows 7/Windows XP，IAR 集成开发环境。

4.12.3 原理学习

压力传感器如图 4.42 所示。

图 4.42　压力传感器

半导体压电阻抗扩散压力传感器是在薄片表面形成半导体变形压力，通过外力（压力）使薄片变形而产生压电阻抗效果，从而使阻抗的变化转换成电信号。

BMP085 是由压阻传感器、AD 转换器、EEPROM 与 I2C 接口控制单元组成，采用标准的 I2C 接口，可以方便地与主设备（CC2530）连接通信。BMP085 输出的气压、温度数值是没有进行校准的数值，需要使用 EEPROM 里的校准数据对 BMP085 输出的气压和温度数值进行校准才能使用。在本任务中采取普通 I/O 口模拟 I2C 时序来实现 I2C 的通信。

由于在 4.11.3 节内容中已经介绍过 I2C 通信的原理，本任务不再重复，请读者查阅该章节内容。针对本任务中的压力传感器，下面是获取大气压强值、温度值的过程。

（1）读/写寄存器地址：每次向从设备写数据时，必须要向从设备发送写地址（0xEE），然后开始写数据；每次读取从设备数据时，必须要向从设备发送读地址（0xEF），然后开始读数据。

（2）读取校准参数值：由于 BMP085 模块输出的压强值、温度值是没有经过校准的，所以需要 EEPROM 里的校准参数数据对压强值、温度值进行校准。校准参数一共有 11 个，各参数的获取是通过向寄存器写各参数的寄存器地址而获取的，图 4.43 是各参数值的寄存器地址。

	BMP085 reg adr	
Parameter	MSB	LSB
AC1	0xAA	0xAB
AC2	0xAC	0xAD
AC3	0xAE	0xAF
AC4	0xB0	0xB1
AC5	0xB2	0xB3
AC6	0xB4	0xB5
B1	0xB6	0xB7
B2	0xB8	0xB9
MB	0xBA	0xBB
MC	0xBC	0xBD
MD	0xBE	0xBF

图 4.43　校准参数的寄存器地址

例如，若想查询 AC1 校准参数的值，则只需向 BMP085 的寄存器写入 AC1 的寄存器地址 0xAA，然后读取 2 B 的数据即可，返回的第一个字节为高位，第二个字节为低位。

注意：编程时，在声明校准参数值时，AC4、AC5、AC6 为 16 位无符号类型，其余均为 16 位有符号类型。

1. 无偿温度值、压强值的获取

（1）无偿温度值（UT）。通过向 BMP085 的寄存器写入寄存器地址 0xF4，写入 0x2E，等待 4.5 ms，然后写入读取寄存器地址 F6，接收从模块返回的 2 B 数据，其中第一个字节为无偿温度值的高位（MSB），第二个字节为无偿温度值的低位（LSB）。计算公式为

$$UT = MSB << 8 + LSB$$

（2）无偿压强值（UP）。通过向 BMP085 的寄存器写入寄存器地址 0xF4，写入 0x34+0<<6，等待，然后写入读取寄存器地址 F6，接收从模块返回的 3 个字节数据，其中第一个字节为无偿压强值的 MSB，第二个字节为无偿压强值的 LSB，第 3 个字节为可选的超高分辨率位 XLSB。

$$UP = （MSB << 16 + LSB << 8 + XLSB）>> 8$$

2. 温度值、压强值的校准

（1）校准温度值。通过下列公式来校准温度值：

$$X1 = ((UP - AC6)* AC5) >> 15;$$
$$X2 = (MC << 11）/(X1 + MD);$$
$$B5 = X1 + X2$$
温度值（T）$= (B5 + 8) >> 4$（单位 0.1℃）

（2）校验压强值。

$$B6 = B5 - 4000$$
$$X1 = (B2 × (B6 × B6) >> 12) >> 11$$
$$X2 = (AC2 × B6) >> 11$$
$$X3 = X1 + X2$$
$$B3 = (((((AC1) × 4 + X3) << 0) + 2) >> 2$$
$$X1 = (AC3 × B6) >> 13$$
$$X2 = (B1 × ((B6 × B6) >> 12)) >> 16$$
$$X3 = ((X1 + X2) + 2) >> 2;$$
$$B4 = (AC4 × (uint32\_t)(X3 + 32768)) >> 15;$$
$$B7 = ((uint32\_t)UP - B3) × (50000 >> 0);$$
if(B7 < 0x80000000)
　　　$P = (B7 × 2) / B4 ;$
else
　　　$P = (B7 / B4) × 2;$
$$X1 = (P >> 8) × (P >> 8);$$
$$X1 = (X1 × 3038) >> 16;$$
$$X2 = (-7357 × P) >> 16;$$
压强值 $= P + ((X1 + X2 + 3791) >> 4)$（单位为 Pa）

压力传感器模块与 CC2530 开发板部分接口电路如图 4.44 所示。

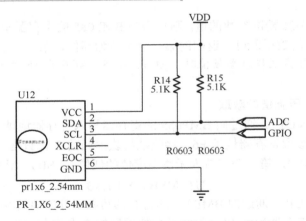

图 4.44　压力传感器与 CC2530 的接口原理图

4.12.4　开发内容

本任务的关键点是首先进行传感器的 I/O 口初始化，然后利用 I/O 口来模拟 I2C 通信的时序，最后读取压力传感器的值。由于利用 I/O 模拟 I2C 时序的代码与 4.11 节类似，本文不再重复，下面先给出主函数和 Pressure_Test()函数的源代码解析，再着重解析压力传感器 I/O 初始化、校准参数的获取、压强值、温度值获取的源代码。

```
/*主函数*/
void main(void)
{
    xtal_init();                      //初始化系统时钟
    uart0_init(0x00, 0x00);           //初始化串口
    Init_BMP085();                    //初始化 BMP085

    while(1) {
        Pressure_Test();              //压力测试
    }
}
```

压力测试函数的代码解析如下。

```
/*Pressure_Test 函数*/
void Pressure_Test(void)
{
    char StrBmp[20];
    long *press;
    Multiple_Read_BMP085(press);
    halWait(250);
    sprintf(StrBmp,"press is:%ld\r\n",*press);
    Uart_Send_String(StrBmp);
    halWait(250);
    halWait(250);
}
```

（1）压力传感器初始化、校准参数的获取。

```
/*压力传感器初始化、校准参数的获取*/
void Init_BMP085(void)
{
    //压力传感器 I/O 初始化
    SCLDirOut();
    SDADirOut();
    //读取校准的参数值
    ac1 = BMP085_Read_2B(0xAA);
    ac2 = BMP085_Read_2B(0xAC);
    ac3 = BMP085_Read_2B(0xAE);
    ac4 = BMP085_Read_2B(0xB0);
    ac5 = BMP085_Read_2B(0xB2);
    ac6 = BMP085_Read_2B(0xB4);
    b1  = BMP085_Read_2B(0xB6);
    b2  = BMP085_Read_2B(0xB8);
    mb  = BMP085_Read_2B(0xBA);
    mc  = BMP085_Read_2B(0xBC);
    md  = BMP085_Read_2B(0xBE);
}
```

（2）I2C 总线 I/O 口初始化。

```
#define SENSOR_REV02
#ifdef SENSOR_REV01      //传感器 01 版本 I/O 口资源初始化
#define SCL      P1_2
#define SDA      P0_7
#define SCLDirOut() P1DIR|=0x04
#define SDADirOut() P0DIR|=0x80
#define SDADirIn()  P0DIR&=~0x80
#endif
#ifdef SENSOR_REV02          //传感器 02 版本 I/O 口资源初始化
#define SCL      P0_5
#define SDA      P0_1
#define SCLDirOut() P0DIR|=0x20
#define SDADirOut() P0DIR|=0x02
#define SDADirIn()  P0DIR&=~0x02
#endif
```

（3）读取无偿温度数据。

```
/*压力传感器初始化、校准参数的获取*/
int16_t BMP085_Read_TEMP(void)
{
    //先发送写寄存器地址，然后向寄存器地址 0xF4，写入 0x2E
    I2C_Write(BMP085_SLAVE_ADDR, 0xF4, 0x2E);
    delay(50);
    //读取寄存器地址 0xF6（温度）2 B 数据
    return (int16_t)BMP085_Read_2B(0xF6);
}
```

（4）读取无偿压强数据。

```
/*读取无偿压强数据*/
int32_t BMP085_Read_Pressure(void)
{
    //先发送写寄存器地址，然后向寄存器地址 0xF4，写入 0x34 + (OSS << 6))
    I2C_Write(BMP085_SLAVE_ADDR, 0xF4, (0x34 + (OSS << 6)));
    delay(50);
    //读取寄存器地址 0xF6（压强）3 B 数据
    return ((int32_t)BMP085_Read_3B(0xF6));
}
```

（5）温度值、压强值校验。

```
/*温度值、压强值校验*/
void Multiple_Read_BMP085(long int *press)
{
    int32_t ut, up;
    int32_t x1, x2, b5, b6, x3, b3, p;
    uint32_t b4, b7;
    long pressure;
    ut = BMP085_Read_TEMP();              //获取无偿温度值
    up = BMP085_Read_Pressure();          //获取无偿压强值
    //温度值校准
    x1 = (((int32_t)ut - ac6) * ac5) >> 15;
    x2 = ((int32_t)mc << 11) / (x1 + md);
    b5 = x1 + x2;
    //dat→temp = ((b5 + 8) >> 4);
    //dat→press = BMP085_Read_Pressure();
    //压强值校验
    b6 = b5 - 4000;
    x1 = (b2 * (b6 * b6) >> 12) >> 11;
    x2 = (ac2 * b6) >> 11;
    x3 = x1 + x2;
    b3 = (((((int32_t)ac1) * 4 + x3) << OSS) + 2) >> 2;
    x1 = (ac3 * b6) >> 13;
    x2 = (b1 * ((b6 * b6) >> 12)) >> 16;
    x3 = ((x1 + x2) + 2) >> 2;
    b4 = (ac4 * (uint32_t)(x3 + 32768)) >> 15;
    b7 = ((uint32_t)up - b3) * (50000 >> OSS);
    if( b7 < 0x80000000)
        p = (b7 * 2) / b4 ;
    else
        p = (b7 / b4) * 2;
    x1 = (p >> 8) * (p >> 8);
    x1 = (x1 * 3038) >> 16;
    x2 = (-7357 * p) >> 16;
    pressure = p + ((x1 + x2 + 3791) >> 4);
    *press = pressure;
}
```

图 4.45 是压力传感器任务的流程图。

4.12.5 开发步骤

（1）准备好带有压力传感器的 CC2530 射频板。

（2）在开发资源包"DISK-ZigBee/02-开发例程/Chapter 04"目录下，打开本任务工程。

（3）选择"Project→Rebuild All"重新编译工程。

（4）CC2530 节点板上电，然后按下连接好的 CC2530 仿真器的复位按键；接下来单击 IAR 菜单 "Project→Download and debug"，将程序下载程序到 CC2530 射频板上。

（5）在 PC 上打开超级终端或串口调试助手，设置波特率为 19200，8 数据位，1 停止位，无硬件流。

（6）将 CC2530 射频板上电并复位，运行刚才下载的程序。

（7）手指不断轻按或吹气，观察显示值的变化。

4.12.6 任务结论

当用手指轻按传感器时，串口显示值变大。

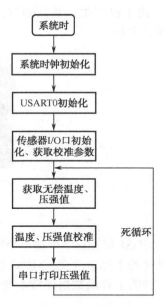

图 4.45 压力传感器任务流程图

4.13 任务 25：RFID 读写

4.13.1 学习目标

● 理解 RFID 工作原理。
● 学会驱动 CC2530 控制 RFID 模块，进行卡片识别与读写。

4.13.2 开发环境

● 硬件：CC2530 节点板一块，RFID 传感器板一块，USB 接口 CC2530 仿真器，PC，RFID 卡片 1 张。
● 软件：Windows 7/Windows XP，IAR 集成开发环境。

4.13.3 原理学习

RFID 卡如图 4.46 所示。

本任务的 RFID 模块（MFRC522）支持可直接相连的各种微控制器接口类型，如 SPI、I2C 和串行 UART。在本任务中采用 SPI 总线来实现 MCU 与 RFID 模块之间的通信。

SPI 接口可处理高达 10 Mbps 的数据速率。在与主机微控制器通信时，MFRC522 作为从机，接收寄存器设置的外部微控制器的数据，同时也发送和接收 RF 接口相关的通信数据。

SPI 总线由 4 跟引线组成，分别是 MISO（主机作为输入端，从模块作为输出端）、MOSI（主机作为输出端，从模块作为输入端）、NSS（片选信号）和 SCK（时钟信号）。SPI 时钟

SCK 由主机产生，数据通过 MOSI 线从主机传输到从机；数据通过 MISO 线从 MFRC522 发回到主机。

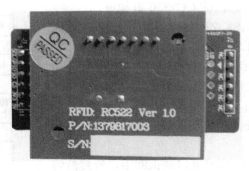

图 4.46　RFID 卡

MOSI 和 MISO 传输每个字节时都是高位在前。MOSI 上的数据在时钟的上升沿保持不变，在时钟的下降沿改变。MISO 也类似，在时钟的下降沿，MISO 上的数据由 MFRC522 来提供，在时钟的上升沿数据保持不变，图 4.47 为 SPI 总线通信的时序图。

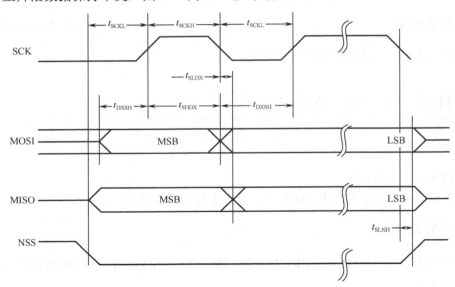

图 4.47　SPI 时序图

1．读数据

使用下面的数据结构可以通过 SPI 总线读取数据，这样可以读取 n 个字节的数据，发送的第一个字节定义了模式本身和地址。MOSI 和 MISO 的字节顺序（读数据）见表 4.1。

表 4.1　MOSI 和 MISO 的字节顺序（读数据）

	字节 0	字节 1	字节 2	字节 3	...	字节 n	字节 $n+1$
MOSI	地址 0	地址 1	地址 2	地址 3	...	地址 n	00
MISO	X	数据 0	数据 1	数据 2	...	数据 $n-1$	数据 n

注意： 先发送数据的最高位（MSB）。

2. 写数据

使用下面的数据结构可以通过 SPI 总线写数据，这样对应一个地址可以写入多达 n 个字节的数据，发送的第一个字节定义了模式本身和地址。MOSI 和 MISO 的字节顺序（写数据）见表 4.2。

表 4.2 MOSI 和 MISO 的字节顺序（写数据）

	字节 0	字节 1	字节 2	字节 3	…	字节 n	字节 n+1
MOSI	地址	数据 0	数据 1	数据 2	…	数据 n−1	数据 n
MISO	X	X	X	X	…	X	X

注意： 先发送数据的最高位（MSB）。

3. 地址字节

地址字节按下面的格式传输。第一个字节的 MSB 位设置使用的模式。MSB 位为 1 时，从 MFRC522 读书数据；MSB 位为 0 时将数据写入 MFRC522。第一个字节的位 6～位 1 位定义地址，最后一位设置为 0，如表 4.3 所示。

表 4.3 地址字节格式

地址（MOSI）	位 7，MSB	位 6～位 1	位 0
字节 0	1（读）、0（写）	地址	0

通过向 MFRC522 模块的各种寄存器写入相应的值能够实现 MFRC522 模块的正常工作，包括寻卡，读取卡的相关信息。表 4.4 到表 4.6 是 MFRC522 模块的寄存器列表，以及相关的寄存器功能信息。

表 4.4 PAGE0 命令和状态

寄存器名称	寄存器地址	功　能
RFU	0x00	保留
CommandReg	0x01	启动和停止命令的执行
ComIEnReg	0x02	中断请求传递的使能和禁能控制位
DivlEnReg	0x03	中断请求传递的使能和禁能控制位
ComIrqReg	0x04	包含中断请求标志位
DivIrqReg	0x05	包含中断请求标志位
ErrorReg	0x06	错误标志，指示执行的上个命令的错误状态
Status1Reg	0x07	包含通信的状态标志
Status2Reg	0x08	包含接收器和发送器的状态标志
FIFODataReg	0x09	64 字节 FIFO 缓冲区的输入和输出
FIFOLevelReg	0x0A	指示 FIFO 中存储的字节数
WaterLevelReg	0x0B	定义 FIFO 下溢和上溢报警的 FIFO 深度
ControlReg	0x0C	不同的控制寄存器
BitFramingReg	0x0D	面向位的帧的调节
CollReg	0x0E	RF 接口上检测到的第一个位冲突的位的位置
RFU	0x0F	保留

表 4.5　PAGE1 命令

寄存器名称	寄存器地址	功　能
RFU	0x10	保留
ModeReg	0x11	定义发送和接收的常用模式
TxModeReg	0x12	定义发送过程中的数据传输速率
RxModeReg	0x13	定义接收过程中的数据传输速率
TxControlReg	0x14	控制天线驱动器引脚 TX1 和 TX2 的逻辑特性
TxAutoReg	0x15	控制天线驱动器的设置
TxSelReg	0x16	选择天线驱动器的内部源
RxSelReg	0x17	选择内部的接收器设置
RxThresholdReg	0x18	选择位译码器的阈值
DemodReg	0x19	定义解调器的设置
RFU	0x1A	保留
RFU	0x1B	保留
MifareReg	0x1C	控制 ISO 14443/MIFAR 模式中 106Kbit/s 的通信
RFU	0x1D	保留
RFU	0x1E	保留
SerialSpeedReg	0x1F	选择串行 UART 接口的速率

表 4.6　PAGE2CFG

寄存器名称	寄存器地址	功　能
RFU	0x20	保留
CRCResultRegM	0x21	显示 CRC 计算的实际 MSB 值
CRCResultRegL	0x22	显示 CRC 计算的实际 LSB 值
RFU	0x23	保留
ModWidthReg	0x24	控制 ModWidth 的设置
RFU	0x25	保留
RFCfgReg	0x26	配置接收器增益
GsNReg	0x27	选择天线驱动器引脚 TX1 和 TX2 的调制电导
CWGsCfgReg	0x28	选择天线驱动器引脚 TX1 和 TX3 的调制电导
ModGsCfgReg	0x29	选择天线驱动器引脚 TX1 和 TX4 的调制电导
TModeReg	0x2A	定义内部定时器的设置
TPrescalerReg	0x2B	定义内部定时器的设置
TReloadRegH	0x2C	描述 16 位长的定时器重载值高位
TReloadRegL	0x2D	描述 17 位长的定时器重载值低位
TCounterValueRegH	0x2E	显示 16 位长的实际定时器值高位
TCounterValueRegL	0x2F	显示 17 位长的实际定时器值低位

表 4.4 到表 4.6 中给出的是各个寄存器的地址及功能列表，由于篇幅有限，具体的寄存器操作请参考光盘中"/01-文档资料/02-数据手册/节点/传感器/RFID135"下的 MF_RC522 中文资料.pdf 文档。RFID 传感器模块与 CC2530 开发板部分接口电路如图 4.48 所示。

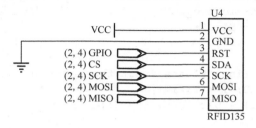

图 4.48 RC522 模块与 MCU 的 SPI 总线接口图

4.13.4 开发内容

根据原理可知，本任务的关键是实现 SPI 总线的驱动、实现 MFRC522 模块与射频卡的通信、寻卡、读卡等内容，下面将部分源代码进行解析。

```
/*主函数*/
void main(void)
{
    unsigned char status;
    unsigned int temp;
    xtal_init();                                //初始化系统时钟
    uart0_init(0x00, 0x00);                     //初始化串口
    strcpy(Txdata,"start!\r\n");
    Uart_Send_String(Txdata);                   //串口发送数据
    initSPIio();                                //初始化 SPI 的 I/O 口
    status=PcdReset();                          //复位 RC522，成功返回 MI_OK
    if(status!=MI_OK) {
        while(1);
    }
    halWait(250);
    PcdAntennaOff();                            //关闭天线
    PcdAntennaOn();                             //开启天线
    while ( 1 ) {
        status = PcdRequest(PICC_REQALL, g_ucTempbuf);        //寻卡
        if (status != MI_OK) {
            continue;
        }
        status = PcdAnticoll(g_ucTempbuf);                    //防冲撞
        if (status != MI_OK) {
            continue;
        }
        for(int i = 0; i < 4; ++i) {
            temp = g_ucTempbuf[i];
            sprintf(str, "%d ",temp);
            strcpy(Txdata,str);
            Uart_Send_String(Txdata);          //串口发送数据打印卡序列号
```

```
    }
    Uart_Send_String("\r\n");
    halWait(250);
    status = PcdSelect(g_ucTempbuf);              //选定卡片
    if (status != MI_OK) {
        continue;
    }
    Uart_Send_String("Please input the key:\r\n");
    for(int i = 0; i < 6; i++)
    DefaultKey[i] = Uart_Recv_char();
    //验证卡片密码
    status = PcdAuthState(PICC_AUTHENT1A, 1, DefaultKey, g_ucTempbuf);
    if (status != MI_OK) {
        Uart_Send_String("error key\r\n");
        continue;
    }
    status = PcdWrite(1, data1);                   //写块
    if (status != MI_OK) {
        continue;
    }
    status = PcdRead(1, g_ucTempbuf);              //读块
    if (status != MI_OK) {
        continue;
    }
    Uart_Send_String("The balance:\r\n");
    for(int i = 4; i > 0; i--) {
        temp = g_ucTempbuf[i+7];
        sprintf(str, "%d ",temp);
        strcpy(Txdata,str);
        Uart_Send_String(Txdata);
    }
    Uart_Send_String("\r\n");
    Uart_Send_String("Please input the debit:\r\n");
    for(int i = 3; i >= 0; i--)
    data2[i] = Uart_Recv_char();
    status = PcdValue(PICC_DECREMENT,1,data2);   //扣款
    if (status != MI_OK) {
        continue;
    }
    Uart_Send_String("Debit successfully!\r\n");
    status = PcdRead(1, g_ucTempbuf);              //读块
    if (status != MI_OK) {
        continue;
    }
    Uart_Send_String("The balance:\r\n");
    for(int i = 4; i > 0; i--) {
        temp = g_ucTempbuf[i+7];
        sprintf(str, "%d ",temp);
        strcpy(Txdata,str);
```

```
            Uart_Send_String(Txdata);
        }
        Uart_Send_String("\r\n");
        status = PcdBakValue(1, 2);              //块备份
        if (status != MI_OK) {
            continue;
        }
        status = PcdRead(2, g_ucTempbuf);        //读块
        if (status != MI_OK) {
            continue;
        }
        PcdHalt();                                //命令卡片进入休眠状态
    }
}
```

（1）MFRC522 模块的 SPI 总线 I/O 驱动。由于本任务的 MFRC522 模块有两个版本，不同的版本的 I/O 引脚不相同，所以源码的编写也不尽相同，请读者注意查看传感器的版本。

```
/*SPI 的 I/O 初始化函数*/
void initSPIio(void)
{
#ifdef SENSOR_REV01                             //01 版本 RFID 模块
    P0SEL &= ～0xE0;
    P0DIR |=0xA0;
    P0DIR &=～0x40;
    P1SEL &=～0x0c;
    P1DIR |=0x0c;
#endif

#ifdef SENSOR_REV02                             //02 版本 RFID 模块
    P0SEL &=～0x70;
    P0DIR |=0x30;
    P0DIR &=～0x40;
    P1SEL &=～0x09;
    P1DIR |=0x09;
#endif
}
```

（2）向 MFRC522 模块写数据。

```
/*****************************************************************
*名称：WriteRawRC
*功能：写 RC632 寄存器
*参数：Address[IN]:寄存器地址
*      value[IN]:写入的值
*返回值：无
*****************************************************************/
void WriteRawRC(unsigned char Address, unsigned char value)
{
    unsigned char i, ucAddr;
    MF522_SCK = 0;
```

```
    MF522_NSS = 0;
    ucAddr = ((Address<<1)&0x7E);
    for(i=8;i>0;i--) {
        MF522_SI = ((ucAddr&0x80)==0x80);
        MF522_SCK = 1;
        ucAddr <<= 1;
        MF522_SCK = 0;
    }
    for(i=8;i>0;i--) {
        MF522_SI = ((value&0x80)==0x80);
        MF522_SCK = 1;
        value <<= 1;
        MF522_SCK = 0;
    }
    MF522_NSS = 1;
    MF522_SCK = 1;
}
```

（3）向 MFRC522 模块读数据。

```
/***************************************************************************
*名称：ReadRawRC
*功能：读 RC632 寄存器
*参数：Address[IN]:寄存器地址
*返回值：读出的值
***************************************************************************/
unsigned char ReadRawRC(unsigned char Address)
{
    unsigned char i, ucAddr;
    unsigned char ucResult=0;

    MF522_SCK = 0;
    MF522_NSS = 0;
    ucAddr = ((Address<<1)&0x7E)|0x80;

    for(i=8;i>0;i--) {
        MF522_SI = ((ucAddr&0x80)==0x80);
        MF522_SCK = 1;
        ucAddr <<= 1;
        MF522_SCK = 0;
    }

    for(i=8;i>0;i--) {
        MF522_SCK = 1;
        ucResult <<= 1;
        ucResult|=(bool)(MF522_SO);
        MF522_SCK = 0;
    }

    MF522_NSS = 1;
    MF522_SCK = 1;
```

```
        return ucResult;
    }
```

（4）MFRC522 模块复位。

```
/*************************************************************************
*名称：PcdReset
*功能：复位 RC522
*参数：Address[IN]:寄存器地址
*返回值：成功返回 MI_OK
*************************************************************************/
char PcdReset(void)
{
    MF522_RST=1;
    __no_operation();
    MF522_RST=0;
    __no_operation();
    MF522_RST=1;
    __no_operation();
    WriteRawRC(CommandReg,PCD_RESETPHASE);
    __no_operation();
    WriteRawRC(ModeReg,0x3D);                    //和 Mifare 卡通信，CRC 初始值 0x6363
    WriteRawRC(TReloadRegL,30);
    WriteRawRC(TReloadRegH,0);
    WriteRawRC(TModeReg,0x8D);
    WriteRawRC(TPrescalerReg,0x3E);
    WriteRawRC(TxAutoReg,0x40);
    return MI_OK;
}
```

（5）MFRC522 模块开启天线。

```
/*************************************************************************
*名称：PcdAntennaOn
*功能：开启天线，每次启动或关闭天线发射之间应至少有 1ms 的间隔
*参数：无
*返回值：无
*************************************************************************/
void PcdAntennaOn()
{
    unsigned char i;
    i = ReadRawRC(TxControlReg);
    if (!(i & 0x03)) {
        SetBitMask(TxControlReg, 0x03);
    }
}
```

（6）MFRC522 模块关闭天线。

```
/*************************************************************************
*名称：PcdAntennaOff
*功能：关闭天线
```

```
*参数：无
*返回值：无
*******************************************************************/
void PcdAntennaOff()
{
    ClearBitMask(TxControlReg, 0x03);
}
```

（7）RC522 和 ISO14443 卡通信的实现源码。

```
/*******************************************************************
*名称：PcdComMF522
*功能：通过 RC522 和 ISO14443 卡通信
*参数：Command[IN]:RC522 命令字
*      pInData[IN]:通过 RC522 发送到卡片的数据
*      InLenByte[IN]:发送数据的字节长度
*      pOutData[OUT]:接收到的卡片返回数据
*      *pOutLenBit[OUT]:返回数据的位长度
*返回值：status-成功返回 MI_OK
*******************************************************************/
char PcdComMF522(unsigned char Command, unsigned char *pInData,
                unsigned char InLenByte, unsigned char *pOutData,
                unsigned int  *pOutLenBit)
{
    char status = MI_ERR;
    unsigned char irqEn  = 0x00;
    unsigned char waitFor = 0x00;
    unsigned char lastBits;
    unsigned char n;
    unsigned int i;
    switch (Command) {
        case PCD_AUTHENT:
            irqEn  = 0x12;
            waitFor = 0x10;
        break;
        case PCD_TRANSCEIVE:
            irqEn  = 0x77;
            waitFor = 0x30;
        break;
        default:
        break;
    }

    WriteRawRC(ComIEnReg,irqEn|0x80);
    ClearBitMask(ComIrqReg,0x80);
    WriteRawRC(CommandReg,PCD_IDLE);
    SetBitMask(FIFOLevelReg,0x80);

    for (i=0; i<InLenByte; i++) {
        WriteRawRC(FIFODataReg, pInData[i]);
    }
```

```
WriteRawRC(CommandReg, Command);
if (Command == PCD_TRANSCEIVE) {
    SetBitMask(BitFramingReg,0x80);
}

i = 600;  //根据时钟频率调整，操作 M1 卡最大等待时间 25 ms
do {
    n = ReadRawRC(ComIrqReg);
    i--;
} while ((i!=0) && !(n&0x01) && !(n&waitFor));
ClearBitMask(BitFramingReg,0x80);

if (i!=0) {
    if(!(ReadRawRC(ErrorReg)&0x1B)) {
        status = MI_OK;
            if (n & irqEn & 0x01){
                status = MI_NOTAGERR;
            }
            if (Command == PCD_TRANSCEIVE) {
                n = ReadRawRC(FIFOLevelReg);
                lastBits = ReadRawRC(ControlReg) & 0x07;
                if (lastBits) {
                    *pOutLenBit = (n-1)*8 + lastBits;
                } else {
                    *pOutLenBit = n*8;
                }
                if (n == 0) {
                    n = 1;
                }
                if (n > MAXRLEN) {
                    n = MAXRLEN;
                }
                for (i=0; i<n; i++) {
                    pOutData[i] = ReadRawRC(FIFODataReg);
                }
            }
    } else {
        status = MI_ERR;
    }
}
SetBitMask(ControlReg,0x80);                          //停止计时器
WriteRawRC(CommandReg,PCD_IDLE);
return status;
}
```

（8）寻卡。

```
/********************************************************************
*名称：PcdRequest
*功能：寻卡
*参数：req_code[IN]:寻卡方式
```

```
*          0x52 = 寻感应区内所有符合 14443A 标准的卡
*          0x26 = 寻未进入休眠状态的卡
*          pTagType[OUT]: 卡片类型代码
*          0x4400 = Mifare_UltraLight
*          0x0400 = Mifare_One(S50)
*          0x0200 = Mifare_One(S70)
*          0x0800 = Mifare_Pro(X)
*          0x4403 = Mifare_DESFire
*返回值: 成功返回 MI_OK
**************************************************************************/
char PcdRequest(unsigned char req_code,unsigned char *pTagType)
{
   char status;
   unsigned int  unLen;
   unsigned char ucComMF522Buf[MAXRLEN];
   ClearBitMask(Status2Reg,0x08);
   WriteRawRC(BitFramingReg,0x07);
   SetBitMask(TxControlReg,0x03);
   ucComMF522Buf[0] = req_code;
   status =PcdComMF522(PCD_TRANSCEIVE,ucComMF522Buf,1,ucComMF522Buf,&unLen);
   if ((status == MI_OK) && (unLen == 0x10)) {
      *pTagType      = ucComMF522Buf[0];
      *(pTagType+1) = ucComMF522Buf[1];
   } else {
    status = MI_ERR;
   }
   return status;
}
```

（9）防冲撞。

```
/***************************************************************************
*名称: PcdAnticoll
*功能: 防冲撞
*参数: pSnr[OUT]:卡片序列号, 4 字节
*返回值: 成功返回 MI_OK
**************************************************************************/
char PcdAnticoll(unsigned char *pSnr)
{
   char status;
   unsigned char i,snr_check=0;
   unsigned int  unLen;
   unsigned char ucComMF522Buf[MAXRLEN];
   ClearBitMask(Status2Reg,0x08);
   WriteRawRC(BitFramingReg,0x00);
   ClearBitMask(CollReg,0x80);
   ucComMF522Buf[0] = PICC_ANTICOLL1;
   ucComMF522Buf[1] = 0x20;
   status = PcdComMF522(PCD_TRANSCEIVE,ucComMF522Buf,2,ucComMF522Buf,&unLen);

   if (status == MI_OK) {
```

```
    for (i=0; i<4; i++) {
        *(pSnr+i)  = ucComMF522Buf[i];
        snr_check ^= ucComMF522Buf[i];
    }
    if (snr_check != ucComMF522Buf[i])  {
        status = MI_ERR;
    }
}
SetBitMask(CollReg,0x80);
return status;
}
```

图 4.49 是 RFID 任务的流程图。

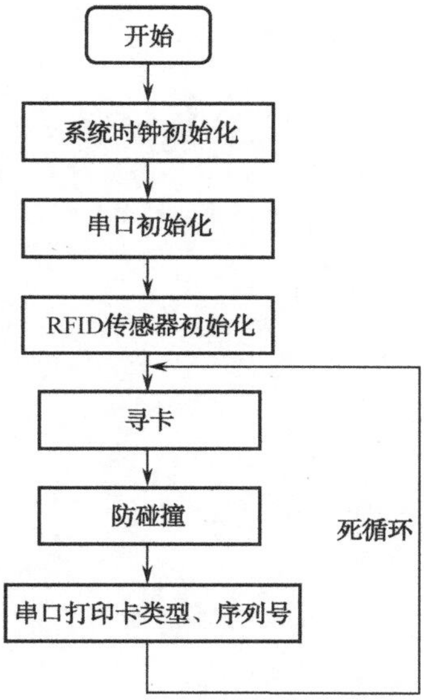

4.13.5 开发步骤

（1）准备好带有 RFID 传感器的 CC2530 射频板，确定按照 1.2.3 节设置节点板跳线为模式一，将 CC2530 仿真器连接到该 CC2530 射频板上，接上电源。

注：RFID 模块上的靠近 LED 灯的两个跳线短接，默认已短接好了。

（2）在开发资源包"DISK-ZigBee/02-开发例程/Chapter 04"目录下，打开本任务工程。

（3）选择"Project→Rebuild All"重新编译工程。

（4）CC2530 节点板上电，然后按下连接好的 CC2530 仿真器的复位按键；接下来单击 IAR 菜单"Project→Download and debug"，将程序下载程序到 CC2530 射频板上。

（5）在 PC 上打开超级终端或串口调试助手，设置波特率为 19200，8 数据位，1 停止位，无硬件流。

（6）将 CC2530 射频板上电并复位，运行刚才下载的程序。

（7）（每次刷卡前先复位一下 CC2530 射频板）用一张 RFID 卡片靠近 RFID 模块刷卡区域，并观察 LED 的变化情况和串口显示情况。

4.13.6 任务结论

复位后，CC2530 射频板上 D6 亮，使用 RFID 卡靠近 RFID 模块刷卡区域后，D6 不停闪烁，串口显示卡号序列信息：

```
start!
34 106 72 199
34 106 72 199
34 106 72 199
34 106 72 199
34 106 72 199
```

开始

系统时钟初始化

串口初始化

RFID传感器初始化

寻卡

防碰撞

串口打印卡类型、序列号

死循环

图 4.49　RFID 任务流程图

第 5 章

无线射频开发项目

本章通过几个基于 CC2530 节点板的无线射频的任务，解熟悉射频通信的基本方法以及射频相关知识。

5.1 任务 26：点对点通信

5.1.1 学习目标

熟悉通过射频通信的基本方法；使用状态机实现收发功能。

5.1.2 开发环境

- 硬件：CC2530 节点板 2 块、USB 接口的 CC2530 仿真器，PC。
- 软件：Windows 7/Windows XP、IAR 集成开发环境、串口监控程序。

5.1.3 原理学习

ZigBee 的通信方式主要有点播、组播、广播三种。点播，顾名思义就是点对点通信，也就是两个设备之间的通信，不容许有第三个设备收到信息；组播，就是把网络中的节点分组，每一个组员发出的信息只有相同组号的组员才能收到；广播，是使用最广泛的，也就是一个设备上发出的信息所有设备都能接收到，这也是 ZigBee 通信的基本方式。

在点对点通信的过程中，先将接收节点上电后进行初始化，然后通过指令 ISRXON 开启射频接收器，等待接收数据，直到正确接收到数据为止，然后通过串口打印输出。发送节点上电后和接收节点进行相同的初始化，然后将要发送的数据输出到 TXFIFO 中，再调用指令 ISTXONCCA 通过射频前端发送数据。

5.1.4 开发内容

在本任务中，主要是实现 ZigBee 点播通信。发送节点将数据通过射频模块发送到指定的接收节点，接收节点通过射频模块收到数据后，再通过串口发送到 PC 在串口调试助手中显示出来。如果发送节点发送的数据目的地址与接收节点的地址不匹配，接收节点将接收不到数据。下面是源码实现的解析过程。

```
void main(void)
{
    halMcuInit();                                //初始化 MCU
    hal_led_init();                              //初始化 LED
    hal_uart_init();                             //初始化串口
    if (FAILED == halRfInit()) {                 //halRfInit()为射频初始化函数
        HAL_ASSERT(FALSE);
    }
    //Config basicRF
    basicRfConfig.panId = PAN_ID;      //panId, 让发送节点和接收节点处于同一网络内
    basicRfConfig.channel = RF_CHANNEL;          //通信信道
    basicRfConfig.ackRequest = TRUE;             //应答请求
#ifdef SECURITY_CCM
    basicRfConfig.securityKey = key;             //安全秘钥
#endif
    //Initialize BasicRF
#if NODE_TYPE
    basicRfConfig.myAddr = SEND_ADDR;            //发送地址
#else
    basicRfConfig.myAddr = RECV_ADDR;            //接收地址
#endif
    if(basicRfInit(&basicRfConfig)==FAILED) {
        HAL_ASSERT(FALSE);
    }
#if NODE_TYPE
    rfSendData();                                //发送数据
#else
    rfRecvData();                                //接收数据
#endif
}
```

主函数主要实现了以下功能。

（1）初始化 MCU 函数 halMcuInit()：选用 32kHz 时钟。

（2）初始化 LED 函数 hal_led_init()：设置 P1.0、P1.2 和 P1.3 为普通 I/O 口并将其作为输出，设置 P2.0 为普通 I/O 口并将其作为输出。

（3）初始化串口函数 hal_uart_init()：配置 I/O 口、设置波特率、奇偶校验位和停止位。

（4）初始化射频模块函数 halRfInit()，设置网络 ID、通信信道，定义发送地址和接收地址。

（5）接收节点调用 rfRecvData()函数来接收数据，发送节点调用 rfSendData()函数来发送数据。

通过下面的代码来解析射频模块的初始化。

```
uint8 halRfInit(void)
{
    //Enable auto ack and auto crc
    FRMCTRL0 |= (AUTO_ACK | AUTO_CRC);
    //Recommended RX settings
    TXFILTCFG = 0x09;
    AGCCTRL1 = 0x15;
    FSCAL1 = 0x00;
```

```
//Enable random generator → Not implemented yet
//Enable CC2591 with High Gain Mode
halPaLnaInit();
//Enable RX interrupt
halRfEnableRxInterrupt();
return SUCCESS;
}
```

节点发送数据和接收数据的代码实现如下。

```
/*射频模块发送数据函数*/
void rfSendData(void)
{
    uint8 pTxData[] = {'H', 'e', 'l', 'l', 'o', ' ', 'c', 'c', '2', '5',
                       '3', '0', '\r', '\n'};          //定义要发送的数据
    uint8 ret;
    printf("send node start up...\r\n");
    //Keep Receiver off when not needed to save power
    basicRfReceiveOff();                               //关闭射频接收器
    //Main loop
    while (TRUE) {
        //点对点发送数据包
        ret = basicRfSendPacket(RECV_ADDR, pTxData, sizeof pTxData);
        if (ret == SUCCESS) {
            hal_led_on(1);
            halMcuWaitMs(100);
            hal_led_off(1);
            halMcuWaitMs(900);
        } else {
            hal_led_on(1);
            halMcuWaitMs(1000);
            hal_led_off(1);
        }
    }
}
/*射频模块接收数据函数*/
void rfRecvData(void)
{
    uint8 pRxData[128];
    int rlen;
    printf("recv node start up...\r\n");
    basicRfReceiveOn();                                //开启射频接收器
    while (TRUE) {
        while(!basicRfPacketIsReady());
        rlen = basicRfReceive(pRxData, sizeof pRxData, NULL);
        if(rlen > 0) {
            pRxData[rlen] = 0;
            printf((char *)pRxData);                   //串口输出显示接收节接收到的数据
        }
    }
}
```

接收节点和发送节点的程序流程如图 5.1 和图 5.2 所示。

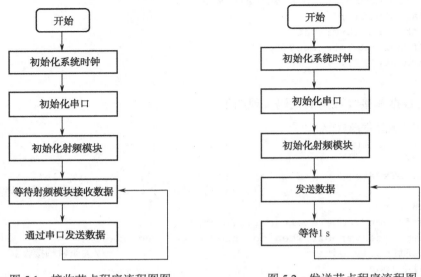

图 5.1　接收节点程序流程图图　　　　　图 5.2　发送节点程序流程图

5.1.5　开发步骤

（1）准备两个 CC2530 无线节点板，将其中一个 CC2530 无线节点板通过 RS232 交叉串口线连接到 PC 串口。

（2）在 PC 上打开串口终端软件，设置好波特率为 19200。

（3）在开发资源包"DISK-ZigBee\02-开发例程\Chapter 05"目录下，打开的本任务工程，选择"Project→Rebuild All"重新编译工程。

（4）打开 main.c 文件，下面对一些定义进行介绍。RF_CHANNEL 宏定义了无线射频通信时使用的信道，在任务室中，多个小组同时进行任务时建议每组选择不同时信道，即每个小组使用不同的 RF_CHANNEL 值（可按顺序编号），但同一组任务中两个节点需要保证在同一信道，才能正确通信。

（5）PAN_ID 个域网 ID 标示，用来表示不同在网络，在同一任务中，接收和发送节点需要配置为相同的值，否则两个节点将不能正常通信，SEND_ADDR 发送节点的地址，RECV_ADDR 接收节点的地址。

（6）NODE_TYPE 节点类型：0 表示接收节点，1 表示发送节点。在进行任务时一个节点定义为发送节点用来发送数据，另一个定义为接收节点用来接收数据。

（7）修改 main.c 文件中的 NODE_TYPE 的值为 0，保存，然后选择"Project→Rebuild All"重新编译工程。

（8）将 CC2530 仿真器连接到串口与 PC 相连接的 CC2530 节点上，单击菜单"Project→Download and debug"下载程序到节点板。此节点以下称为接收节点。

（9）修改 main.c 文件中的 NODE_TYPE 的值为 1，然后单击"保存"按钮，然后选择"Project→Rebuild All"重新编译工程。

（10）将接收节点断电，取下 CC2530 仿真器连接到另外一个节点上，单击菜单"Project→Download and debug"下载程序到节点板，此节点板以下称为发送节点。

（11）确保接收节点的串口与 PC 的串口通过交叉串口线相连。

（12）先将接收节点上电。查看 PC 上的串口输出，接下来为发送节点上电。

（13）从 PC 上串口调试助手观察接收节点收到的数据。

可以修改发送节点中发送数据的内容，然后编译并下载程序到发送节点，从串口调试助手观察收到的数据。

可以修改接收节点的地址，然后重新编译并下载程序到接收节点，然后从发送节点发送数据，观察接收节点能否正确接收数据。

5.1.6　任务结论

发送节点将数据发送出去后，接收节点接收到数据，并通过串口调试助手打印输出。发送数据的最大长度为 125（加上发送的数据长度和校验，实际发送的数据长度为 128 B）。

5.2　任务 27：广播通信

5.2.1　学习目标

理解广播的实现方式，掌握用 CC2530 和 ZigBee 网络实现广播通信。

5.2.2　开发环境

- 硬件：CC2530 节点板 3 块，USB 接口的 CC2530 仿真器，PC。
- 软件：Windows 7/Windows XP，IAR 集成开发环境，串口监控程序。

5.2.3　原理学习

在 ZigBee 协议中，数据包能被单播传输、组播传输或者广播传输。

当应用程序需要将数据包发送给网络的每一个设备时使用广播模式，地址模式设置为 AddrBroadcast，目标地址可以设置为下面广播地址的一种。

（1）NWK_BROADCAST_SHORTADDR_DEVALL（0xFFFF）：数据包将被传送到网络上的所有设备，包括睡眠中的设备。对于睡眠中的设备，数据包将被保留在其父亲节点，直到查询到它或者消息超时（NWK_INDIRECT_MSG_TIMEO 在 f8wConifg.cfg 中）。

（2）NWK_BROADCAST_SHORTADDR_DEVRXON（0xFFFD）：数据包将被传送到网络上的所有的打开接收的空闲设备（RXONWHENIDLE），也就是除了睡眠中的所有设备。

（3）NWK_BROADCAST_SHORTADDR_DEVZCZR（0xFFFC）：数据包发送给所有的路由器，包括协调器。

5.2.4　开发内容

在本任务中，主要是实现 ZigBee 广播通信。在发送节点中设置目的地址为广播地址，让发送节点发送数据，接收节点在接收到数据后对接收到的数据的目的地址进行判断，若目的地址为自己的地址或广播地址则接收数据。

广播通信任务在点对点通信任务的基础上做了如下修改。

（1）在 main.c 文件中修改发送节点和接收节点的地址宏。

（2）修改 basicRfSendPacket 函数的第一个参数，将其改为广播地址 0xFFFF，修改如下。

```
ret=basicRfSendPacket(0xffff,pTxData,sizeof pTxData) ;
```

任务中一个节点通过射频向外广播数据"hello world!"，如果数据成功发送出去，则发送节点向串口打印"packet sent successfull!"，否则打印"packet sent failed!"；接收节点接收到数据后向串口打印输出"packet received!"和接收的数据内容。

下面是源码实现的解析过程。

```
void main(void)
{
    halMcuInit();                              //初始化 MCU
    hal_led_init();                            //初始化 LED
    hal_uart_init();                           //初始化串口
    if (FAILED == halRfInit()) {               //halRfInit()为初始化射频模块函数
        HAL_ASSERT(FALSE);
    }
    //Config basicRF
    basicRfConfig.panId = PAN_ID;        //panID，让发送节点和接收节点处于同一网络内
    basicRfConfig.channel = RF_CHANNEL;        //通信信道
    basicRfConfig.ackRequest = TRUE;           //应答请求
#ifdef SECURITY_CCM
    basicRfConfig.securityKey = key;           //安全秘钥
#endif
    //Initialize BasicRF
#if NODE_TYPE
    basicRfConfig.myAddr = SEND_ADDR;          //发送地址
#else
    basicRfConfig.myAddr = RECV_ADDR;          //接收地址
#endif
    if(basicRfInit(&basicRfConfig)==FAILED) {
        HAL_ASSERT(FALSE);
    }
#if NODE_TYPE
    rfSendData();                              //发送数据
#else
    rfRecvData();                              //接收数据
#endif
}
```

主函数主要实现了以下功能。

（1）初始化 MCU 函数 halMcuInit()：选用 32kHz 时钟。

（2）初始化 LED 函数 hal_led_init()：设置 P1.0、P1.2 和 P1.3 为普通 I/O 口并将其作为输出，设置 P2.0 为普通 I/O 口并将其作为输出。

（3）初始化串口函数 hal_uart_init()：配置 I/O 口、设置波特率、奇偶校验位和停止位。

（4）初始化射频模块函数 halRfInit()，设置网络 ID、通信信道，定义发送地址和接收地址。

（5）接收节点调用 rfRecvData()函数来接收数据，发送节点调用 rfSendData()函数来发送数据。

通过下面的代码来解析射频模块的初始化。

```
/*初始化射频模块*/
uint8 halRfInit(void)
{
    //Enable auto ack and auto crc
    FRMCTRL0 |= (AUTO_ACK | AUTO_CRC);
    //Recommended RX settings
    TXFILTCFG = 0x09;
    AGCCTRL1 = 0x15;
    FSCAL1 = 0x00;
    //Enable random generator→ Not implemented yet
    //Enable CC2591 with High Gain Mode
    halPaLnaInit();

    //Enable RX interrupt
    halRfEnableRxInterrupt();
    return SUCCESS;
}
```

节点发送数据和接收数据的实现代码如下。

```
/*射频模块发送数据函数*/
void rfSendData(void)
{
    uint8 pTxData[] = {'H', 'e', 'l', 'l', 'o', ' ', 'c', 'c', '2', '5', '3',
                       '0', '\r', '\n'};        //定义要发送的数据包
    uint8 ret;
    //Keep Receiver off when not needed to save power
    basicRfReceiveOff();                        //关闭射频接收器
    //Main loop
    while (TRUE) {
        printf("Send:%s", pTxData);            //串口输出显示发送节点所发送的数据
        ret = basicRfSendPacket(0xffff, pTxData, sizeof pTxData); //广播发送数
据包
        if (ret == SUCCESS) {
            hal_led_on(1);
            halMcuWaitMs(100);
            hal_led_off(1);
            halMcuWaitMs(900);
        } else {
            hal_led_on(1);
            halMcuWaitMs(1000);
            hal_led_off(1);
        }
    }
}
/*射频模块接收数据函数*/
void rfRecvData(void)
{
    uint8 pRxData[128];
```

```
    int rlen;
    basicRfReceiveOn();                          //开启射频接收器
    //Main loop
    while (TRUE) {
        while(!basicRfPacketIsReady());
        rlen = basicRfReceive(pRxData, sizeof pRxData, NULL);
        if(rlen > 0) {
            pRxData[rlen] = 0;
            printf("My Address %u , recv:", RECV_ADDR); //串口输出显示接收节点的
地址
            printf((char *)pRxData);           //串口输出显示接收节接收到的数据
        }
    }
}
```

接收节点和发送节点的程序流程如图 5.3 和图 5.4 所示。

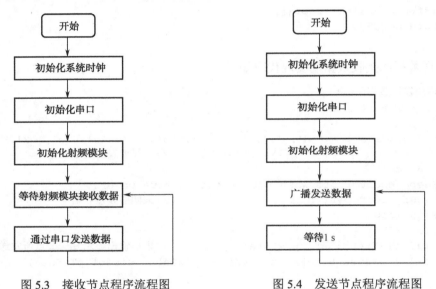

图 5.3 接收节点程序流程图   图 5.4 发送节点程序流程图

5.2.5 开发步骤

（1）准备 3 个 CC2530 无线节点板（设置为模式一），分别接上出厂电源。

（2）在开发资源包"DISK-ZigBee/02-开发例程/Chapter 05"目录下，打开本任务工程。

（3）按原理学习修改程序。先将 main.c 中的节点类型变量 NODE_TYPE 的值设置为 0 作为接收节点，然后选择"Project→Rebuild All"重新编译工程。

（4）将 CC2530 仿真器连接到其中一个 CC2530 节点板，CC2530 节点板上电，然后单击菜单"Project→Download and debug"下载程序到节点板。此节点以下称为接收节点 1。

（5）修改 main.c 中的节点短地址 RECV_ADDR 的值为 0x2510，保存后选择"Project→Rebuild All"重新编译工程。接下来通过 CC2530 仿真器把程序下载到另外一个 CC2530 节点板中。此节点以下称为接收节点 2。

（6）将节点类型变量 NODE_TYPE 的值设置为 1，保存后选择"Project→Rebuild All"重

新编译工程，并下载到 CC2530 节点板中，作为发送节点。

（7）将发送节点通过串口线连接到 PC 上，在 PC 上打开串口调试助手，配置串口助手波特率为 19200。

（8）复位发送节点（让节点发送数据），可以看到串口调试助手上打印出发送情况，如下所示。

```
Send:Hello CC2530
Send:Hello CC2530
Send:Hello CC2530
Send:Hello CC2530
Send:Hello CC2530
Send:Hello CC2530
```

（9）将接收节点 1 和接收接点 2 上电，依次通过串口线连接到 PC 上，可以看到串口调试助手上打印出接收的数据，如下所示。

```
My Address 9504 , recv:Hello CC2530
My Address 9504 , recv:Hello CC2530
My Address 9504 , recv:Hello CC2530
My Address 9504 , recv:Hello CC2530
My Address 9504 , recv:Hello CC2530
My Address 9504 , recv:Hello CC2530
My Address 9488 , recv:Hello CC2530
My Address 9488 , recv:Hello CC2530
My Address 9488 , recv:Hello CC2530
My Address 9488 , recv:Hello CC2530
My Address 9488 , recv:Hello CC2530
```

5.2.6 任务结论

只要节点为接收数据的节点，便能接收数据，从而实现广播的功能。事实上，若不考虑收发数据的地址，即是广播。

5.3 任务 28：信道监听

5.3.1 学习目标

理解信道扫描的概念，掌握用 CC2530 和 ZigBee 网络实现信道监听。

5.3.2 开发环境

● 硬件：CC2530 节点板 2 块，USB 接口的 CC2530 仿真器，PC。
● 软件：Windows 7/Windows XP，IAR 集成开发环境，串口监控程序。

5.3.3 原理学习

ZigBee 中物理层上面是 MAC 层，其核心是信道接入技术，包括 GTS（时分复用技术）

和随机信道接入技术（CSMA-CA）。不过 ZigBee 并不支持分时复用 GTS 技术，因此仅需要考虑 CSMA-CA 技术。802.15.4 网络的所有节点都工作在一个信道上，因此如果邻近节点同时发送数据就会产生冲突，为此采用 CSMA-CA 技术，简单来说，就是节点在发送数据之前，先监听信道，如果这个信道空闲则可以发送数据，否则就进行随机退避，即延时一个随机时间，然后进行信道监听。这个退避时间是指数增长的，但有一个最大值。如果上一次退避后监听信道忙，则退避时间要倍增，这样做的原因是如果多次监听信道忙，则表明信道上传输的数据量很大，因此节点要等待更长时间，以避免繁忙地监听。通过这种技术，所有节点可以共享一个信道。

在 MAC 层中还规定了两种信道接入模式，一种是信标（Beacon）模式，另一种是非信标模式。信标模式中，规定了一种超帧格式，在超帧的开始发送信标，里面包含一定的时序和网络信息，紧接着是竞争接入时期，在这段时间内，各节点竞争接入信道，再后面是非竞争接入时期，节点采用时分复用方式接入信道，然后是非活跃时期，节点进入休眠状态，等待下一个超帧周期的开始又发送信标帧。而非信标模式则比较灵活，节点均以竞争方式接入信道，不需要周期性地发送信标帧。显然在信标模式下，由于有了周期性的信标帧，整个网络的各个节点都能够同步，但这种同步网络规模不会大。实际上 ZigBee 中更多的是使用非信标模式。

5.3.4 开发内容

CC2530 芯片使用了 2.4 GHz 频段定义的 16 个信道，节点使用相同的信道才能进行通信。本任务的程序在点对点通信的基础上进行修改，让接收节点在一个固定的信道上监听数据，当收到数据后返回给发送节点，发送节点通过设置不同的信道，并发送数据同时监听回复，如果收到回复则说明该信道在使用中，否则说明该信道没有被其他节点占用。

发送节点每隔 1 s 设置一次信道并发送一次数据（发送完数据后多次调用 halMcuWaitMs() 函数实现延迟）并等待接收数据。

宏定义和全局变量定义如下。

```
/*宏定义*/
#define RF_CHANNEL        25              //2.4 GHz RF(无线电频率)信道
#define PAN_ID            0x2007          //网络地址
#define SEND_ADDR         0x2530          //发送地址
#define RECV_ADDR         0x2520          //接收地址
#define NODE_TYPE         0               //0:接收节点，非 0：发送节点
```

其发射节点信道扫描函数实现代码如下所示。

```
/*扫描信道函数*/
void rfChannelScan(void)
{
    uint8 pTxData[] = {'H', 'e', 'l', 'l', 'o', ' ', 'c', 'c', '2', '5', '3',
                       '0', '\r', '\n'};                //待发送的数据
    int i;
    uint8 channel;
    //打开接收器
    basicRfReceiveOn();
    for (channel=11; channel<=26; channel++) {    //依次扫描信道
```

```
            printf("scan channel %d ... ", channel);      //打印当前扫描的信道
            halRfSetChannel(channel);                      //设置当前信道
            basicRfSendPacket(RECV_ADDR, pTxData, sizeof pTxData);  //发送数据
            for (i=0; i<1000; i++) {
                if (basicRfPacketIsReady()) {
                    basicRfReceive(pRxData, 32, NULL);     //接收到数据
                    break;                                 //退出 for 循环
                }
                halMcuWaitMs(1);
            }
            if (i >= 1000) {                               //没有接收到数据
                printf("Not Use\r\n");
            } else {                                       //接收到数据
                printf("In Use\r\n");
            }
        }
    }
```

接收节点在一个固定的频道一直监听数据，当收到数据后，就发送给发送节点，其主要实现代码如下。

```
/*接收数据函数*/
void rfRecvData(void)
{
    uint8 pRxData[128];                          //用来存放接收到的数据
    int rlen;
    basicRfReceiveOn();                          //打开接收器
    //主循环
    while (TRUE) {
        while(!basicRfPacketIsReady());          //等待直到数据准备好
        rlen = basicRfReceive(pRxData, sizeof pRxData, NULL);  //接收数据
        if(rlen > 0) {                           //接收到数据
            //发送回应数据包
            basicRfSendPacket(basicRfReceiveAddress(), pRxData, rlen);
        }
    }
}
```

其主函数实现如下所示。

```
/*主函数*/
void main(void)
{
    //初始化 MCU、LED、串口
    halMcuInit();
    hal_led_init();
    hal_uart_init();
    if (FAILED == halRfInit()) {
        HAL_ASSERT(FALSE);
    }
    //配置 basicRF
    basicRfConfig.panId = PAN_ID;
```

```
    basicRfConfig.channel = RF_CHANNEL;
    basicRfConfig.ackRequest = TRUE;
#ifdef SECURITY_CCM
    basicRfConfig.securityKey = key;
#endif
    //初始化 BasicRF
#if NODE_TYPE
    basicRfConfig.myAddr = SEND_ADDR;
#else
    basicRfConfig.myAddr = RECV_ADDR;
#endif
    if(basicRfInit(&basicRfConfig)==FAILED) {
        HAL_ASSERT(FALSE);
    }
#if NODE_TYPE
    rfChannelScan();            //信道扫描
#else
    rfRecvData();               //接收数据
#endif
    while (TRUE);
}
```

接收节点程序和发送节点程序流程如 5.5 和图 5.6 所示。

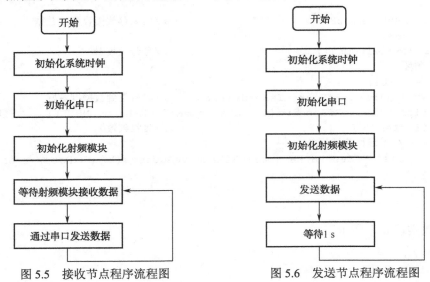

图 5.5 接收节点程序流程图   图 5.6 发送节点程序流程图

5.3.5 开发步骤

（1）准备 2 个 CC2530 无线节点板（设置为模式一），分别接上出厂电源。

（2）在开发资源包"DISK-ZigBee/02-开发例程/Chapter 05"目录下，打开本任务工程。

（3）将工程文件 main.c 中的节点类型变量 NODE_TYPE 的值设置为 0，信道变量 RF_CHANNEL 设置为 13，选择"Project→Rebuild All"重新编译工程。注意：在任务室中多个小组同时任务时，为防止相互间的信道干扰，RF_CHANNEL 应设置为不同值，可按小组编号设置，这里举例设为 13。

（4）将 CC2530 仿真器连接到第 1 个 CC2530 节点板，上电 CC2530 节点板，然后单击菜单"Project→Download and debug"下载程序到此节点板。此节点以下称为接收节点。

（5）将工程文件 main.c 中节点类型变量 NODE_TYPE 第值设置为 1，选择"Project→Rebuild All"重新编译工程。

（6）将 CC2530 仿真器连接到第 2 个 CC2530 节点板，上电 CC2530 节点板，然后单击菜单"Project→Download and debug"下载程序到此节点板。此节点以下称为发送节点。

（7）将接收节点，上电并复位。

（8）将发送节点通过串口线连接到 PC 上，打开串口调试助手，配置串口助手波特率为19200。

（9）上电并复位发送节点，可是看到串口上打印出信道监听结果及接收到的数据，如下所示（信息 RF_CHANNEL 值设置不一样，结果不一样）。

```
scan channel 11 ... Not Use
scan channel 12 ... Not Use
scan channel 13 ... In Use
scan channel 14 ... Not Use
scan channel 15 ... Not Use
scan channel 16 ... Not Use
scan channel 17 ... Not Use
scan channel 18 ... Not Use
scan channel 19 ... Not Use
scan channel 20 ... Not Use
scan channel 21 ... Not Use
scan channel 22 ... Not Use
```

（10）修改接收节点的信道设置值，重复以上步骤。

5.3.6　任务结论

当接收节点进行信道扫描时，它只能在发送节点使用的信道上接收到数据。

5.4　任务 29：无线控制

5.4.1　学习目标

掌握通过无线控制命令来实现对其他节点的外设控制。

5.4.2　开发环境

● 硬件：CC2530 节点板 2 块，USB 接口的 CC2530 仿真器，PC。
● 软件：Windows 7/Windows XP，IAR 集成开发环境，串口监控程序。

5.4.3　原理学习

D7 灯连接到 CC2530 端口 P1_0，程序中应在初始化过程中对 D7 灯进行初始化，包括端口方向的设置和功能的选择，并给端口 P1_0 输出一个高电平使得 D7 灯初始化为熄灭状态。无线控制可以通过发送命令来实现，在 main.c 文件中中添加宏定义"#define COMMAND 0x10"，让发送数据的第一个字节为 COMMAND，表明数据的类型为命令；同时，发送节点检测按键操作，当检测到用户有按键操作时就发送一个字节为 COMMAND 的命令。当节点收到数据后，对数据类型进行判断，若数据类型为 COMMAND，则翻转端口 P1_0 的电平（在初始化中已将 D7 灯熄灭），即可实现 D7 的状态改变。

5.4.4　开发内容

任务中一个节点通过无线射频向另一个节点发送对 D7 灯的控制信息，点亮另外一个节点上的 D7 灯或让 D7 熄灭，节点接收到控制信息后根据控制信息点亮 D7 或让 D7 熄灭。

宏定义和全局变量定义如下。

```
/*宏定义*/
#define RF_CHANNEL          25              //2.4 GHz RF(无线电频率)信道
#define PAN_ID              0x2007          //网络地址
#define SEND_ADDR           0x2530          //发送地址
#define RECV_ADDR           0x2520          //接收地址
#define NODE_TYPE           0               //0:接收节点，非0：发送节点
#define COMMAND             0x10            //控制命令
```

其发射节点发送数据函数实现代码如下所示。

```
/*发送数据函数*/
void rfSendData(void)
{
    uint8 pTxData[] = {COMMAND};             //待发送的数据
    uint8 key1;
    //关闭接收器
    basicRfReceiveOff();
    key1 = P0_1;
    //主循环
    while (TRUE) {
        if (P0_1==0 && key1!=0 ) {           //有键（K4）按下
            hal_led_on(1);
            basicRfSendPacket(RECV_ADDR, pTxData, sizeof pTxData);  //发送控制
命令
            hal_led_off(1);
        }
        key1 = P0_1;
        halMcuWaitMs(50);
    }
}
```

其接收节点接收数据函数实现代码如下所示。

```
/*接收数据函数*/
void rfRecvData(void)
{
    uint8 pRxData[128];                                     //用来存放待接收的数据
    int rlen;
    //打开接收器
    basicRfReceiveOn();
    //主循环
    while (TRUE) {
        while(!basicRfPacketIsReady());                     //等待数据准备好
        rlen = basicRfReceive(pRxData, sizeof pRxData, NULL);   //接收数据
        if(rlen > 0 && pRxData[0] == COMMAND) {             //判断接收到的命令
            if (ledstatus == 0) {
                hal_led_on(1);                              //灯开
                ledstatus = 1;                              //灯状态标识为开
            } else {
                hal_led_off(1);                             //灯关
                ledstatus = 0;                              //灯状态标识为关
            }
        }
    }
}
```

其主函数实现如下所示。

```
/*主函数*/
void main(void)
{
    //初始化MCU、I/O、LED、串口
    halMcuInit();
    io_init();
    hal_led_init();
    hal_uart_init();
    if (FAILED == halRfInit()) {
        HAL_ASSERT(FALSE);
    }
    //配置basicRF
    basicRfConfig.panId = PAN_ID;
    basicRfConfig.channel = RF_CHANNEL;
    basicRfConfig.ackRequest = TRUE;
#ifdef SECURITY_CCM
    basicRfConfig.securityKey = key;
#endif
    //初始化BasicRF
#if NODE_TYPE
    basicRfConfig.myAddr = SEND_ADDR;
#else
    basicRfConfig.myAddr = RECV_ADDR;
#endif
    if(basicRfInit(&basicRfConfig)==FAILED) {
        HAL_ASSERT(FALSE);
```

```
    }
#if NODE_TYPE
    rfSendData();
#else
    rfRecvData();
#endif
}
```

本任务中接收节点程序和发送节点程序的流程如图 5.7 和图 5.8 所示。

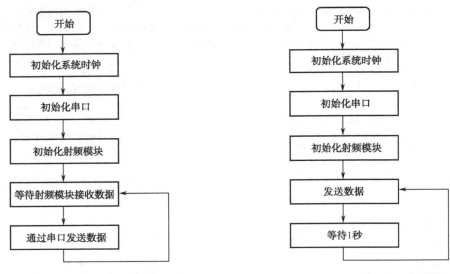

图 5.7　接收节点程序流程图　　　　　图 5.8　发送节点程序流程图

5.4.5　开发步骤

（1）准备 2 个 CC2530 无线节点板（设置为模式一），分别接上出厂电源。

（2）在开发资源包"DISK-ZigBee/02-开发例程/Chapter 05"目录下，打开本任务工程。

（3）将工程文件 main.c 中的节点类型变量 NODE_TYPE 的值设置为 0，选择"Project→Rebuild All"重新编译工程。注意：在任务室中多个小组同时任务时，为防止相互间的信道干扰，RF_CHANNEL 应设置为不同值，可按小组设置，示例程序中设为 25。

（4）将 CC2530 仿真器连接到第 1 个 CC2530 节点板，CC2530 节点板上电，然后单击菜单"Project→Download and debug"下载程序到此节点板。此节点以下称为接收节点。

（5）将工程文件 main.c 中节点类型变量 NODE_TYPE 的值设置为 1，选择"Project→Rebuild All"重新编译工程。

（6）将 CC2530 仿真器连接到第 2 个 CC2530 节点板，CC2530 节点板上电，然后单击菜单"Project→Download and debug"下载程序到此节点板。此节点以下称为发送节点。

（7）上电并复位接收节点和发送节点。

（8）按下发送节点板上的 K4 按键，观察接收节点上 D7 显示情况。接收节点上的灯会随着按键事件而亮灭发生变化。

5.4.6 任务结论

从任务中可以观察到 D7 灯的闪烁，说明点对点的通信发送控制信息可以对节点的外设进行控制。

可以修改程序，在主程序中添加一个宏定义"#define LED_MODE_BLINK 0x02"，在对数据的解析中添加对 LED_MODE_BLINK 的解析，让 LED 灯每隔 250 ms 闪烁一次，让发送节点发送的数据为 LED_MODE_BLINK（代替 LED_MODE_ON，紧接在 COMMAND 的后面）。

重新下载程序，可以观察到接收节点的 D7 灯闪烁。

第6章

ZStack 协议栈开发

6.1　任务30：认识 ZStack 协议栈

2007 年 1 月，TI 公司宣布推出 ZigBee 协议栈（ZStack），并于 2007 年 4 月提供免费下载版本 V1.4.1。ZStack 达到 ZigBee 测试机构德国莱茵集团（TUV Rheinland）评定的 ZigBee 联盟参考平台（Golden Unit）水平，目前已被全球众多 ZigBee 开发商所广泛采用。ZStack 符合 ZigBee 2006 规范，支持多种平台，其中包括面向 IEEE 802.15.4、ZigBee 的 CC2430 片上系统解决方案、基于 CC2420 收发器的新平台，以及 TI 公司的 MSP430 超低功耗微控制器（MCU）。

除了全面符合 ZigBee 2006 规范外，ZStack 还支持丰富的新特性，如无线下载，可通过 ZigBee 网状网络（Mesh Network）无线下载节点更新，ZStack 还支持具备定位感知（Location Awareness）特性的 CC2431。上述特性使用户能够设计出可根据节点当前位置改变行为的新型 ZigBee 应用。

ZStack 与低功耗 RF 开发商网络，是 TI 公司为工程师提供的广泛性基础支持的一部分，其他支持还包括培训和研讨会、设计工具与实用程序、技术文档、评估板、在线知识库、产品信息热线，以及全面周到的样片供应服务。

2007 年 7 月，ZStack 升级为 V1.4.2，之后对其进行了多次更新，并于 2008 年 1 月升级为 V1.4.3。2008 年 4 月，针对 MSP430F4618+CC2420 组合把 ZStack 升级为 V2.0.0；2008 年 7 月，ZStack 升级为 V2.1.0，全面支持 ZigBee 与 ZigBee PRO 特性集（ZigBee2007/Pro）并符合最新智能能源规范，非常适用于高级电表架构（AMI）。因其出色的 ZigBee 与 ZigBee Pro 特性集，ZStack 被 ZigBee 测试机构国家技术服务公司（NTS）评为 ZigBee 联盟业内最高水平。2009 年 4 月，ZStack 支持符合 2.4 GHz IEEE 802.15.4 标准的第二代片上系统 CC2530；2009 年 9 月，ZStack 升级为 V2.2.2，之后，于 2009 年 12 月升级为 V2.3.0；2010 年 5 月，ZStack 升级为 V2.3.1。

6.1.1　ZStack 的安装

ZStack 协议栈由 TI 公司推出，符合最新的 ZigBee2007 规范，它支持多平台，其中就包括 CC2530 芯片。ZStack 的安装包为 "ZStack-CC2530-2.4.0-1.4.0.exe"（位于 "DISK-ZigBee\03-系统代码\ZStack\ZStack-CC2530-2.4.0-1.4.0.exe"），双击之后直接安装。安装完后生成"C:\Texas Instruments\ZStack-CC2530-2.4.0-1.4.0"文件夹，文件夹内包括协议栈中各层部分源程序（有

一些源程序以库的形式封装起来了），Documents 文件夹内包含一些与协议栈相关的帮助和学习文档，Projects 包含与工程相关的库文件、配置文件等，其中基于 ZStack 的工程应放在"Texas Instruments\ZStack-CC2530-2.4.0-1.4.0\Projects\zstack\Samples" 文件夹下。

6.1.2　ZStack 的结构

打开 ZStack 协议栈提供的示例工程，可以看到如图 6.1 所示的层次结构图。

图 6.1　ZStack 软件结构图

从层次的名字就能知道代表的含义，如 NWK 层就是网络层。一般应用中较多关注的是 HAL 层（硬件抽象层）和 App 层（用户应用），前者要针对具体的硬件进行修改，后者要添加具体的应用程序。OSAL 层是 ZStack 特有的系统层，相当于一个简单的操作系统，便于对各层次任务的管理，理解它的工作原理对开发是很重要的，下面对各层进行简要介绍。

（1）App（Application Programming）：应用层目录，这是用户创建各种不同工程的区域，这个目录包含了应用层的内容和这个项目的主要内容，在协议栈里面一般是以操作系统的任务实现的。

（2）HAL（Hardware(H/W) Abstraction Layer）：硬件层目录，包含与硬件相关的配置和驱动，以及操作函数。

（3）MAC：MAC 层目录，包含 MAC 层的参数配置文件及其 LIB 库的函数接口文件。

（4）MT（Monitor Test）：通过串口可控各层，与各层进行直接交互，同时可以将各层的数据通过串口连接到上位机，以便开发人员调试。

（5）NWK（ZigBee Network Layer）：网络层目录，含网络层配置参数文件，以及网络层库的函数接口文件。

（6）OSAL（Operating System (OS) Abstraction Layer）：协议栈的操作系统。

（7）Profile：AF（Application Framework）层（应用构架）目录，包含 AF 层处理函数文件。ZStack 的 AF 层提供了开发人员建立一个设备描述所需的数据结构和辅助功能，是传入信息的终端多路复用器。

（8）Security：安全层目录，包含安全层处理函数，如加密函数等。

（9）Services：地址处理函数目录，包括地址模式的定义及地址处理函数。

（10）Tools：工程配置目录，包括空间划分及 ZStack 相关配置信息。

（11）ZDO：ZigBee 设备对象层（ZigBee Device Objects，ZDO），提供了管理一个 ZigBee

设备的功能。ZDO 层的 API 为应用程序的终端提供了管理 ZigBee 协调器、路由器或终端设备的接口，包括创建、查找和加入一个 ZigBee 网络、绑定应用程序终端，以及安全管理。

（12）ZMac：MAC 层目录，包括 MAC 层参数配置及 MAC 层 LIB 库函数回调处理函数。

（13）ZMain：主函数目录，包括入口函数及硬件配置文件。

（14）Output：输出文件目录，这个是 EW8051 IDE 自动生成的。

在 ZStack 协议栈中各层次具有一定的关系，如图 6.2 所示是 ZStack 协议栈的体系结构图。

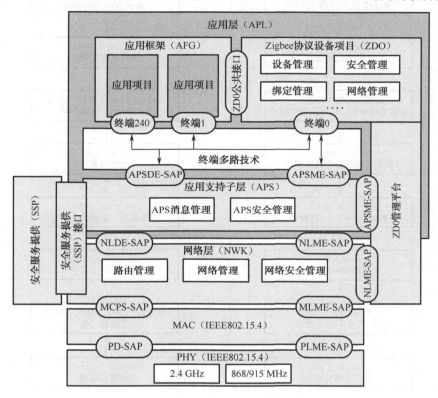

图 6.2　ZStack 协议栈的体系结构图

TI 公司的 ZStack 协议栈是一个基于轮转查询式的操作系统，它的 main 函数在 ZMain 目录下的 ZMain.c 中，总体上来说，该协议栈一共做了两件工作，一个是系统初始化，即由启动代码来初始化硬件系统和软件构架需要的各个模块；另外一个就是开始启动操作系统实体，如图 6.3 所示。

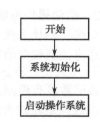

图 6.3　协议栈主要工作流程

1．系统初始化

系统启动代码需要完成初始化硬件平台和软件架构所需要的各个模块，为操作系统的运行做好准备工作，主要分为初始化系统时钟、检测芯片工作电压、初始化堆栈、初始化各个硬件模块、初始化 Flash、形成芯片 MAC 地址、初始化非易失变量、初始化 MAC 层协议、初始化应用帧层协议、初始化操作系统等部分，其具体的流程和对应的函数如图 6.4 所示。

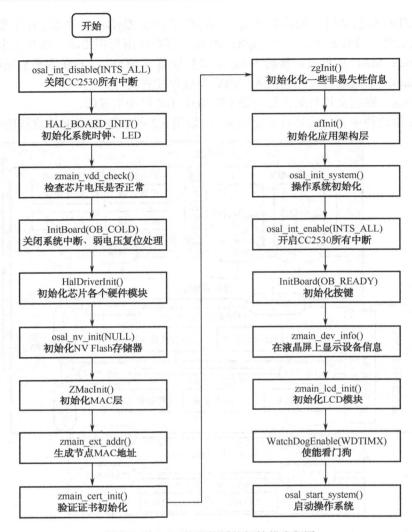

图 6.4　ZStack 协议栈系统初始化流程图

2. 启动操作系统

系统初始化为操作系统的运行做好准备工作以后，就开始执行操作系统入口程序，并由此彻底将控制权交给操作系统，其实，启动操作系统实体只有一行代码：

```
osal_start_system();
```

该函数没有返回结果，通过将该函数一层层展开之后就知道该函数其实就是一个死循环。这个函数就是轮转查询式操作系统的主体部分，它所做的就是不断地查询每个任务是否有事件发生，如果发生，执行相应的函数，如果没有发生，就查询下一个任务。

6.1.3　设备的选择

ZigBee 无线通信中一般含有三种节点类型，分别是协调器、路由节点和终端节点。打开ZStack 协议栈官方提供的任务例子工程可以在 IAR 开发环境下的 workspace 下拉列表中选择设备类型，可以选择设备类型为协调器、路由器或终端节点，如图 6.5 所示。

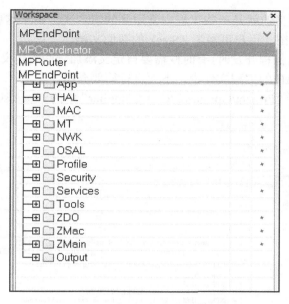

图 6.5　ZStack 协议栈系统初始化流程

6.1.4　定位编译选项

对于一个特定的工程，编译选项存在于两个地方，一些很少需要改动的编译选项存在于链接控制文件中，每一种设备类型对应一种链接控制文件，当选择了相应的设备类型后，会自动选择相应的配置文件，如选择了设备类型为终端节点后，将自动选择 f8wEndev.cfg 和 f8w2530.xcl、f8wConfig.cfg 配置文件，如图 6.6 所示；选择了设备类型为协调器，则工程会自动选择 f8wCoord.cfg 和 f8w2530.xcl、f8wConfig.cfg 配置文件；选择了设备类型为路由器后，将自动选择 f8wRouter.cfg 和 f8w2530.xcl、f8wConfig.cfg 配置文件。

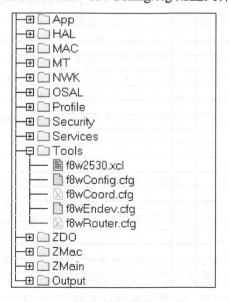

图 6.6　终端节点的配置文件

其实这些文件中定义的就是一些工程中常用到的宏定义，由于这些文件用户基本不需要改动，所以在此不作介绍，用户可参考 ZStack 的帮助文档。

在 ZStack 协议栈的例程开发时，有时候需要自定义添加一些宏定义来使能/禁用某些功能，这些宏定义的选项在 IAR 的工程文件中，下面进行简要介绍。

在 IAR 工程中选择"Project/Options/C/C++ Complier"中的 Processor 标签，如图 6.7 所示。

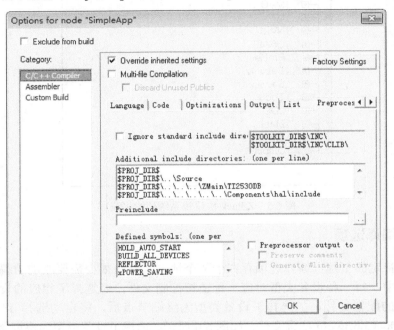

图 6.7　IAR 编译选项

在图 6.7 中"Defined symbols"输入框中就是宏定义的编译选项。若想在这个配置中增加一个编译选项，只需将相应的编译选项添加到列表框中，若禁用一个编译选项，只需在相应编译选项的前面增加一个 x，如图 6.7 所示的"POWER_SAVING"选项被禁用，这一编译选项表示支持省电模式。很多编译选项都作为开关量使用，来选择源程序中的特定程序段，也可定义数字量，如可添加"DEFAULT_CHANLIST"，即相应数值来覆盖默认设置（DEFAULT_CHANLIST 在 Tools 目录下的 f8wConfig.cfg 文件中配置，默认选择信道 11）。ZStack协议栈支持大量的编译选项，读者可参考 ZStack 的帮助文档 ZStack Compile Options.pdf。

6.1.5　ZStack 中的寻址

ZStack 中定义了两种地址，64 位的扩展地址（IEEE 地址）和 16 位网络短地址。扩展地址是全球唯一的，就像网卡地址，可由厂家设置或者用户烧写进芯片（本任务配套的节点用 RF Flash Programmer 就可以完成）。网络短地址是加入 ZigBee 网时由协调器分配的，在特定的网络中是唯一的，但是不一定每次都一样，只是和其他同网设备相区别，作为标识符。

ZStack 符合 ZigBee 的分布式寻址方案来分配网络地址，这个方案保证在整个网络中所有分配的地址是唯一的。这一点是必须的，因为这样才能保证一个特定的数据包能够发给它指定的设备，而不出现混乱。同时，这个寻址算法本身的分布特性保证设备只能与其父辈设备通信来接收一个网络地址。不需要整个网络范围内通信的地址分配，这有助于网络的可测量性。ZStack 的网络地址分配由 MAX_DEPTH、MAX_ROUTERS 和 MAX_CHILDREN 三个参数决定，这也是 Profile 的一部分，MAX_DEPTH 代表网络最大深度，协调器为 0 级深度，它决定了物理上网络的一长度；MAX_CHILDREN 决定了一个协调器或路由器能拥有几个子节点；MAX_ROUTERS 决定了一个协调器或路由器能拥有几个路由功能的节点，它是 MAX_CHILDREN 的子集。虽然不同的 Profile 有规定的参数值，但用户针对自己的应用可以修改这些参数，但要保证这些参数新的赋值要合法，即整个地址空间不能超过 216，这就限制了参数能够设置的最大值。当选择了合法的数据后，开发人员还要保证不再使用标准的栈配置，取而代之的是网络自定义栈配置。例如，在 nwk_globals.h 文件中将 STACK_PROFILE_ID 改为 NETWORK_SPECIFIC，然后将 nwk_globals.h 文件中的 MAX_DEPTH 参数设置为合适的值；此外，还必须设置 nwk_globals.c 文件中的 Cskipchldrn 数组和 CskipRtrs 数组，这些数组的值由 MAX_CHILDREN 和 MAX_ROUTER 构成。

为了在 ZigBee 网络中发送数据，应用层主要调用 AF_DataRequest()函数，目的设备由类型 afAddrType_t 决定，定义如下。

```
typedef struct {
    union
    {
        uint16 shortAddr;
    } addr;
    afAddrMode_t addrMode;
    byte endPoint;
} afAddrType_t;
```

其中寻址模式有几种不同的方式，具体定义如下。

```
typedef enum {
    afAddrNotPresent = AddrNotPresent,
    afAddr16Bit = Addr16Bit,
    afAddrGroup = AddrGroup,
    afAddrBroadcast = AddrBroadcast
} afAddrMode_t;
```

下面针对寻址的模式进行简要介绍。

（1）当 addrMode 设为 Addr16Bit 时，说明是单播（比较常用），数据包发给网络上单个已知地址的设备。

（2）当 addrMode 设为 AddrNotPresent 时，这时当应用程序不知道包的最终目的地址采用的方式，目的地址在绑定表中查询，如果查到多个表项就可以发给多个目的地址，实现多播（关于绑定的相关内容，可参考 ZStack 帮助文档）。

（3）当 addrMode 设为 AddrBroadcast 时，表示向所有同网设备发包，广播地址有两种，一种是将目的地址设为 NWK_BROADCAST_SHORTADDR_DEVALL（0xFFFF），表明发给所有设备，包括睡眠设备；另一种是将目的地址设为 NWK_BROADCAST_SHORTADDR_DEVRXON（0xFFFD），这种广播模式不包括睡眠设备。

在应用中常常需要获取设备自己的网络短地址或者扩展地址，也可能需要获取父节点设备的地址，下面是常用的重要函数。

```
NLME_GetShortAddr()              //获取该设备网络短地址
```

```
NLME_GetExtAddr()                    //获取 64 位扩展地址（IEEE 地址）
NLME_GetCoordShortAddr()             //获取父设备网络短地址
NLME_GetCoordExtAddr()               //获取父设备 64 位扩展地址
```

6.1.6　ZStack 中的路由

路由对应用层而言是透明的，应用层只需要知道地址而不在乎路由的过程。ZStack 的路由实现了 ZigBee 网络的自愈机制，一条路由损坏了，可以自动寻找新的路由。

无线自组织网络（Ad hoc）中有很多著名的路由技术，其中 AODV 是很常用的一种，它是按需路由协议。ZStack 简化了 AODV，使之适应于无线传感器网络的特点，能在有移动节点、链路失效和丢包的环境下工作。当路由器从应用层或其他设备收到单播的包时，网络层根据下列步骤转发：如果目的地是自己的邻居，就直接传送过去；否则，该路由器检查路由表寻找目的地，如果找到了就发给下一跳，没找到就开始启动路由发现过程，确定了路由之后才发过去。路由发现基本是按照 AODV 算法进行的，请求地址的源设备向邻居广播路由请求包（RREQ），收到 RREQ 的节点更新链路花费域，继续广播路由请求。这样，直到目的节点收到 RREQ，此时的链路花费域可能有几个值。对应不同的路由，选择一条最好的作为路由，然后目的设备发送路由应答包（RREP），反向到源设备，路径上其他设备由此更新自己的路由表，这样一条新的路由就建成了。

6.1.7　OSAL 调度管理

为了方便任务管理，ZStack 协议栈定义了 OSAL 层（Operation System Abstraction Layer，操作系统抽象层）。OSAL 完全构建在应用层上，主要采用轮询的概念，并引入优先级，它的主要作用是隔离 ZStack 协议栈和特定硬件系统，用户无须过多了解具体平台的底层，就可以利用操作系统抽象层提供的丰富工具实现各种功能，包括任务注册、初始化和启动、同步任务、多任务间的消息传递、中断处理、定时器控制、内存定位等。

OSAL 中判断事件发生是通过 tasksEvents[idx]任务事件数组来进行的。在 OSAL 初始化时，tasksEvents[]数组被初始化为零，一旦系统中有事件发生，就用 osal_set_event()函数把 tasksEvents[taskID]赋值为对应的事件。不同的任务有不同的 taskID，这样任务事件数组 tasksEvents[]中就表示了系统中哪些任务存在没有处理的事件，然后就会调用各任务处理对应的事件。任务是 OSAL 中很重要的概念，它通过函数指针来调用，参数有两个：任务标识符（taskID）和对应的事件（event）。ZStack 中有 7 种默认的任务，它们存储在 taskArr 这个函数指针数组中，定义如下。

```
const pTaskEventHandlerFn tasksArr[] = {
    macEventLoop,
    nwk_event_loop,
    Hal_ProcessEvent,
#if defined( MT_TASK )
    MT_ProcessEvent,
#endif
    APS_event_loop,
    ZDApp_event_loop,
    SAPI_ProcessEvent
};
```

从 7 个事件的名字就可以看出，每个默认的任务对应的是协议的层次，而且根据 ZStack 协议栈的特点，这些任务按照从上到下的顺序反映任务的优先级，如 MAC 事件处理 macEventLoop 的优先级高于网络层事件处理 nwk_event_loop。

要深入理解 ZStack 协议栈中 OSAL 的调度管理关键是要理解任务的初始化 osalInitTasks()、任务标识符 taskID、任务事件数组 tasksEvents、任务事件处理函数 tasksArr 数组之间的关系。

图 6.8 中是系统任务、任务标识符和任务事件处理函数之间的关系，其中 tasksArr 数组中存储了任务的处理函数，tasksEvents 数组中则存储了各任务对应的事件，由此便可得知任务与事件之间是多对多的关系，即多个任务对应着多个事件。系统调用 osalInitTasks()函数进行任务初始化时首先将 taskEvents 数组的各任务对应的事件置 0，也就是各任务没有事件。当调用了各层的任务初始化函数之后，系统就会调用 osal_set_event(taskID,event)函数将各层任务的事件存储到 taskEvent 数组中。系统任务初始化结束之后就会轮询调用 osal_run_system()函数开始运行系统中所有的任务，运行过程中任务标识符值越低的任务优先运行。执行任务的过程中，系统就会判断各任务对应的事件是否发生，若发生了则执行相应的事件处理函数。关于 OSAL 系统的任务之间调度的源码分析可以查看 6.2 节内容。

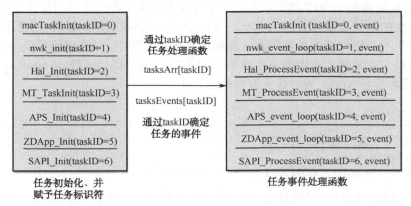

图 6.8　任务事件之间的关系

根据上述的解析过程可知，系统是按照死循环的形式工作的，模拟了通常的多任务操作系统，把 CPU 分成 N 个时间片，在高速的频率下感觉就是同时运行多个任务。

6.1.8　ZStack 的串口通信

串口通信的目的是协调器把整个网络的信息发给上位机进行可视化和数据存储等处理，同时在开发阶段非常需要有串口功能的支持，以了解调试信息。ZStack 已经把串口部分的配置简单化了，设置的位置是 mt_uart.c 的 MT_UartInit()函数。配置方法是给 uartConfig 这一结构体赋值，它包括波特率、缓冲区大小、回调函数等参数，需要注意的有以下几个参数。

● 波特率：赋值为宏 MT_UART_DEFAULT_BAUDRATE,进一步跟踪查询可知就是 38400 Baud；这决定了和上位机通信的速率。

● 流控：默认是打开的，本任务没有使用，改为关闭。

● 回调函数：在主动控制模块中会用到。

6.1.9 配置信道

每一个设备都必须有一个 DEFAULT_CHANLIST 来控制信道集合。对于一个 ZigBee 协调器来说，这个列表用来扫描噪音最小的信道；对于终端节点和路由器几点来说，这个列表用来扫描并加入一个存在的网络。

1．配置 PANID 和要加入的网络

这个可选配置项用来控制 ZigBee 路由器和终端节点要加入哪个网络。文件 f8wConfg.cfg 中的 ZDO_CONFIG_PAN_ID 参数可以设置为 0～0x3FFF 之间的一个值，协调器使用这个值作为它要启动的网络的 PANID。而对于路由器节点和终端节点来说，只要加入一个已经用这个参数配置了 PANID 的网络即可。如果要关闭这个功能，只要将这个参数设置为 0xFFFF。要更进一步控制加入过程，则需要修改 ZDApp.c 文件中的 ZDO_NetworkDiscoveryConfirmCB 函数。

2．最大有效载荷的大小

对于一个应用程序最大有效载荷的大小基于几个因素。MAC 层提供了一个有效载荷长度常数 102，NWK 层需要一个固定头大小、一个有安全的大小和一个没有安全的大小，APS 层必须有一个可变的基于变量设置的头大小，包括 ZigBee 协议版本、KVP 的使用和 APS 帧控制设置等。用户不必根据前面的要素来计算最大有效载荷大小，AF 模块提供一个 API，允许用户查询栈的最大有效载荷或者最大传送单元（MTU）。用户调用函数 afDataReqMTU（见 af.h 文件），该函数将返回 MTU 或者最大有效载荷大小。

```
typedef struct {
    uint8 kvp;
    APSDE_DataReqMTU_t aps;
}afDataReqMTU_t;
uint8 afDataReqMTU( afDataReqMTU_t* fields )
```

通常 afDataReqMTU_t 结构只需要设置 kvp 的值，这个值表明 kvp 是否被使用，而 aps 保留。

3．非易失性存储器

ZigBee 设备有许多状态信息需要被存储到非易失性存储空间中，这样能够让设备在意外复位或者断电的情况下复原，否则它将无法重新加入网络或者起到有效作用。为了启用这个功能，需要包含 NV_RESTORE 编译选项。注意，在一个真正的 ZigBee 网络中，这个选项必须始终启用，关闭这个选项的功能也仅仅是在开发阶段使用。ZDO 层负责保存和恢复网络层最重要的信息，包括最基本的网络信息（Network Information Base NIB，管理网络所需要的最基本属性），儿子节点和父亲节点的列表，包含应用程序绑定表。此外，如果使用了安全功能，还要保存类似于帧个数之类的信息。当一个设备复位后重新启动，这类信息会恢复到设备当中。如果设备重新启动，这些信息可以使设备重新恢复到网络当中。

在 ZDAPP_Init 中，函数 NLME_RestoreFromNV()的调用指示网络层通过保存在 NV 中的数据重新恢复网络。如果网络所需的 NV 空间没有建立，这个函数的调用将同时初始化这部分 NV 空间。NV 同样可以用来保存应用程序的特定信息，用户描述符就是一个很好的例子。NV 中用户描述符 ID 项是 ZDO_NV_USERDESC（在 ZComDef.h 中定义）。ZDApp_Init()函数中，调用函数 osal_nv_item_init()来初始化用户描述符所需的 NV 空间，如果针对这个 NV 项，这个函数是第一次调用，则初始化函数将为用户描述符保留空间，并且将它设置为默认值 ZDO_DefaultUserDescriptor。当需要使用保存在 NV 中的用户描述符时，就像 ZDO_ProcessUserDescReq()（在 ZDObject.c 中）函数一样，调用 osal_nv_read()函数从 NV 中获取用户描述符。如果要更新 NV 中的用户描述符，就像 ZDO_ProcessUserDescSet()（在 ZDObject.c 中）函数一样，调用 osal_nv_write()函数更新 NV 中的用户描述符即可。记住：NV 中的项都是独一无二的，如果用户应用程序要创建自己的 NV 项，那么必须从应用值范围 0x0201～0x0FFF 中选择 ID。

6.2　任务 31：ZStack 协议栈工程解析

6.2.1　学习目标

- 理解 ZigBee 协议及相关知识。
- 理解并掌握 ZStack 协议栈的工作原理。
- 理解 OSAL 任务调度的工作原理。

6.2.2　开发环境

- 硬件：PCPentium100 以上。
- 软件：Windows 7/Windows XP，IAR 集成开发环境。

6.2.3　原理学习

在 ZStack 协议栈"Texas Instruments\ZStack-CC2530-2.4.0-1.4.0\Projects\zstack\Samples"目录下可以看到 TI 官方提供的 3 个基础例程，分别是 GenericApp、SampleApp 和 SimpleApp。本书所有基于协议栈的任务例程均从 SimpleApp 工程改编而来，本任务主要结合 6.1 节介绍的 ZStack 协议栈内容来解析 ZStack 协议栈运行的工作原理及其工作流程。

下面以打开 6.3 节任务的工程来进行解析 ZStack 协议栈的工作原理及其工作流程，并对关键代码进行解释。

确认在 6.1 节中已安装 ZStack 的安装包，如果没有安装，按打开光盘提供的安装包，安装完后默认生成"C:\Texas Instruments\ZStack-CC2530-2.4.0-1.4.0"文件夹。

打开例程：将开发资源包的例程"DISK-ZigBee\02-开发例程\Chapter 06\6.3-Networking\Networking"整个文件夹拷贝到"C:\Texas Instruments\ZStack-CC2530-2.4.0-1.4.0\Projects\zstack\Samples"文件夹下，然后双击"Networking\CC2530DB\Networking.eww"文件即可打开本任务工程。打开本任务工程后，在 Workspace 下拉框选项中可以看到 3 个子工程，分别是协调器、路由节点和终端节点工程，如图 6.9 所示，通过选择不同的工程，就可以选择不同的源文件、编译选项。

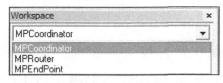

图 6.9　子工程选项

根据前面章节介绍的 ZStack 协议栈内容可知，ZigBee 无线通信中一般含有 3 类节点类型：协调器（负责建立 ZigBee 网络、信息收发）、终端节点（信息采集、接收控制）和路由节点（在终端节点的基础上增加了一个路由转发的功能），根据这 3 种节点类型的功能可以知 ZigBee 无线通信中所有节点的工作流程。为了更容易理解 ZStack 协议栈的工作原理，在介绍 ZStack 协议的工作原理之前，先简单介绍协调器、终端节点和路由节点这 3 种类型的节点在 ZigBee 无线通信中的流程，如图 6.10 所示。

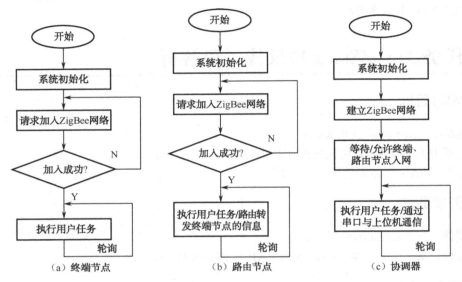

图 6.10　终端、路由节点和协调器的简化流程

　　通过图 6.10 所示的流程图以及对比终端节点、路由节点和协调器工程的源码可知，3 种类型的节点工程的大部分源码是相同的，而只有在执行用户任务事件时稍有不同。下面根据图 6.10 所示的简化流程来解析 ZStack 协议栈的工作流程。解析 ZStack 协议栈最简单、直接的方法就是从工程的入口 main 函数开始解析。

1. ZStack 协议栈 OSAL 调度关键代码解析

　　在工程的 ZMain 目录下有一个 ZMain.c 文件，该文件中的 main 函数就是整个协议栈的入口处，源代码解析如下。

```
int main( void )
{
    //关闭所有中断
    osal_int_disable( INTS_ALL );
    //硬件初始化（系统时钟、LED）
    HAL_BOARD_INIT();
    //检查系统电源
    zmain_vdd_check();
    //初始化板子 I/O（关中断、系统弱电压复位处理）
    InitBoard( OB_COLD );
    //初始化硬件层驱动（ADC、DMA、LED、UART 等驱动）
    HalDriverInit();
    //初始化 NV 存储区（主要存储节点组网的网络信息且掉电不会丢失）
```

```
    osal_nv_init( NULL );
    //初始化 MAC 层
    ZMacInit();
    //将节点的扩展地址写入 NV 存储区
    zmain_ext_addr();
#if defined ZCL_KEY_ESTABLISH
    //初始化验证信息
    zmain_cert_init();
#endif
    //初始化基本的 NV 条目
    zgInit();
#ifndef NONWK
    //应用层初始化
    afInit();
#endif
    //初始化操作系统
    osal_init_system();
    //开中断
    osal_int_enable( INTS_ALL );
    //最后一次板子初始化
    InitBoard( OB_READY );
    //显示设备信息
    zmain_dev_info();
    /*在 LCD 上显示设备信息*/
#ifdef LCD_SUPPORTED
    zmain_lcd_init();
#endif
#ifdef WDT_IN_PM1
    /*使能看门狗*/
    WatchDogEnable( WDTIMX );
#endif
    osal_start_system();                    //启动操作系统
    return 0;
    }
```

通过前面的章节学习可知，ZStack 协议栈是一个多任务轮询的简单操作系统，其实在上述 main.c 文件中除了一些基本的初始化功能之外，要想理解 ZStack 协议栈的工作原理，最关键的就是要理解 main 函数中的 osal_init_system()和 osal_start_system()函数，其中 osal_init_system()函数源码展开如下。

```
uint8 osal_init_system( void )
{
    //初始化内存分配系统
    osal_mem_init();
    //初始化消息队列
    osal_qHead = NULL;
    //初始化定时器
    osalTimerInit();
    //初始化电源管理系统
    osal_pwrmgr_init();
    //初始化系统任务
```

```
    osalInitTasks();
    //内存释放
    osal_mem_kick();
    return ( SUCCESS );
}
```

在 osal_init_system()函数中初始化了 ZStack 系统的核心功能，包括内存分配初始化、电源管理初始化、任务初始化和内存释放等功能。而对于开发人员来讲最重要的还是理解其中的系统任务初始化函数 osalInitTasks()，再来展开该函数就可以发现该函数初始化了 7 个系统任务，并为每个任务赋予了任务标识符 taskID。

```
void osalInitTasks( void )
{
    uint8 taskID = 0;
    tasksEvents = (uint16 *)osal_mem_alloc( sizeof( uint16 ) * tasksCnt);
    osal_memset( tasksEvents, 0, (sizeof( uint16 ) * tasksCnt));
    macTaskInit( taskID++ );
    nwk_init( taskID++ );
    Hal_Init( taskID++ );
#if defined( MT_TASK )
    MT_TaskInit( taskID++ );
#endif
    APS_Init( taskID++ );
    ZDApp_Init( taskID++ );
    //用户任务初始化，本书的所有任务例程自定义的事件都是在该任务的处理函数中运行
    SAPI_Init( taskID );
}
```

通过将上述各层任务的初始化函数展开之后，可以发现 macTaskInit()、nwk_init()、APS_Init()任务的初始化函数源码是闭源的，这是因为 TI 公司将这些关键源码进行了封装成库，开发人员无法查看其中的源码。展开剩余的 Hal_Init()、MT_TaskInit()和 SAPI_Init()等任务初始化函数之后就可以发现这些任务初始化函数的作用就是将各层任务信息进行注册，并调用 "osal_set_event(uint8 task_id, uint16 event_flag)" 函数将各任务的事件添加到任务事件数组 tasksEvents[]中。下面以 SAPI_Init()函数为例来进行解析。

```
void SAPI_Init( byte task_id )
{
    sapi_TaskID = task_id;                    //记录 SAPI 任务的任务标识符
    sapi_bindInProgress = 0xffff;
    sapi_epDesc.task_id = &sapi_TaskID;
    sapi_epDesc.endPoint = 0;
#if ( SAPI_CB_FUNC )
    //节点描述信息赋值
    sapi_epDesc.endPoint = zb_SimpleDesc.EndPoint;
    sapi_epDesc.task_id = &sapi_TaskID;
    sapi_epDesc.simpleDesc = (SimpleDescriptionFormat_t *)&zb_SimpleDesc;
    sapi_epDesc.latencyReq = noLatencyReqs;
    //在 AF 应用层注册节点描述信息
    afRegister( &sapi_epDesc );
#endif
    //关闭允许回应标志
```

```
        afSetMatch(sapi_epDesc.simpleDesc→EndPoint, FALSE);
        //从 ZDApp 注册回调事件
        ZDO_RegisterForZDOMsg( sapi_TaskID, NWK_addr_rsp );
        ZDO_RegisterForZDOMsg( sapi_TaskID, Match_Desc_rsp );
        ZDO_RegisterForZDOMsg( sapi_TaskID, IEEE_addr_rsp);
#if ( SAPI_CB_FUNC )
#if (defined HAL_KEY) && (HAL_KEY == TRUE)
        //注册硬件抽象层的按键
        RegisterForKeys( sapi_TaskID );
        if ( HalKeyRead () == HAL_KEY_SW_5) {
            //当按下复位键，系统复位并清除 NV 区
            uint8 startOptions = ZCD_STARTOPT_CLEAR_STATE | ZCD_STARTOPT_CLEAR_
CONFIG;
            zb_WriteConfiguration( ZCD_NV_STARTUP_OPTION,
                                sizeof(uint8), &startOptions );
            zb_SystemReset();
        }
#endif //HAL_KEY
        //设置一个入口事件来启动任务
        osal_set_event(task_id, ZB_ENTRY_EVENT);
#endif
    }
```

在上述代码的最后调用了"osal_set_event(task_id, ZB_ENTRY_EVENT)"函数，其作用是设置了 1 个入口事件来启动用户任务，展开该函数的代码，解析如下。

```
uint8 osal_set_event( uint8 task_id, uint16 event_flag )
{
    if ( task_id < tasksCnt ) {
        halIntState_t   intState;
        HAL_ENTER_CRITICAL_SECTION(intState);      //Hold off interrupts
        tasksEvents[task_id] |= event_flag;        //将事件存储到任务事件数组中
        HAL_EXIT_CRITICAL_SECTION(intState);       //Release interrupts
        return ( SUCCESS );
    } else {
        return ( INVALID_TASK );
    }
}
```

通过上述代码分析可知，osal_set_event()函数的关键是将事件存储到任务事件数组中了。任务初始化的源码解析结束之后，再来解析启动系统的 osal_start_system()函数，在该函数中实现了轮询各个任务，并执行各任务的处理函数，在任务处理函数中则处理了事件发生后所做的操作。

将 osal_start_system()函数展开之后，就可以发现系统启动之后进入了 1 个死循环，并循环调用 osal_run_system()函数，解析过程如下。

```
void osal_start_system( void )
{
#if !defined ( ZBIT ) && !defined ( UBIT )
    for(;;)                              //死循环
#endif
```

```
    {
        osal_run_system();                    //运行系统
    }
}
```

展开 osal_run_system()函数之后，就可以发现该函数的主要作用是先对任务事件数组进行遍历，遍历过程从优先级别高的任务开始，遍历过程中会判断该任务是否有未执行完的事件，如果该任务有未执行完的事件，则跳出 while 循环，然后调用 "(tasksArr[idx])(idx, events)" 进入该任务的事件处理函数；如果在遍历中该任务的已经执行完毕即没有事件，则继续循环检查下一个任务。当系统中所有的任务都执行结束后，系统就会自动进入睡眠模式以节约资源。源代码解析如下。

```c
void osal_run_system( void )
{
    uint8 idx = 0;

    osalTimeUpdate();                         //系统时间更新
    Hal_ProcessPoll();                        //硬件抽象层处理轮询（如 UART、TIMER 等）

    do {
        if (tasksEvents[idx]) {               //判断任务中是否有事件
            break;
        }
    } while (++idx < tasksCnt);
    if (idx < tasksCnt)                       //执行任务，优先执行任务标识符低的任务
    {
        uint16 events;
        halIntState_t intState;
        HAL_ENTER_CRITICAL_SECTION(intState);
        events = tasksEvents[idx];
        tasksEvents[idx] = 0;     //清除任务事件
        HAL_EXIT_CRITICAL_SECTION(intState);
        //执行任务事件，并返回该任务未完成的事件
        events = (tasksArr[idx])( idx, events );

        HAL_ENTER_CRITICAL_SECTION(intState);
        tasksEvents[idx] |= events;
        //将未处理的任务事件添加到任务事件数组中，以便下次继续执行
        HAL_EXIT_CRITICAL_SECTION(intState);
    }else{
#if defined( POWER_SAVING )
        //任务执行完成 MCU 将自动进入睡眠状态
        osal_pwrmgr_powerconserve();
    }
#endif
    /*Yield in case cooperative scheduling is being used*/
#if defined (configUSE_PREEMPTION) && (configUSE_PREEMPTION == 0)
    {
        osal_task_yield();
    }
```

```
#endif
}
```

通过上述代码分析可知,关键的源码就在"events = (tasksArr[idx])(idx, events)"中,tasksArr 数组存储了各层任务的事件处理函数,通过查看 tasksArr 数组的定义就可以知道,系统定义了如下 7 个处理函数。

```
typedef unsigned short (*pTaskEventHandlerFn)( unsigned char task_id,
                        unsigned short event );          //函数指针

const pTaskEventHandlerFn tasksArr[] = {                 //函数指针数组
    macEventLoop,
    nwk_event_loop,
    Hal_ProcessEvent,
#if defined( MT_TASK )
    MT_ProcessEvent,
#endif
    APS_event_loop,
    ZDApp_event_loop,
    SAPI_ProcessEvent,
};
```

在上面的 7 个任务处理函数中只有 Hal_ProcessEvent、MT_ProcessEvent、ZDApp_event_loop 和 SAPI_ProcessEvent 可以查看其函数实现的源码,其余均被官方公司封装成库。系统调用"(tasksArr[idx])(idx,events)"之后其实就是调用"Hal_ProcessEvent(idx, events)"、"MT_ProcessEvent(idx, events)"、"ZDApp_event_loop(idx, events)"和"SAPI_ProcessEvent(idx, events)"等任务事件处理函数。本文中以"SAPI_ProcessEvent(idx, events)"任务事件处理函数为例进行源码解析,解析如下。

```
UINT16 SAPI_ProcessEvent( byte task_id, UINT16 events )
{
    osal_event_hdr_t *pMsg;
    afIncomingMSGPacket_t *pMSGpkt;
    afDataConfirm_t *pDataConfirm;
    if ( events &SYS_EVENT_MSG )     //系统消息事件,当节点接收到消息之后自动触发该事件
    {
        pMsg = (osal_event_hdr_t *) osal_msg_receive( task_id );
        while ( pMsg ){              //判断消息是否为空
            switch ( pMsg→event ){              //消息过滤
            case ZDO_CB_MSG:
                SAPI_ProcessZDOMsgs( (zdoIncomingMsg_t *)pMsg );
            break;
            case AF_DATA_CONFIRM_CMD:
                //This message is received as a confirmation of a data packet sent.
                //The status is of ZStatus_t type [defined in ZComDef.h]
                //The message fields are defined in AF.h
                pDataConfirm = (afDataConfirm_t *) pMsg;
                SAPI_SendDataConfirm( pDataConfirm→transID,
                                      pDataConfirm→hdr.status );
            break;
```

```
        case AF_INCOMING_MSG_CMD:  //用户任务中 ZigBee 无线接收的数据在此处处理
            pMSGpkt = (afIncomingMSGPacket_t *) pMsg;
            SAPI_ReceiveDataIndication( pMSGpkt→srcAddr.addr.shortAddr,
            pMSGpkt→clusterId,pMSGpkt→cmd.DataLength, pMSGpkt→cmd.Data);
        break;
        case ZDO_STATE_CHANGE:
            //If the device has started up, notify the application
            if (pMsg→status == DEV_END_DEVICE || pMsg→status == DEV_ROUTER ||
            pMsg→status == DEV_ZB_COORD ) {
                SAPI_StartConfirm( ZB_SUCCESS );
            }else if (pMsg→status == DEV_HOLD || pMsg→status == DEV_INIT) {
                SAPI_StartConfirm( ZB_INIT );
            }
        break;
        case ZDO_MATCH_DESC_RSP_SENT:
            SAPI_AllowBindConfirm( ((ZDO_MatchDescRspSent_t *)pMsg)→nwkAddr );
        break;
        case KEY_CHANGE:
#if ( SAPI_CB_FUNC )
            zb_HandleKeys(((keyChange_t *)pMsg)→state,
                            ((keyChange_t *)pMsg)→keys );
#endif
        break;
        case SAPICB_DATA_CNF:
            SAPI_SendDataConfirm((uint8)((sapi_CbackEvent_t *)pMsg)→data,
                            ((sapi_CbackEvent_t *)pMsg)→hdr.status );
        break;
        case SAPICB_BIND_CNF:
            SAPI_BindConfirm(((sapi_CbackEvent_t *)pMsg)→data,
                            ((sapi_CbackEvent_t *)pMsg)→hdr.status );
        break;
        case SAPICB_START_CNF:
            SAPI_StartConfirm( ((sapi_CbackEvent_t *)pMsg)→hdr.status );
        break;
        default:
            //User messages should be handled by user or passed to the application
            //if ( pMsg→event >= ZB_USER_MSG )
            {
                void zb_HanderMsg(osal_event_hdr_t *msg);
                zb_HanderMsg(pMsg);
            }
        break;
    }
    //Release the memory
    osal_msg_deallocate((uint8 *) pMsg );
    //Next
    pMsg = (osal_event_hdr_t *) osal_msg_receive( task_id );
}
//Return unprocessed events
return (events ^ SYS_EVENT_MSG);
```

```
    }
        if ( events &ZB_ALLOW_BIND_TIMER ){          //允许绑定定时器事件
            afSetMatch(sapi_epDesc.simpleDesc→EndPoint, FALSE);
            return (events ^ ZB_ALLOW_BIND_TIMER);
        }
        if ( events &ZB_BIND_TIMER )                 //绑定定时器事件
        {
            //Send bind confirm callback to application
            SAPI_BindConfirm( sapi_bindInProgress, ZB_TIMEOUT );
            sapi_bindInProgress = 0xffff;
            return (events ^ ZB_BIND_TIMER);
        }
        if ( events &ZB_ENTRY_EVENT )                //ZigBee 协议栈入口事件
        {
            uint8 startOptions;
            //Give indication to application of device startup
#if ( SAPI_CB_FUNC )
            zb_HandleOsalEvent( ZB_ENTRY_EVENT );    //ZigBee 入口事件处理
#endif
            //LED off cancels HOLD_AUTO_START blink set in the stack
            HalLedSet (HAL_LED_4, HAL_LED_MODE_OFF);
            zb_ReadConfiguration( ZCD_NV_STARTUP_OPTION,
                                        sizeof(uint8), &startOptions );
            if ( startOptions & ZCD_STARTOPT_AUTO_START )  {
                zb_StartRequest();
            } else {
                //blink leds and wait for external input to config and restart
                HalLedBlink(HAL_LED_2, 0, 50, 500);
            }
            return (events ^ ZB_ENTRY_EVENT );
        }

    //This must be the last event to be processed
    if ( events & ( ZB_USER_EVENTS ) )               //处理所有的用户事件
    {
        //User events are passed to the application
#if ( SAPI_CB_FUNC )
        zb_HandleOsalEvent( events );                //用户事件处理
#endif
    }
    return 0;
}
```

在上述源码中可得知，SAPI 任务事件处理函数中处理了 SYS_EVENT_MSG、ZB_ALLOW_BIND_TIMER、ZB_BIND_TIMER、ZB_ENTRY_EVENT 和 ZB_USER_EVENTS 事件，在这些事件中，开发人员只要理解 ZB_ENTRY_EVENT 和 ZB_USER_EVENTS 事件的处理过程就可以了。ZB_ENTRY_EVENT 事件为 ZigBee 协议栈的入口事件，包括 ZigBee 入网的过程处理等；ZB_USER_EVENTS 为自定义的事件，通过查看该事件的宏定义可得知该事件被宏定义为 0xFF，说明用户最多只能自定义 8 个用户事件，不过 8 个用户事件对于开发者来讲已经足够了。

在 ZB_ENTRY_EVENT 和 ZB_USER_EVENTS 事件处理过程中最终都调用了zb_HandleOsalEvent(events)函数，说明将这两个事件的处理过程中都集中在该函数内处理，所以用户如果要处理自定义的事件则需要在 zb_HandleOsalEvent()函数中实现相应的处理过程。本文以 6.3 节任务为例进行解析，其中协调器、路由器和终端节点的用户自定义的事件处理过程稍微不一样。

（1）协调器的用户事件处理解析。

```
void zb_HandleOsalEvent ( uint16 event )
{
    uint8 startOptions;
    uint8 logicalType;
    if (event & ZB_ENTRY_EVENT) {   //处理 ZigBee 入口事件
        zb_ReadConfiguration( ZCD_NV_LOGICAL_TYPE, sizeof(uint8), &logicalType );
        if ( logicalType != ZG_DEVICETYPE_COORDINATOR )  //设置节点类型为协调器
        {
            logicalType = ZG_DEVICETYPE_COORDINATOR;
            //将节点类型写入 NV 存储区
            zb_WriteConfiguration(ZCD_NV_LOGICAL_TYPE,
                                    sizeof(uint8), &logicalType);
        }

        zb_ReadConfiguration(ZCD_NV_STARTUP_OPTION,
                                    sizeof(uint8), &startOptions );
        if (startOptions != ZCD_STARTOPT_AUTO_START) {
            startOptions = ZCD_STARTOPT_AUTO_START;
            zb_WriteConfiguration(ZCD_NV_STARTUP_OPTION,
                                    sizeof(uint8), &startOptions );
        }
        //入口事件一直在触发，则表明 ZigBee 网络正在建立，就闪烁 LED 灯
        HalLedSet ( HAL_LED_2, HAL_LED_MODE_OFF );
        HalLedSet ( HAL_LED_2, HAL_LED_MODE_FLASH );
    }
}
```

（2）路由节点的用户事件处理解析。

```
void zb_HandleOsalEvent ( uint16 event )
{
    if (event & ZB_ENTRY_EVENT) { //处理协议栈入口事件
        uint8 startOptions;
        uint8 logicalType;
        zb_ReadConfiguration( ZCD_NV_LOGICAL_TYPE, sizeof(uint8), &logicalType );
        if ( logicalType != ZG_DEVICETYPE_ROUTER )  //设置节点类型为路由节点
        {
            logicalType = ZG_DEVICETYPE_ROUTER;
            //将节点类型写入 NV 存储区
            zb_WriteConfiguration(ZCD_NV_LOGICAL_TYPE,
                                    sizeof(uint8), &logicalType);
        }
```

```
        //Do more configuration if necessary and then restart device with auto-start
        //bit set
        //write endpoint to simple desc...dont pass it in start req..then reset
        zb_ReadConfiguration(ZCD_NV_STARTUP_OPTION, sizeof(uint8),
                                    &startOptions );
        if (startOptions != ZCD_STARTOPT_AUTO_START) {
            startOptions = ZCD_STARTOPT_AUTO_START;
            zb_WriteConfiguration(ZCD_NV_STARTUP_OPTION,
                                        sizeof(uint8), &startOptions );
        }
        HalLedSet( HAL_LED_2, HAL_LED_MODE_OFF );//组网过程中 LED 灯一直在闪烁
        HalLedSet( HAL_LED_2, HAL_LED_MODE_FLASH );
    }
    if ( event & MY_START_EVT ) //启动协议栈事件（加入 ZigBee 网络）
    {
        zb_StartRequest();
    }
    if (event & MY_REPORT_EVT) { //上报事件
        myReportData();
    osal_start_timerEx( sapi_TaskID, MY_REPORT_EVT, REPORT_DELAY );
    }
}
```

（3）终端节点的用户事件处理解析。

```
void zb_HandleOsalEvent( uint16 event )
{
    if (event & ZB_ENTRY_EVENT) { //处理协议栈入口事件
        uint8 startOptions;
        uint8 logicalType;
        zb_ReadConfiguration( ZCD_NV_LOGICAL_TYPE, sizeof(uint8), &logicalType );
        if ( logicalType != ZG_DEVICETYPE_ENDDEVICE ) //设置节点类型为终端节点
        {
            logicalType = ZG_DEVICETYPE_ENDDEVICE;
            //将节点类型写入 NV 存储区
            zb_WriteConfiguration(ZCD_NV_LOGICAL_TYPE, sizeof(uint8),
                                    &logicalType);
        }
        //Do more configuration if necessary and then restart device with auto-start
        //bit set
        //write endpoint to simple desc...dont pass it in start req..then reset
        zb_ReadConfiguration(ZCD_NV_STARTUP_OPTION, sizeof(uint8),
                                    &startOptions );
        if (startOptions != ZCD_STARTOPT_AUTO_START) {
            startOptions = ZCD_STARTOPT_AUTO_START;
            zb_WriteConfiguration(ZCD_NV_STARTUP_OPTION, sizeof(uint8),
                                    &startOptions );
        }

        HalLedSet( HAL_LED_2, HAL_LED_MODE_OFF );//组网过程中 LED 灯一直在闪烁
        HalLedSet( HAL_LED_2, HAL_LED_MODE_FLASH );
    }
```

```
    if ( event & MY_START_EVT ) //启动协议栈事件（加入 ZigBee 网络）
    {
        zb_StartRequest();
    }
    if (event & MY_REPORT_EVT) { //上报事件
        myReportData();
        osal_start_timerEx( sapi_TaskID, MY_REPORT_EVT, REPORT_DELAY );
    }
}
```

通过协调器、路由节点和终端节点的用户事件解析可知，协调器没有设置用户自定义的事件，然而路由节点、终端节点均自定义了 MY_START_EVT 和 MY_REPORT_EVT 事件，MY_START_EVT 事件的处理结果中是重新启动协议栈，MY_REPORT_EVT 事件的处理结果是周期性地上报数据。在上述代码中介绍了这两个事件的处理过程，但是这样并不能知道这两个事件的最初启动过程，在 MPEndPont.c 和 MPRouter.c 中有这样的一个函数，即"zb_StartConfirm(uint8 status)"，该函数是一个回调函数，ZigBee 协议栈的系统事件触发后，也就是 ZigBee 协议栈启动后，会经过系统的一层层函数调用最后回调该函数，并将协议栈的启动状态结果赋值给该函数的 status 参数，在该函数的处理过程再根据 status 的值来触发不同的事件，展开 zb_StartConfirm()函数解析如下。

```
void zb_StartConfirm( uint8 status )
{
    if ( status == ZB_SUCCESS )                    //ZigBee 协议栈启动成功（入网成功）
    {
        myAppState = APP_START;
        HalLedSet( HAL_LED_2, HAL_LED_MODE_ON ); //LED 灯常亮
        //设置定时器来触发用户自定义的事件
        osal_start_timerEx( sapi_TaskID, MY_REPORT_EVT, REPORT_DELAY );
    } else {
        //ZigBee 协议栈启动失败（入网失败），设置定时器来触发 MY_START_EVT 事件重启协议
栈（重新入网）
        osal_start_timerEx( sapi_TaskID, MY_START_EVT, myStartRetryDelay );
    }
}
```

上述代码的核心是路由节点和终端节点的协议栈启动结束后的回调函数，协调器的函数处理结果稍微不一样，由于在协调器中没有设置用户自定义事件，所以在协调器建立起 ZigBee 网络后，只将 LED 灯进行常亮后就没有其他的操作了。下面是协调器的协议栈启动结果回调函数的解析。

```
void zb_StartConfirm( uint8 status )
{
    //协调器成功建立网络后，LED 灯常亮
    if ( status == ZB_SUCCESS )
    {
        myAppState = APP_START;
        //zb_AllowBind(0xff);
        HalLedSet( HAL_LED_2, HAL_LED_MODE_ON );
    }
}
```

通过上文的源代码解析，基本介绍完了 **ZStack** 协议栈中任务调度与任务事件处理的一些关系。对于任务的执行其实可以这样理解：在一个大循环里面一直调用各任务的任务事件处理函数。

综合协议栈的工作流程及多任务之间的调度关系，就可以知道 **ZStack** 协议栈的工作流程，图 6.11 所示是 **ZStack** 协议栈的工作流程。

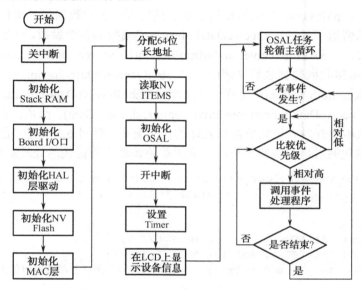

图 6.11　**ZStack** 协议栈工作流程

2．ZStack 协议栈的接收、发送数据

下面继续解析 **ZStack** 协议栈的重要组成部分，即 ZigBee 无线数据包的接收、发送源码处理过程。

（1）接收数据。前面解析内容中提到 SAPI 事件处理过程有接收的消息数据处理，如下所示。

```
UINT16 SAPI_ProcessEvent( byte task_id, UINT16 events )
{
    osal_event_hdr_t *pMsg;
    afIncomingMSGPacket_t *pMSGpkt;
    afDataConfirm_t *pDataConfirm;

    if ( events &SYS_EVENT_MSG )  //系统消息事件，当节点接收到消息之后自动触发该事件
    {
        pMsg = (osal_event_hdr_t *) osal_msg_receive( task_id );
        while ( pMsg )                      //判断消息是否为空
        {
            switch ( pMsg→event )           //消息过滤
            {
                ......
                case AF_INCOMING_MSG_CMD://用户任务中ZigBee无线接收的数据在此处处理
                pMSGpkt = (afIncomingMSGPacket_t *) pMsg;
                SAPI_ReceiveDataIndication( pMSGpkt→srcAddr.addr.shortAddr,
```

```
                         pMSGpkt→clusterId,pMSGpkt→cmd.DataLength, pMSGpkt→cmd.Data);
                  .....
                }
            }
        }
    }
```

在上述代码中，pMSGpkt 结构体存储了节点接收到的无线数据包，事件处理过程中将数据包的内容直接赋值给了 SAPI_ReceiveDataIndication()函数的各个参数，一步步跟踪这个函数的调用过程，会发现"SAPI_ReceiveDataIndication(uint16 source, uint16 command, uint16 len, uint8 *pData)"函数接收到数据之后又调用了"_zb_ReceiveDataIndication(uint16 source, uint16 command, uint16 len, uint8 *pData)"函数，继续跟踪_zb_ReceiveDataIndication()函数，该函数最终调用了"zb_ReceiveDataIndication(source, command, len, pData)"函数，通过查看该函数体可以得知，该函数需要开发人员完成数据处理的代码编写。针对 6.3 节任务的设计，协调器需要将接收到的数据包通过串口传给上位机，下面是协调器中数据包的处理源码解析。

```
void zb_ReceiveDataIndication(uint16 source, uint16 command, uint16 len,
                              uint8 *pData  )
{
    char buf[32];
    HalLedSet( HAL_LED_1, HAL_LED_MODE_OFF );
    HalLedSet( HAL_LED_1, HAL_LED_MODE_BLINK );
    if (len==6 && pData[0]==0xff) {//打印数据包信息，并将数据包的信息解析赋值给 buf
缓冲区
        sprintf(buf, "DEVID:%02X SAddr:%02X%02X PAddr:%02X%02X",
                     pData[5], pData[1], pData[2], pData[3], pData[4]);
        debug_str(buf);//通过串口将数据包信息传递给上位机
    }
}
```

（2）发送数据。ZStack 协议栈中数据包的发送只要调用 zb_SendDataRequest()函数即可，下面是该函数的原型：

```
void zb_SendDataRequest ( uint16 destination, uint16 commandId, uint8 len,
                  uint8 *pData, uint8 handle, uint8 txOptions, uint8
radius )
{
    afStatus_t status;
    afAddrType_t dstAddr;
    txOptions |= AF_DISCV_ROUTE;
    //设置目的地址
    if (destination == ZB_BINDING_ADDR)
    {
        //Binding
        dstAddr.addrMode = afAddrNotPresent;
    } else {
        //使用短地址
        dstAddr.addr.shortAddr = destination;
        dstAddr.addrMode = afAddr16Bit;
```

```
        if ( ADDR_NOT_BCAST != NLME_IsAddressBroadcast( destination ) ) {
            txOptions &= ~AF_ACK_REQUEST;
        }
    }

    dstAddr.panId = 0;                              //Not an inter-pan message
    dstAddr.endPoint = sapi_epDesc.simpleDesc→EndPoint;  //Set the endpoint.
    //调用应用层 API 发送消息
    status = AF_DataRequest(&dstAddr, &sapi_epDesc, commandId, len,
                            pData, &handle, txOptions, radius);
    if (status != afStatus_SUCCESS)
    {
        SAPI_SendCback( SAPICB_DATA_CNF, status, handle );
    }
}
```

上述源码就是该函数的解析过程，如果要发送 ZigBee 数据包，只要按照该函数的参数说明进行调用即可。

6.3 任务 32：多点自组织组网

6.3.1 学习目标

- 理解 ZigBee 协议及相关知识。
- 在 CC2530 节点板上实现自组织的组网。
- 在 ZStack 协议栈中实现单播通信。

6.3.2 预备知识

- 了解 CC2530 应用程序的框架结构。
- 了解并安装 ZStack 协议栈。
- 了解 ZigBee 协议进行组网的过程。

6.3.3 开发环境

- 硬件：CC2530 节点板，USB 接口的 CC2530 仿真器，PCPentium100 以上。
- 软件：Windows 7/Windows XP，IAR 集成开发环境，ZTOOL 程序。

6.3.4 原理学习

程序执行的流程如图 6.12 所示，在进行一系列的初始化操作后程序就进入事件轮询状态。对于终端节点，若没有事件发生且定义了编译选项 POWER_SAVING，则节点进入休眠状态。

协调器是 ZigBee 三种设备中最重要的一种，它负责网络的

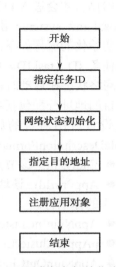

图 6.12　用户任务初始化流程图

建立，包括信道选择，确定唯一的 PAN 地址并把信息向网络中广播，为加入网络的路由器和终端设备分配地址，维护路由表等。ZStack 中打开编译选项 ZDO_COORDINATOR，也就是在 IAR 开发环境中选择协调器，然后编译出的文件就能启动协调器。具体工作流程是：操作系统初始化函数 osal_start_system() 调用 ZDAppInit() 初始化函数，ZDAppInit() 调用 ZDOInitDevice() 函数，ZDOInitDevice() 调用 ZDApp_NetworkInit() 函数，在此函数中设置 ZDO_NETWORK_INIT 事件，在 ZDApp_event_loop 任务中对其进行处理。由第一步先调用 ZDO_StartDevice() 启动网络中的设备，再调用 NLME_NetworkFormationRequest() 函数进行组网，这一部分涉及网络层细节，无法看到源代码，在库中处理。ZDO_NetworkFormationConfirmCB() 和 nwk_Status() 函数有申请结果的处理。如果成功则先执行 ZDO_NetworkFormationConfirmCB()，不成功则先执行 nwk_Status()。接着，在 ZDO_NetworkFormationConfirmCB() 函数中会设置 ZDO_NETWORK_START 事件。由于第三步，ZDApp_event_loop 任务中会处理 ZDO_NETWORK_START 事件，调用 ZDApp_NetworkStartEvt() 函数，此函数会返回申请的结果。如果不成功能量阈值会按 ENERGY_SCAN_INCREMENT 增加，并将 App_event_loop 任务中的事件 ID 置为 ZDO_NETWORK_INIT 然后跳回第二步执行；如果成功则设置 ZDO_STATE_CHANGE_EVT 事件让 ZDApp_event_loop 任务处理。

对于终端节点或路由节点，调用 ZDO_StartDevice() 后将调用函数 NLME_NetworkDiscoveryRequest() 进行信道扫描启动发现网络的过程，这一部分涉及网络层细节，无法看到源代码，在库中处理，NLME_NetworkDiscoveryRequest() 函数执行的结果将会返回到函数 ZDO_NetworkDiscoveryConfirmCB() 中，该函数将会返回选择的网络，并设置事件 ZDO_NWK_DISC_CNF，在 ZDApp_ProcessOSALMsg() 中对该事件进行处理，调用 NLME_JoinRequest() 加入指定的网络，若加入失败，则重新初始化网络，若加入成功则调用 ZDApp_ProcessNetworkJoin() 函数设置 ZDO_STATE_CHANGE_EVT，在对该事件的处理过程中将调用 ZDO_UpdateNwkStatus() 函数，此函数会向用户自定义任务发送事件 ZDO_STATE_CHANGE。

本任务由 ZStack 的事例代码 simpleApp 修改而来。首先介绍任务初始化的概念，由于自定义任务需要确定对应的端点和簇等信息，并且将这些信息在 AF 层中注册，所以每个任务都要初始化后才会进入 OSAL 系统循环。在 ZStack 流程图中，上层的初始化集中在 OSAL 初始化（osal_init_system）函数中，包括存储空间、定时器、电源管理和各任务初始化，其中用户任务初始化的流程如下。

任务 ID（taskID）的分配是 OSAL 要求的，为后续调用事件函数、定时器函数提供了参数。网络状态在启动时需要指定，之后才能触发 ZDO_STATE_CHANGE 事件，确定设备的类型。目的地址分配包括寻址方式、端点号和地址的指定，本任务中数据的发送使用单播方式。之后设置应用对象的属性，这是非常关键的。由于涉及很多参数，ZStack 专门设计了 SimpleDescriptionFormat_t 这一结构来方便设置，其中的成员如下。

- EndPoint：该节点应用的端点，其值为 1～240，用来接收数据。
- AppProfId：该域是确定这个端点支持的应用 profile 标识符，从 ZigBee 联盟获取具体的标识符。
- AppNumInClusters：指示这个端点所支持的输入簇的数目。
- pAppInClusterList：指向输入簇标识符列表的指针。
- AppNumOutClusters：指示这个端点所支持的输出簇的数目。
- pAppOutClusterList：指向输出簇标识符列表的指针。

本任务 profile 标识符采用默认设置，输入输出簇设置为相同 MY_PROFILE_ID，设置完成后调用 afRegister 函数将应用信息在 AF 层中注册，使设备知晓该应用的存在，初始化完毕。一旦初始化完成，在进入 OSAL 轮询后 zb_HandleOsalEvent 一旦有事件被触发，就会得到及时的处理。事件号是一个以宏定义描述的数字。系统事件（SYS_EVENT_MSG）是强制的，其中包括了几个子事件的处理。ZDO_CB_MSG 事件是处理 ZDO 的响应，KEY_CHANGE 事件处理按键（针对 TI 官方的开发板），AF_DATA_CONFIRM_CMD 则作为发送一个数据包后的确认，AF_INCOMING_MSG_CMD 是接收到一个数据包会产生的事件，协调器在收到该事件后调用 SAPI_ReceiveDataIndication 函数，将接收到的数据通过 HalUARTWrite 向串口打印输出。ZDO_STATE_CHANGE 和网络状态的改变相关，在此事件中若为终端节点或路由节点，则发送用户自定义的数据帧：FF 源节点短地址（16 bit，调用 NLME_GetShortAddr() 获得）、父节点短地址（16 bit，调用 NLME_GetCoordShortAddr()）、节点编号 ID（8bit，为长地址的最低字节，调用 NLME_GetExtAddr() 获得，在启动节点前应先用 RF Programmer 将非 0XFFFFFFFFFFFFFFFF 的长地址写到 CC2530 芯片存放长地址的寄存器中），协调器不做任何处理，只是等待数据的到来。终端节点和路由节点在用户自定义的事件 MY_REPORT_EVT 中发送数据并启动定时器来触发下一次的 MY_REPORT_EVT 事件，实现周期性地发送数据（发送数据的周期由宏定义 REPORT_DELAY 确定）。

6.3.5 开发内容

在本任务中，设计为协调器、路由节点和终端节点 3 种节点类型的多点自组织组网任务，其中协调器负责建立 ZigBee 网络；路由节点、终端节点加入协调器建立的 ZigBee 网络后，周期性地将自己的短地址、父节点的短地址，以及自己的 ID 封装成数据包发送给协调器；协调器通过串口传给 PC，PC 利用 TI 提供串口监控工具就可以查看节点的组网信息，图 6.13 是本任务的数据流图。

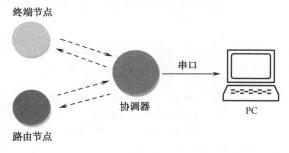

图 6.13　本任务数据流图

注：当终端节点与协调器的位置有变化时，终端节点可能会直接与路由节点相连，并将数据包转发给路由节点然后转发到协调器。

在本任务中，设定路由节点、终端节点每隔 10 s 向协调器发送自己的网络信息包，信息包的长度为 6 B，其中包的信息内容结构如表 6.1 所示。

表 6.1　终端、路由节点发送信息包格式

第1字节	第2字节	第3字节	第4字节	第5字节	第6字节
0xFF	本机网络地址高位	本机网络地址低位	父节点网络地址高位	父节点网络地址低位	设备 ID

下面结合本任务的原理分别对终端节点、路由节点和协调器的关键源程序进行解析。

1．终端节点、路由节点

根据本任务内容的设计，终端节点、路由节点加入 ZigBee 网络后，每隔一段时间上报自己的网络信息，因此终端节点和路由节点的任务事件都一样。根据 ZStack 协议栈的工作流程，在程序源代码 MPEndPont.c 或 MPRouter.c 中可以看到 ZStack 协议栈成功启动后（协议栈启动

后会调用 zb_StartConfirm()函数），设置了一个定时器事件，在该定时器事件中触发了自定义的 MY_REPORT_EVT 事件，其中 MY_REPORT_EVT 事件被宏定义为 0x0002。

程序中第一次触发 MY_REPORT_EVT 事件代码如下。

```
void zb_StartConfirm( uint8 status )
{
    if ( status == ZB_SUCCESS ){ //ZigBee 协议栈启动成功
        myAppState = APP_START;
        HalLedSet( HAL_LED_2, HAL_LED_MODE_ON );
        //设置定时器事件来触发自定义的 MY_REPORT_EVT 事件
        osal_start_timerEx( sapi_TaskID, MY_REPORT_EVT, REPORT_DELAY );
    } else{ //ZigBee 协议栈启动失败重新启动
        //Try joining again later with a delay
        osal_start_timerEx( sapi_TaskID, MY_START_EVT, myStartRetryDelay );
    }
}
```

当定时器事件发生时就会触发 MY_REPORT_EVT 事件，触发 MY_REPORT_EVT 事件的函数入口为 MPEndPont.c 或 MPRouter.c 中的 zb_HandleOsalEvent()函数，在该函数中编写了应用程序事件的处理过程，如下述代码所示。

```
void zb_HandleOsalEvent( uint16 event )
{
    if (event & ZB_ENTRY_EVENT) {        //ZigBee 入网事件
        ......
    }
    if ( event & MY_START_EVT ){         //启动 ZStack 协议栈事件
        zb_StartRequest();
    }
    if (event & MY_REPORT_EVT) {         //MY_REPORT_EVT 事件触发处理
        myReportData();
        osal_start_timerEx( sapi_TaskID, MY_REPORT_EVT, REPORT_DELAY );
    }
}
```

通过上述源码可以看到，当处理 MY_REPORT_EVT 事件时，调用了 myReportData()函数，然后又设置了一个定时器事件来触发 MY_REPORT_EVT 事件，这样做的目的就是为了每隔一段时间循环触发 MY_REPORT_EVT 事件。了解 MY_REPORT_EVT 事件循环触发的原理之后，再来看看 myReportData()函数实现了什么功能，下面是 myReportData()的源码解析过程。

```
static void myReportData(void)
{
    byte dat[6];
    uint16 sAddr = NLME_GetShortAddr();           //读取本地的网络短地址
    uint16 pAddr = NLME_GetCoordShortAddr();       //读取协调器的网络短地址
    //上报过程中 LED 灯闪烁一次
    HalLedSet( HAL_LED_1, HAL_LED_MODE_OFF );
    HalLedSet( HAL_LED_1, HAL_LED_MODE_BLINK );

    //数据封装
```

```
    dat[0] = 0xff;
    dat[1] = (sAddr>>8) & 0xff;                    //本地网络短地址
    dat[2] = sAddr & 0xff;
    dat[3] = (pAddr>>8) & 0xff;                    //父节点短地址（协调器短地址）
    dat[4] = pAddr & 0xff;
    dat[5] = MYDEVID;                              //设备 ID 号
    //将数据包发送给协调器（协调器的地址为 0x0000）
    zb_SendDataRequest(0, ID_CMD_REPORT, 6, dat, 0, AF_ACK_REQUEST, 0 );
}
```

2. 协调器

协调器的任务就是收到终端节点、路由节点发送的数据报信息后通过串口发送给 PC。通过 6.2 节的工程解析任务可得知，ZigBee 节点接收到数据之后，最终调用了 zb_ReceiveDataIndication() 函数，该函数的内容如下。

```
void zb_ReceiveDataIndication( uint16 source, uint16 command, uint16 len,
                               uint8 *pData )
{
    char buf[32];
    //接收到数据之后 LED 灯闪烁 1 次
    HalLedSet( HAL_LED_1, HAL_LED_MODE_OFF );
    HalLedSet( HAL_LED_1, HAL_LED_MODE_BLINK );
    //将接收到的数据进行处理
    if (len==6 && pData[0]==0xff) {
        //将 pData 的数据复制到 buf 缓冲区
        sprintf(buf, "DEVID:%02X SAddr:%02X%02X PAddr:%02X%02X",
        pData[5], pData[1], pData[2], pData[3], pData[4]);
        debug_str(buf);                            //将数据通过串口发送给上位机
    }
}
```

由于 ZStack 协议栈的运行涉及很多任务，而且也比较复杂，所以在本任务中，将终端节点、路由节点和协调器的程序流程图进行了简化，简化后的程序流程如图 6.14 所示。

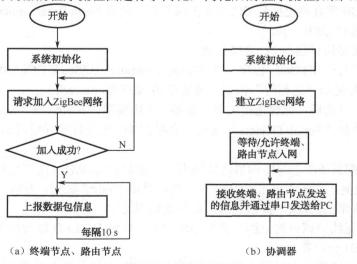

（a）终端节点、路由节点　　　　　　　（b）协调器

图 6.14　任务流程图

6.3.6 开发步骤

（1）确认已安装 ZStack 的安装包。如果没有安装，按打开光盘提供的安装包，双击之后直接安装，安装完后默认生成"C:\Texas Instruments\ZStack-CC2530-2.4.0-1.4.0"文件夹。

（2）准备 3 个 CC2530 射频节点板（设置为模式一）。

（3）打开例程：将开发资源包的例程"DISK-ZigBee\02-开发例程\Chapter 06\6.3-Networking\Networking"整个文件夹拷贝到"C:\Texas Instruments\ZStack-CC2530-2.4.0-1.4.0\Projects\zstack\Samples"文件夹下，打开"Networking \CC2530DB\ Networking.eww"IAR 工程文件。

（4）在工程界面中按图所示，选定"MPCoordinator"配置，生成协调器代码，然后选择"Project→Rebuild All"重新编译工程，如图 6.15 所示。

图 6.15 选择协调器工程

（5）在工程界面中按图所示，选定"MPEndPoint"配置，生成终端节点代码，然后选择"Project→Rebuild All"重新编译工程，如图 6.16 所示。

图 6.16 选择终端节点工程

（6）在工程界面中按图所示，选定"MPRouter"配置，生成路由节点代码，然后选择"Project→Rebuild All"重新编译工程，如图 6.17 所示。

图 6.17 选择路由节点工程

（7）把 CC2530 仿真器连接到 CC2530 无线节点，使用 Flash Programmer 工具把上述程序分别下载到对应的 CC2530 无线节点板中。

（8）用串口线将协调器与 PC 连接起来。

（9）在 PC 端打开 ZTOOL 程序（"C:\Texas Instruments\ZStack-CC2530-2.4.0-1.4.0\Tools\Z-Tool"，如果打开提示"运行时"错误，需要安装.NET framework。

（10）ZTOOL 启动后，配置连接的串口设备。单击菜单"Tools"→"Settings"，弹出对话框，在对话框中选择"Serial Devices"选项（会根据 PC 的硬件实际情况出现 COM 口），如图 6.18 所示。

（11）接下来配置 PC 上与协调器连接的串口，通常为 COM1（用户根据实际连接情况选择）。以 COM3 为例，在图中单击 COM3 项，然后单击"Edit"按钮，在弹出的对话框中按图进行配置，接下来单击"OK"按钮返回，如图 6.19 所示。

（12）先拨动无线协调器的电源开关为 ON 状态，此时 D6 LED 灯开始闪烁，当正确建立好网络后，D6 LED 会常亮。

（13）当无线协调器建立好网络后，分别拨动无线路由节点和终端节点的电源开关为 ON

状态，此时每个无线节点的 D6 LED 灯开始闪烁，直到加入协调器建立的 ZigBee 网络之后，D6 LED 灯开始常亮。

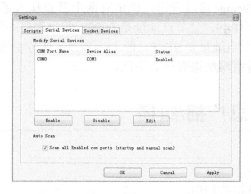

图 6.18 查看串口设备

图 6.19 串口配置

（14）当有数据包进行收发时，无线协调器和无线节点的 D7 LED 灯会闪烁。

（15）在 ZTOOL 程序中单击"Tools→Scan for Devices"，观察 3 个射频节点的组网结果，如图 6.20 所示。

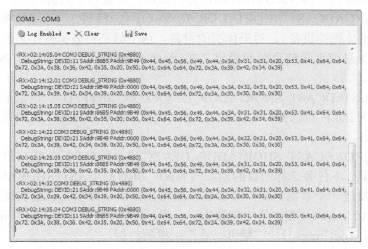

图 6.20 ZTOOL 观察到的数据

6.3.7 任务结论

由接收数据的 DebugString 可以看出，图中有两个节点加入了网络了，其中一个节点的 DEVID 是 21，网络地址为 4B49，父节点地址是 0000，即协调器；另外一个节点的 DEVID 是 11，网络地址为 86B5，父节点地址是 4B49，即上一节点。任务中可以试着改变不同节点的位置，然后通过 ZTOOL 看看组网结果有什么不同。

6.4 任务33：信息广播/组播

6.4.1 学习目标

- 理解 ZigBee 协议及相关知识。
- 在 ZStack 协议栈下实现信息的广播和组播功能。

6.4.2 预备知识

- 掌握在 IAR 集成开发环境中编写和调试程序的基本过程。
- 了解并安装 ZStack 协议栈。
- 了解广播和组播的概念。

6.4.3 开发环境

- 硬件：CC2530 节点板，USB 接口的 CC2530 仿真器，PC。
- 软件：Windows 7/Windows XP，IAR 集成开发环境，ZTOOL 程序。

6.4.4 原理学习

当应用层想发送一个数据包到所有网络中的所有设备时应使用广播传输模式，为实现广播模式，需设置地址模式为 AddrBroadcast，目的地址被设置为下列值之一。

（1）NWK_BROADCAST_SHORTADDR_DEVALL（0xFFFF）：该信息将被发送到网络中的所有设备（包括休眠的设备）。对于休眠的设备，这个信息将被保持在它的父节点，直到该休眠设备获得该信息或者该信息时间溢出（在 f8wConfig.cfg 中的 NWK_INDIRECT_MSG_TIMEOUT 选项）。

（2）NWK_BROADCAST_SHORTADDR_DEVRXON（0xFFFD）：该信息将被发送到网络中有接收器并处于 IDLE（RX ON WHEN IDLE）状态下的所有设备。也就是说，除了休眠模式设备的所有设备。

（3）NWK_BROADCAST_SHORTADDR_DEVZCZR（0xFFFC）：该信息被发送到所有路由器（包括协调器）。本任务选择的目的地址为 NWK_BROADCAST_SHORTADDR_DEVALL。

当应用层想发送一个数据包到一个设备组的时候使用组播模式。为实现组播模式，需设置地址模式为 afAddrGroup。在网络中需预先定义组，并将目标设备加入已存在的组（看 ZStack API 文档中的 aps_AddGroup()），广播可以看作组播的特例。

在对 ZDO_STATE_CHANGE 事件的处理中启动定时器来触发协调器发送数据的事件

MY_REPORT_EVT，在对 MY_REPORT_EVT 事件的处理中发送数据"hello world!"，并启动定时器再一次触发 MY_REPORT_EVT 事件，进行周期广播或组播。为实现组播，应在终端节点或路由节点的程序中注册一个组（注册的组号应与发送数据的目的地址一致）。ZStack 中，组是以链表的形式存在的，首先需要定义组表的头节点，定义语句为"apsGroupItem_t*group_t;"，然后定义一个组 group1（"aps_Group_t group1;"），在初始化函数中对组表分配空间（调用函数 osal_mem_alloc），并初始化组号和组名，最后调用 aps_AddGroup 将这个组加入到定义的端点应用中（为使用 aps_AddGroup 函数，程序中应包含 aps_groups.h 头文件。

6.4.5 开发内容

协调器上电后进行组网操作，终端节点和路由节点上电后进行入网操作，接着协调器周期性地向所有节点广播（或部分节点组播）数据包（"Hello World"），节点收到数据包后通过串口传给 PC，通过 ZTOOL 程序观察接收情况，图 6.21 是本任务的数据流图。

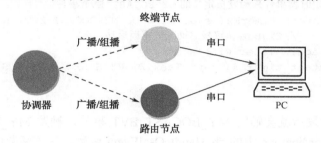

图 6.21 数据流图

下面结合本任务的原理及设计，分别对终端节点、路由节点和协调器的关键源程序进行解析。

1. 终端节点、路由节点

根据本任务内容的设计，先将终端节点、路由节点加入 ZigBee 网络，当接收到协调器发送的数据包后就通过串口向 PC 输出数据信息，因此终端节点和路由节点的任务事件是一样的。

通过 6.2 节的工程解析任务可知，ZigBee 节点接收到数据之后，最终调用了 zb_ReceiveDataIndication 函数，该函数的内容如下。

```
void zb_ReceiveDataIndication(uint16 source, uint16 command, uint16 len,
                              uint8 *pData )
{
    char buf[64];
    //接收到数据之后 LED 灯闪烁 1 次
    HalLedSet( HAL_LED_1, HAL_LED_MODE_OFF );
    HalLedSet( HAL_LED_1, HAL_LED_MODE_BLINK );
    //将接收到的数据进行处理
    if (len > 0) {
        osal_memcpy(buf, pData, len);   //将 pData 的数据复制到 buf 缓冲区
        buf[len] = 0;
        debug_str(buf);                 //将数据通过串口发送给上位机
    }
}
```

2. 协调器

协调器的任务就是周期地向终端节点和路由节点广播/组播发送数据。根据 ZStack 协议栈的工作流程，在程序源代码 MPCoordinator.c 中可以看到 ZStack 协议栈成功启动后（协议栈启动后会调用 zb_StartConfirm 函数），设置了一个定时器事件，在该定时器事件中触发了自定义的 MY_BOCAST_EVT 事件，其中 MY_BOCAST_EVT 事件被宏定义为 0x0002。

程序中第一次触发 MY_BOCAST_EVT 事件代码如下。

```
void zb_StartConfirm( uint8 status )
{
    //If the device sucessfully started, change state to running
    if ( status == ZB_SUCCESS ) {   //ZigBee 协议栈启动成功
        myAppState = APP_START;
        HalLedSet( HAL_LED_2, HAL_LED_MODE_ON );
        //Set event timer to send data
        //设置定时器事件来触发自定义的 MY_BOCAST_EVT 事件
        osal_start_timerEx( sapi_TaskID, MY_BOCAST_EVT, REPORT_DELAY );
    } else {        //ZigBee 协议栈启动失败重新启动
        //Try again later with a delay
        osal_start_timerEx( sapi_TaskID, MY_START_EVT, myStartRetryDelay );
    }
}
```

当定时器事件触发后就会触发 MY_BOCAST_EVT 事件，触发 MY_BOCAST_EVT 事件的函数入口为 MPCoordinator.c 中的 zb_HandleOsalEvent 函数，在该函数中编写了应用程序事件的处理过程，如下述代码所示。

```
void zb_HandleOsalEvent( uint16 event )
{
    if (event & ZB_ENTRY_EVENT) {                //ZigBee 入网事件
    ......
    }
    if (event & MY_BOCAST_EVT) {                //MY_BOCAST_EVT 事件触发处理
        myReportData();
        osal_start_timerEx( sapi_TaskID, MY_BOCAST_EVT, REPORT_DELAY );
    }
}
```

通过上述源码可以看到，当处理 MY_BOCAST_EVT 事件时，调用了 myReportData()函数，然后又设置了一个定时器事件来触发 MY_BOCAST_EVT 事件，这样做的目的就是为了每隔一段时间循环触发 MY_BOCAST_EVT 事件。了解了 MY_BOCAST_EVT 事件循环触发的原理之后，再来看看 myReportData()函数实现了什么功能，下面是 myReportData()的源码解析过程。

```
static void myReportData(void)
{
    byte dat[] = "Hello World";
    //发送数据时 LED 灯闪烁一次
    HalLedSet( HAL_LED_1, HAL_LED_MODE_OFF );
    HalLedSet( HAL_LED_1, HAL_LED_MODE_BLINK );
```

```
#if defined( GROUP )                          //组播
    if(afStatus_SUCCESS == AF_DataRequest(&Group_DstAddr, &sapi_epDesc,
                        ID_CMD_REPORT, sizeof dat,dat, 0, AF_ACK_REQUEST, 0))
    {
    } else {
    }
#else                                         //广播
    zb_SendDataRequest(0xffff, ID_CMD_REPORT,sizeof dat, dat,0,AF_ACK_REQUEST,
0);
    #endif
    }
```

可以看出，在 **myReportData()** 函数中，协调器发送数据的方式有广播和组播两种。任务源码默认的是广播发送，当测试广播发送数据时，终端节点和路由节点都会收到协调器发送的数据包。

如果需要测试组播发送数据，需要配置如下信息：先在工程文件下选择"MPCoordinator"，右键→Options→C/C++Compiler→Preprocessor，添加"GROUP"，同样地，选中"MPRouter"和"MPEndPoint"，重复上述过程。具体配置如图 6.22 所示。

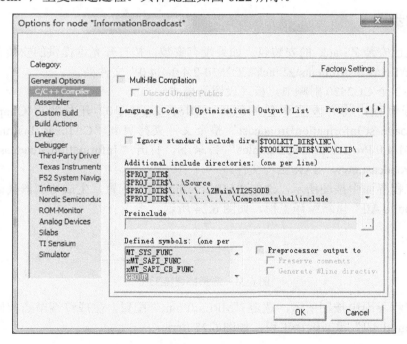

图 6.22 添加"GROUP"宏定义

在组播测试任务中，为了让终端节点和路由节点中只能有一个节点可以接收到协调器发送的数据包，可以通过改变 MPEndPoint.c 或者 MPRouter.c 文件里的 zb_HandleOsalEvent 函数中的"Group1.ID"的值来决定哪个节点可以接收到协调器发送的数据包，只有当 Group1.ID 的值与 MPCoordinator.c 中 Group1.ID 的值相同时才能接收到数据包。

本任务中，终端节点、路由节点和协调器的程序流程如图 6.23 所示。

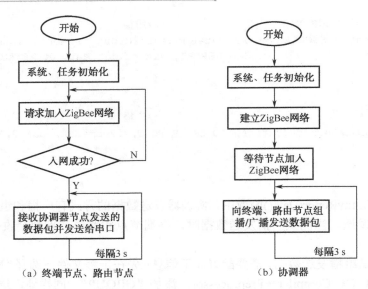

图 6.23　任务流程图

6.4.6　开发步骤

（1）确认已安装 ZStack 的安装包。如果没有安装，按打开光盘提供的安装包，安装完后默认生成 "C:\Texas Instruments\ZStack-CC2530-2.4.0-1.4.0" 文件夹。

（2）准备 3 个 CC2530 射频节点板（设置为模式一）。

（3）打开例程：将开发资源包的例程 "DISK-ZigBee\02-开发例程\Chapter 06\ 6.4-InformationBroadcast\InformationBroadcast" 整个文件夹拷贝到 "C:\Texas Instruments\ZStack-CC2530-2.4.0-1.4.0\Projects\zstack\Samples" 目录下，打开 "InformationBroadcast\CC2530DB\ Information Broadcast.eww" IAR 工程文件。

（4）在工程界面中按图所示，选定 "MPCoordinator" 配置，生成协调器代码，然后选择 "Project→Rebuild All" 重新编译工程，如图 6.24 所示。

图 6.24　选择协调器工程

（5）在工程界面中按图所示，选定 "MPEndPoint" 配置，生成终端节点代码，然后选择 "Project→Rebuild All" 重新编译工程，如图 6.25 所示。

图 6.25　选择终端节点工程

（6）在工程界面中按图所示，选定"MPRouter"配置，生成路由节点代码，然后选择"Project →Rebuild All"重新编译工程，如图 6.26 所示。

（7）把 CC2530 仿真器连接到 CC2530 无线节点，使用 Flash Programmer 工具把上述程序分别下载到对应的 CC2530 无线节点板中。

图 6.26 选择路由节点工程

（8）用串口线将终端节点或者路由器节点与 PC 连接起来。

（9）先拨动无线协调器的电源开关为 ON 状态，此时 D6 LED 灯开始闪烁，当正确建立好网络后，D6 LED 会常亮。

（10）当无线协调器建立好网络后，拨动无线终端节点和无线路由节点的电源开关为 ON 状态，此时每个无线节点的 D6 LED 灯开始闪烁，直到加入协调器建立的 ZigBee 网络之后，D6 LED 灯开始常亮（注意按上述顺序复位）。

（11）当有数据包进行收发时，无线协调器和无线节点的 D7 LED 灯会闪烁。

（12）启动 ZTOOL 工具，ZTOOL 工具自动扫描。观察到与串口相连接的射频节点的输出信息。

接下来将串口线依次连上终端节点或路由器节点，查看其接收到的信息，该信息是由协调器发出的，终端节点或路由器节点接收到信息后通过串口输出来。当测试广播/组播发送数据时，串口打印的消息如图 6.27 所示。

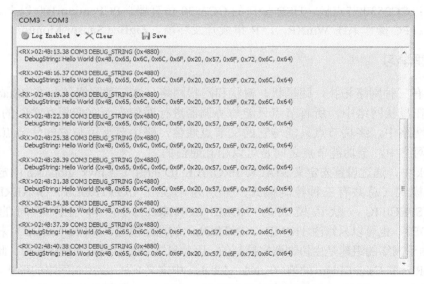

图 6.27 ZTOOL 接收到的广播/组播数据

说明：本任务默认的是广播任务，如果要进行组播，则需要依次在终端节点、路由节点和协调器工程中添加"Group"宏定义，工程重新编译后再重新按照上述步骤重复即可。为了体现出组播任务的效果，建议将终端节点、路由节点设置为不同的组号，这样只有与协调器的组号相同的节点才能收到组播信息。

6.4.7 任务结论

当地址模式设置为广播模式时（假设终端和路由节点已成功入网），网络中所有的节点都能接收到协调器广播的信息。

当地址模式设置为组播模式时（假设终端和路由节点已成功入网），网络中只有处于指定组号内的节点能接收到协调器组播的信息。

6.5 任务34：网络拓扑——星状网

6.5.1 学习目标

- 理解 ZigBee 协议及相关知识。
- 在 ZStack 协议栈下实现星状网络拓扑的控制。

6.5.2 预备知识

- 掌握在 IAR 集成开发环境中编写和调试程序的基本过程。
- 了解 ZStack 协议栈架构。

6.5.3 开发环境

- 硬件：CC2530 节点板，USB 接口的 CC2530 仿真器，PCPentium100 以上。
- 软件：PC 操作系统 WinXP，IAR 集成开发环境，ZigBee Sensor Monitor。

6.5.4 原理学习

ZigBee 有三种网络拓扑，即星状、树状和网状网络，这三种网络拓扑在 ZStack 协议栈下均可实现。在星状网络中，所有节点只能与协调器进行通信，而它们相互之间的通信是禁止的；在树状网络中，终端节点只能与它的父节点通信，路由节点可与它的父节点和子节点通信；在网状网络中，全功能节点之间是可以相互通信的。

在 ZStack 中，通过设置宏定义 STACK_PROFILE_ID 的值（在 nwk_globals.h 中定义）可以选择不同控制模式（总共有三种控制模式，分别为 HOME_CONTROLS、GENERIC_STAR 和 NETWORK_SPECIFIC，默认模式为 HOME_CONTROLS），再选择不同的网络拓扑（NWK_MODE），也可以只修改 HOME_CONTROLS 的网络模式（NWK_MODE）来选择不同的网络拓扑。由于网络的组建是由协调器来控制的，因此只需修改协调器的程序即可。此外，可以设定数组 CskipRtrs 和 CskipChldrn 的值（在 nwk_globals.c 中定义）进一步控制网络的形式，CskipChldrn 数组的值代表每一级可以加入的子节点的最大数目，CskipRtrs 数组的值代表每一级可以加入的路由节点的最大数目，如在星状网络中，定义 "CskipRtrs[MAX_NODE_DEPTH+1]={5,0,0,0,0,0}"，"CskipChldrn[MAX_NODE_DEPTH+1]={10,0,0,0,0,0}"，代表只有协调器允许节点加入，且协调器最多允许 10 个子节点加入，其中最多 5 个路由节点，剩余为终端节点。本任务已通过宏定义（在工程 options 中的 preprocessor 中定义）设定了数组的大小。

6.5.5 开发内容

配置网络拓扑为星状网络，启动协调器节点，协调器节点上电后进行组网操作，再启动路由节点和终端节点，路由节点和终端节点上电后进行入网操作，成功入网后周期性地将父节点的短地址，自己的节点信息封装成数据包发送给 sink 节点（汇聚节点，也称为协调器），sink 节点接收到数据包后通过串口传给 PC，从 PC 上的 ZigBee Sensor Monitor 程序查看组网情况。图 6.28 是本任务的数据流程图。

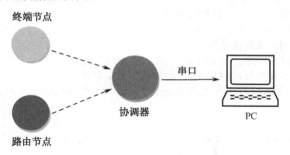

图 6.28 数据流程图

在本任务中，设定路由节点、终端节点每隔 2 s 向协调器发送自己的网络信息包，下面结合本任务的原理及设计，分别对终端节点、路由节点和协调器的关键源程序进行解析。

1. 终端节点、路由节点

根据本任务内容的设计，终端节点、路由节点加入 ZigBee 网络后，每隔一段时间上报自己的网络信息，因此终端节点和路由节点的任务事件都一样。通过 6.2 节的工程解析任务可得知，在程序源代码 MPEndPont.c 或 MPRouter.c 中 ZStack 协议栈成功启动后，设置了一个定时器事件，当定时器事件触发后就会触发 **MY_REPORT_EVT** 事件，触发 **MY_REPORT_EVT** 事件的函数入口为 MPRouter.c（或 MPEndPont.c）中的 **zb_HandleOsalEvent** 函数，在该函数中编写了应用程序事件的处理过程，如下述代码所示。

```
void zb_HandleOsalEvent ( uint16 event )
{
    uint8 logicalType;
    if(event & SYS_EVENT_MSG)                          //系统事件信息
    {

    }
    if( event & ZB_ENTRY_EVENT ) {                     //ZigBee 入网事件
        //blind LED 2 to indicate starting/joining a network
        //入网成功后 LED 灯闪烁
        HalLedSet ( HAL_LED_2, HAL_LED_MODE_OFF );
        HalLedBlink ( HAL_LED_2, 0, 50, 500 );

        logicalType = ZG_DEVICETYPE_ROUTER;            //设备的节点类型
        //将数据写入 NV
        zb_WriteConfiguration(ZCD_NV_LOGICAL_TYPE, sizeof(uint8), &logicalType);

        //Start the device
        zb_StartRequest();                             //开启网络设备
    }

    if ( event & MY_START_EVT ) {
    //启动 ZStack 协议栈事件
```

```
                    zb_StartRequest();
        }

        if ( event & MY_REPORT_EVT )    {
            //MY_REPORT_EVT 事件触发处理
            if (appState == APP_BINDED) {
                //调用函数发送数据
                sendDummyReport();
                //启动定时器，触发 MY_REPORT_EVT 事件
                osal_start_timerEx( sapi_TaskID, MY_REPORT_EVT, myReportPeriod );
            }
        }
        if ( event & MY_FIND_COLLECTOR_EVT )  //MY_FIND_COLLECTOR_EV 事件触发处理
        {
            //Find and bind to a gateway device (if this node is not gateway)
            zb_BindDevice( TRUE, DUMMY_REPORT_CMD_ID, (uint8 *)NULL );
        }
    }
```

通过上述源码可以看到，当处理 MY_REPORT_EVT 事件时，调用了 sendDummyReport()
函数（MPEndPont.c 中的 MY_REPORT_EVT 事件调用的是 sendReport()函数），然后又设置了
一个定时器事件来触发 MY_REPORT_EVT 事件，这样做的目的就是为了每隔一段时间循环触
发 MY_REPORT_EVT 事件。了解了 MY_REPORT_EVT 事件循环触发的原理之后，再来看看
sendDummyReport()函数实现了什么功能，下面是 sendDummyReport()的源码解析过程。

```
static void sendDummyReport(void)
{
    uint8 pData[SENSOR_REPORT_LENGTH];
    static uint8 reportNr=0;
    uint8 txOptions;
    //上报过程中 LED 灯闪烁一次
    HalLedSet( HAL_LED_1, HAL_LED_MODE_OFF );
    HalLedSet( HAL_LED_1, HAL_LED_MODE_BLINK );
    //dummy report data
    pData[SENSOR_TEMP_OFFSET] = 0xFF;         //温度
    pData[SENSOR_VOLTAGE_OFFSET] = 0xFF;      //电压
    //父节点的短地址的高位
    pData[SENSOR_PARENT_OFFSET] = HI_UINT16(parentShortAddr);
    //父节点的短地址的低位
    pData[SENSOR_PARENT_OFFSET+ 1] = LO_UINT16(parentShortAddr);
    //Set ACK request on each ACK_INTERVAL report
    //If a report failed, set ACK request on next report
    if ( ++reportNr<ACK_REQ_INTERVAL && reportFailureNr==0 ) {
    txOptions = AF_TX_OPTIONS_NONE;
    } else {
        txOptions = AF_MSG_ACK_REQUEST;
        reportNr = 0;
    }

    //Destination address 0xFFFE: Destination address is sent to previously
```

```
//established binding for the commandId.
//将数据包发送给协调器（协调器的地址为 0xFFFE）
zb_SendDataRequest(0xFFFE, DUMMY_REPORT_CMD_ID, SENSOR_REPORT_LENGTH,
                   pData, 0, txOptions, 0 );
}
```

2. 协调器

协调器的任务就是收到终端节点、路由节点发送的数据报信息后通过串口发送给 PC。通过 6.2 节的工程解析任务可得知，ZigBee 节点接收到数据之后，最终调用了 zb_ReceiveDataIndication 函数，该函数的内容如下。

```
void zb_ReceiveDataIndication(uint16 source, uint16 command, uint16 len,
                              uint8 *pData )
{
    //处理数据格式
    gtwData.parent=BUILD_UINT16(pData[SENSOR_PARENT_OFFSET+1],
                                Data[SENSOR_PARENT_OFFSET]);
    gtwData.source=source;
    gtwData.temp=*pData;
    gtwData.voltage=*(pData+1);

    //Flash LED 1 once to indicate data reception
    //接收到数据之后 LED 灯闪烁 1 次
    HalLedSet( HAL_LED_1, HAL_LED_MODE_OFF );
    HalLedSet( HAL_LED_1, HAL_LED_MODE_BLINK );

    //Send gateway report
    sendGtwReport(&gtwData);                       //发送网关数据
}
```

由于 ZStack 协议栈的运行涉及很多任务，而且也比较复杂，所以在本任务中，将终端节点、路由节点和协调器的程序流程图进行了简化，简化后的程序流程如图 6.29 所示。

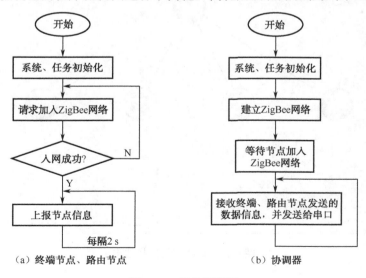

（a）终端节点、路由节点　　　　　（b）协调器

图 6.29　任务流程图

6.5.6　开发步骤

（1）确认已安装 ZStack 的安装包。

（2）准备 5 个 CC2530 射频节点板，一个作为协调器，两个作为路由节点，两个作为终端节点（设置为模式一）。

（3）打开例程：将开发资源包的例程"DISK-ZigBee\02-开发例程\Chapter 06\6.5-NetworkTopology-Star\NetworkTopology-Star"整个文件夹拷贝到 C:\Texas Instruments\ZStack-CC2530-2.4.0-1.4.0\Projects\zstack\Samples 文件夹下，打开 NetworkTopology-Star\CC2530DB\NetworkTopology-Star.eww"IAR 工程文件。

（4）分别编译协调器、路由器、终端设备三个工程，把 CC2530 仿真器连接到 CC2530 无线节点，使用 Flash Programmer 工具把上述程序分别下载到对应的 CC2530 无线节点板中。

（5）用串口线将协调器节点连接到 PC 上。

（6）先拨动无线协调器的电源开关为 ON 状态，此时 D6 LED 灯开始闪烁，当正确建立好网络后，D6 LED 会常亮。

（7）当无线协调器建立好网络后，拨动 4 个无线节点的电源开关为 ON 状态，此时每个无线节点的 D6 LED 灯开始闪烁，直到加入协调器建立的 ZigBee 网络之后，D6 LED 灯开始常亮。

（8）当有数据包进行收发时，无线协调器和无线节点的 D7 LED 灯会闪烁。

（9）打开 ZigBee Sensor Monitor 软件，在 ZigBee Sensor Monitor 软件上观察组网情况。

6.5.7　任务结论

ZigBee Sensor Monitor 上显示的网络拓扑如图 6.30 所示。

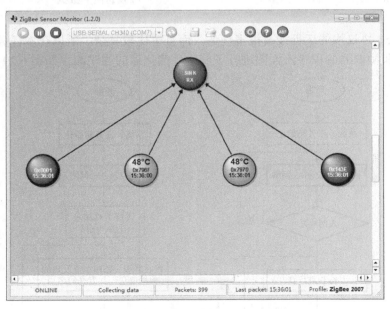

图 6.30　星状网络拓扑结构

6.6　任务 35：网络拓扑——树状网

6.6.1　学习目标

● 理解 ZigBee 协议及相关知识。
● 在 ZStack 协议栈下实现树状网络拓扑的控制。

6.6.2　预备知识

● 掌握在 IAR 集成开发环境中编写和调试程序的基本过程。
● 了解 ZStack 协议栈架构。

6.6.3　开发环境

● 硬件：CC2530 节点板，USB 接口的 CC2530 仿真器，PCPentium100 以上。
● 软件：PC 操作系统 WinXP，IAR 集成开发环境，ZigBee Sensor Monitor。

6.6.4　原理学习

ZigBee 有三种网络拓扑，即星状、树状和网状网络，这三种网络拓扑在 ZStack 协议栈下均可实现。在星状网络中，所有节点只能与协调器进行通信，而它们相互之间的通信是禁止的；在树状网络中，终端节点只能与它的父节点通信，路由节点可与它的父节点和子节点通信；在网状网络中，全功能节点之间是可以相互通信的。

在 ZStack 中，通过设置宏定义 STACK_PROFILE_ID 的值（在 nwk_globals.h 中定义）可以选择不同控制模式（总共有三种控制模式，分别为 HOME_CONTROLS、GENERIC_STAR 和 NETWORK_SPECIFIC，默认模式为 HOME_CONTROLS），再选择不同的网络拓扑（NWK_MODE），也可以只修改 HOME_CONTROLS 的网络模式（NWK_MODE）来选择不同的网络拓扑。由于网络的组建是由协调器来控制的，因此只需修改协调器的程序即可。此外，可以设定数组 CskipRtrs 和 CskipChldrn 的值（在 nwk_globals.c 中定义）进一步控制网络的形式，CskipChldrn 数组的值代表每一级可以加入的子节点的最大数目，CskipRtrs 数组的值代表每一级可以加入的路由节点的最大数目，如在树状网络中，定义"CskipRtrs[MAX_NODE_DEPTH+1]={1,1,1,1,1,0}"，"CskipChldrn[MAX_NODE_DEPTH+1]={2,2,2,2,2,0}"，代表每级最多允许 2 个子节点加入，其中最多 1 个路由节点，剩余为终端节点。本任务已通过宏定义（在工程 options 中的 preprocessor 中定义）设定了数组的大小。

6.6.5　开发内容

配置网络拓扑为树状网络，启动协调器节点，协调器上电后进行组网操作，再启动路由节点和终端节点，路由节点和终端节点上电后进行入网操作，成功入网后周期性地将父节点的短地址，自己的节点信息封装成数据包发送给 sink 节点，sink 节点接收到数据包后通过串口传给 PC，从 PC 上的 ZigBee Sensor Monitor 程序查看组网情况，图 6.31 是本任务的数据流程图。

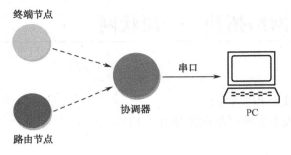

图 6.31　本任务数据流程图

在本任务中设定路由节点、终端节点每隔 2 s 向协调器发送自己的网络信息包，下面结合本任务的原理及设计，分别对终端节点、路由节点和协调器的关键源程序进行解析。

1. 终端节点、路由节点

根据本任务的设计，终端节点、路由节点加入 ZigBee 网络后，每隔一段时间上报自己的网络信息，因此终端节点和路由节点的任务事件都一样。通过 6.2 节的工程解析任务可知，在程序源代码 MPEndPont.c 或 MPRouter.c 中 ZStack 协议栈成功启动后，设置了一个定时器事件，当定时器事件触发后就会触发 MY_REPORT_EVT 事件，触发 MY_REPORT_EVT 事件的函数入口为 MPRouter.c（或 MPEndPont.c）中的 zb_HandleOsalEvent 函数，在该函数中编写了应用程序事件的处理过程，如下述代码所示。

```
void zb_HandleOsalEvent ( uint16 event )
{
    uint8 logicalType;
    if(event & SYS_EVENT_MSG)  {
        //系统事件信息
    }

    if( event & ZB_ENTRY_EVENT )  {                      //ZigBee入网事件
        //blind LED 2 to indicate starting/joining a network
        //入网时LED灯闪烁
        HalLedSet ( HAL_LED_2, HAL_LED_MODE_OFF );
        HalLedBlink ( HAL_LED_2, 0, 50, 500 );
        logicalType = ZG_DEVICETYPE_ROUTER;              //设备类型为路由节点
        //将信息写入NV
        zb_WriteConfiguration(ZCD_NV_LOGICAL_TYPE, sizeof(uint8), &logicalType);

        //Start the device
        zb_StartRequest();
    }

    if ( event & MY_START_EVT ) {                        //启动ZStack协议栈事件
        zb_StartRequest();
    }
    if ( event & MY_REPORT_EVT ) {
        //MY_REPORT_EVT事件触发处理
        if (appState == APP_BINDED) {
            //调用函数
```

```
                sendDummyReport();
                //设置定时器，触发 MY_REPORT_EVT 事件
                osal_start_timerEx( sapi_TaskID, MY_REPORT_EVT, myReportPeriod );
            }
        }
    if ( event & MY_FIND_COLLECTOR_EVT )   { //查找网关事件
        //Find and bind to a gateway device (if this node is not gateway)
        zb_BindDevice( TRUE, DUMMY_REPORT_CMD_ID, (uint8 *)NULL );
    }
}
```

通过上述源码可以看到，当处理 MY_REPORT_EVT 事件时，调用了 sendDummyReport()
函数（MPEndPont.c 中的 MY_REPORT_EVT 事件调用的是 sendReport()函数），然后又设置了
一个定时器事件来触发 MY_REPORT_EVT 事件，这样做的目的就是为了每隔一段时间循环触
发 MY_REPORT_EVT 事件。了解了 MY_REPORT_EVT 事件循环触发的原理之后，再来分析
sendDummyReport()函数实现了什么功能，下面是 sendDummyReport()的源码解析过程。

```
static void sendDummyReport(void)
{
    uint8 pData[SENSOR_REPORT_LENGTH];
    static uint8 reportNr=0;
    uint8 txOptions;
    //上报过程中 LED 灯闪烁一次
    HalLedSet( HAL_LED_1, HAL_LED_MODE_OFF );
    HalLedSet( HAL_LED_1, HAL_LED_MODE_BLINK );

    //dummy report data
    pData[SENSOR_TEMP_OFFSET] =  0xFF;                   //温度
    pData[SENSOR_VOLTAGE_OFFSET] = 0xFF;                 //电压

    //父节点的短地址的最高位
    pData[SENSOR_PARENT_OFFSET] = HI_UINT16(parentShortAddr);
    //父节点的短地址的最低位
    pData[SENSOR_PARENT_OFFSET+ 1] =  LO_UINT16(parentShortAddr);

    //Set ACK request on each ACK_INTERVAL report
    //If a report failed, set ACK request on next report
    if ( ++reportNr<ACK_REQ_INTERVAL && reportFailureNr==0 ) {  //发送成功
        txOptions = AF_TX_OPTIONS_NONE;
    } else   { //发送失败
        txOptions = AF_MSG_ACK_REQUEST;
        reportNr = 0;
    }
    //Destination address 0xFFFE: Destination address is sent to previously
    //established binding for the commandId.
    //将数据包发送给协调器（协调器的地址为 0xFFFE）
    zb_SendDataRequest( 0xFFFE, DUMMY_REPORT_CMD_ID, SENSOR_REPORT_LENGTH, pData,
                    0, txOptions, 0 );
}
```

2. 协调器

协调器的任务就是收到终端节点、路由节点发送的数据报信息后通过串口发送给 PC。通过 6.2 节的工程解析任务可得知，ZigBee 节点接收到数据之后，最终调用了 zb_ReceiveDataIndication 函数，该函数的内容如下：

```
void zb_ReceiveDataIndication( uint16 source, uint16 command, uint16 len,
                               uint8 *pData )
{
    //处理数据格式
    gtwData.parent=BUILD_UINT16(pData[SENSOR_PARENT_OFFSET+1],
                                Data[SENSOR_PARENT_OFFSET]);
    gtwData.source=source;
    gtwData.temp=*pData;
    gtwData.voltage=*(pData+1);
    //Flash LED 1 once to indicate data reception
    //接收到数据之后 LED 灯闪烁 1 次
    HalLedSet( HAL_LED_1, HAL_LED_MODE_OFF );
    HalLedSet( HAL_LED_1, HAL_LED_MODE_BLINK );

    //Send gateway report
    //发送网关数据
    sendGtwReport(&gtwData);
}
```

本任务中，终端节点、路由节点和协调器的程序流程如图 6.32 所示。

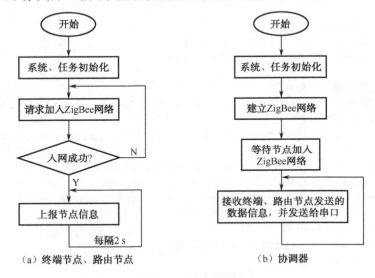

图 6.32 任务流程图

6.6.6 开发步骤

（1）确认已安装 ZStack 的安装包。

（2）准备 5 个 CC2530 射频节点板：一个作为协调器节点，两个作为路由节点，两个作为终端节点（设置为模式一）。

（3）打开例程：将开发资源包的例程"DISK-ZigBee\02-开发例程\Chapter 06\6.6-NetworkTopology-Tree\NetworkTopology-Tree"整个文件夹拷贝到 C:\Texas Instruments\ZStack-CC2530-2.4.0-1.4.0\Projects\zstack\Samples 文件夹下，打开 NetworkTopology-Tree \CC2530DB\NetworkTopology-Tree.eww"IAR 工程文件。

（4）分别编译协调器、路由器、终端设备三个工程，把 CC2530 仿真器连接到 CC2530 无线节点，使用 Flash Programmer 工具把上述程序分别下载到对应的 CC2530 无线节点板中。

（5）用串口线将协调器节点连接到 PC 上。

（6）先拨动无线协调器的电源开关为 ON 状态，此时 D6 LED 灯开始闪烁，当正确建立好网络后，D6 LED 会常亮。

（7）当无线协调器建立好网络后，拨动 4 个无线节点的电源开关为 ON 状态，此时每个无线节点的 D6 LED 灯开始闪烁，直到加入协调器建立的 ZigBee 网络之后，D6 LED 灯开始常亮。

（8）当有数据包进行收发时，无线协调器和无线节点的 D7 LED 灯会闪烁。

（9）打开 ZigBee Sensor Monitor 软件，在 ZigBee Sensor Monitor 软件上观察组网情况。

6.6.7　任务结论

ZigBee Sensor Monitor 上显示的网络拓扑如图 6.33 所示。

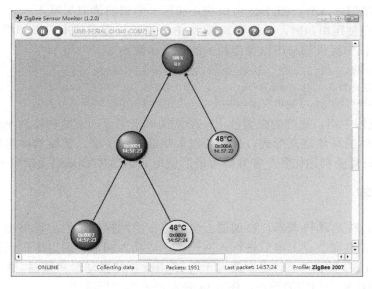

图 6.33　树状网络拓扑结构

6.7　任务 36：ZigBee 串口应用

6.7.1　学习目标

● 理解 ZigBee 协议及相关知识。
● 掌握 ZStack 协议栈下串口的使用方法。

6.7.2 预备知识

- 掌握在 IAR 集成开发环境中编写和调试程序的基本过程。
- 了解 ZStack 协议栈架构。
- 了解串口的相关知识。

6.7.3 开发环境

- 硬件：CC2530 节点板，USB 接口的 CC2530 仿真器，PC，串口线。
- 软件：PC 操作系统 WinXP，IAR 集成开发环境，终端软件。

6.7.4 原理学习

串口是开发板和用户电脑交互的一种工具，正确使用串口对于 ZigBee 无线网络的学习具有较大的促进作用，使用串口的基本步骤为：

（1）初始化串口，包括设置波特率，中断等。

（2）向发送缓冲区发送数据或者从接收缓冲区读取数据。

上述方法是使用串口的常用方法，但是由于 ZigBee 协议栈的存在，使得串口的使用略有不同。在 ZigBee 协议栈中已经对串口初始化所需要的函数进行了实现，用户只需要传递几个参数就可以使用串口，此外，ZigBee 协议栈还实现了串口的读取与写入。

因此，用户在使用串口时，只需要掌握 ZigBee 协议栈提供的串口操作相关的三个函数即可。ZigBee 协议栈中提供的与串口操作相关的三个函数为

```
uint8 HalUARTOpen(uint8 port, halUARTCfg_t *config);
uint16 HalUARTRead(uint8 port, uint8 *buf, uint16 len);
uint16 HalUARTWrite(uint8 port, uint8 *buf, uint16 len)。
```

ZigBee 协议栈中串口通信的配置使用一个结构体来实现，该结构体为 hal_UARTCfg_t，不必关心该结构体的具体定义形式，只需要对其功能有个了解，该结构体将串口初始化的参数集合在一起，只需要初始化各个参数即可最后使用 HalUARTOpen()函数对串口进行初始化。

6.7.5 开发内容

在本任务中，先启动协调器，协调器上电后进行组网操作，再启动路由节点或者终端节点，路由节点或者终端节点上电后进行入网操作，成功入网后，通过串口向路由节点或者终端节点发送开关 LED 的命令，该命令通过无线 ZigBee 网络发送给协调器，协调器接收到该命令对节点上的 LED 实行相应的操作，图 6.34 是本任务的数据流图。

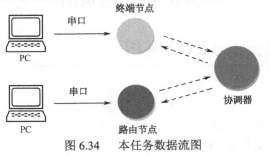

图 6.34　本任务数据流图

下面结合本任务的原理及设计，分别对终端节点、路由节点和协调器的关键源程序进行解析。

1. 终端节点、路由节点

根据本任务内容的设计，终端节点、路由节点加入 ZigBee 网络后，终端节点和路由节点的任务事件都一样。根据 ZStack 协议栈的工作流程，在程序源代码 MPEndPoint.c 或 MPRouter.c 中可以看到 ZStack 协议栈成功启动后，终端节点、路由节点都调用了节点串口的初始化函数 NodeUartInit()，NodeUartInit()函数将 halUARTCfg_t 类型的结构体变量作为相关参数，配置方法如下。

```c
/*节点串口初始化*/
void NodeUartInit(void)
{
    halUARTCfg_t    uartConfig;                         //halUARTCfg_t 类型的结构体变量
    /*串口配置*/
    uartConfig.configured         = TRUE;
    uartConfig.baudRate           = HAL_UART_BR_9600; //设置波特率为9600
    //禁止硬件流控，如果你的串口只有 RXD、TXD 和 GND 三条线，必须这么做
    uartConfig.flowControl        = FALSE;
    uartConfig.rx.maxBufSize      = 128;        //最大接收缓冲区大小
    uartConfig.tx.maxBufSize      = 128;        //最大发送缓冲区大小
    uartConfig.flowControlThreshold = (128 / 2);
    uartConfig.idleTimeout        = 6;          //空闲超时时间
    uartConfig.intEnable          = TRUE;       //允许中断
    uartConfig.callBackFunc       = NodeUartCallBack; //设置串口接收回调函数
    /*打开串口，完成初始化的工作*/
    HalUARTOpen (HAL_UART_PORT_0, &uartConfig);
}
```

其中 NodeUartCallBack 为串口接收回调函数，从串口接收到的数据可以通过此函数来处理，其代码解析如下。

```c
/*串口接收回调*/
void NodeUartCallBack ( uint8 port, uint8 event )
{
    #define RBUFSIZE 128
    (void)event;                                //故意不引用的参数，作保留用
    uint8  ch;
    static uint8 rbuf[RBUFSIZE];
    static uint8  rlen = 0;
    while (Hal_UART_RxBufLen(port)) {  //计算并返回接收缓冲区的长度
        HalUARTRead (port, &ch, 1);        //从串口读一个数据
        HalUARTWrite (port, &ch, 1);       //从串口写一个数据
        if (rlen >= RBUFSIZE) rlen = 0;    //数据长度超过最大接收缓冲大小，则缓冲区清零
        if (ch == '\r') {                  //如果读到回车字符
            HalLedSet( HAL_LED_1, HAL_LED_MODE_OFF );        //关闭 LED 灯
            HalLedSet( HAL_LED_1, HAL_LED_MODE_BLINK );      //使 LED 灯闪烁
            //发送数据
            zb_SendDataRequest( 0, ID_CMD_REPORT, rlen, rbuf, 0, AF_ACK_REQUEST,
0 );
```

```
        rlen = 0;                      //缓冲区清零
    }else{
        rbuf[rlen++] = ch;             //将数据写到缓冲区
    }
}
}
```

2. 协调器

协调器的任务是收到终端节点、路由节点发送的数据报信息后进行处理。通过 6.2 节的工程解析任务可得知，ZigBee 节点接收到数据之后，最终调用了 zb_ReceiveDataIndication 函数，该函数的内容如下。

```
/*接收到数据提醒*/
void zb_ReceiveDataIndication( uint16 source, uint16 command, uint16 len,
 uint8 *pData )
{
    HalLedSet( HAL_LED_1, HAL_LED_MODE_OFF );          //关闭 D7
    HalLedSet( HAL_LED_1, HAL_LED_MODE_BLINK );        //使 D7 闪烁
    if (strncmp("ON", pData, len) == 0) {              //如果收到的数据是"ON"
        HalLedSet( HAL_LED_2, HAL_LED_MODE_ON );       //打开 D6
    } else if (strncmp("OFF", pData, len) == 0) {      //如果收到的数据是"OFF"
        HalLedSet( HAL_LED_2, HAL_LED_MODE_OFF );      //关闭 D6
    }
}
```

由于 ZStack 协议栈的运行涉及很多任务，而且也比较复杂，所以在本任务中，对终端节点、路由节点和协调器的程序流程图进行了简化，简化后的任务流程如图 6.35 所示。

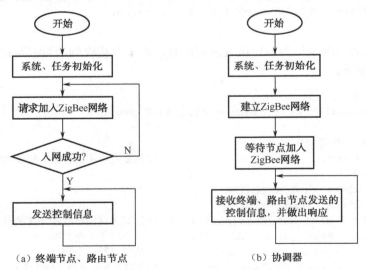

（a）终端节点、路由节点   （b）协调器

图 6.35   任务流程图

6.7.6 开发步骤

（1）确认已安装 ZStack 的安装包。如果没有安装，打开光盘提供的安装包，安装完后默认生成 "C:\Texas Instruments\ZStack-CC2530-2.4.0-1.4.0" 文件夹。

（2）打开例程：将开发资源包的例程"DISK-ZigBee\02-开发例程\Chapter 06\6.7-Serial"整个文件夹拷贝到 C:\Texas Instruments\ZStack-CC2530-2.4.0-1.4.0\Projects\zstack\Samples 文件夹下，打开"Serial \CC2530DB\ Serial.eww" IAR 工程文件。

（3）分别编译协调器、路由器、终端设备三个工程，把 CC2530 仿真器连接到 CC2530 无线节点，使用 Flash Programmer 工具把上述程序分别下载到对应的 CC2530 无线节点板中。

（4）用串口线将路由节点或者终端节点连接到 PC 上。

（5）打开终端软件，设置波特率为 38400，8 位数据位，1 位停止位。

（6）先拨动无线协调器的电源开关为 ON 状态，此时 D6 LED 灯开始闪烁，当正确建立好网络后，D6 LED 会常亮。

（7）当无线协调器建立好网络后，拨动无线终端节点和无线路由节点的电源开关为 ON 状态，此时每个无线节点的 D6 LED 灯开始闪烁，直到加入协调器建立的 ZigBee 网络之后，D6 LED 灯开始常亮。

（8）当有数据包进行收发时，无线协调器和无线节点的 D7 LED 灯会闪烁。

（9）在终端软件上输入关闭 D6 命令"OFF"观察协调器 D6 LED 灯亮灭情况；输入打开 D6 命令"ON"观察协调器 D6 LED 灯亮灭情况。

6.7.7　任务结论

在终端软件上输入关闭 D6 命令"OFF"，协调器 D6 LED 灯灭；输入打开 D6 命令"ON"，协调器 D6 LED 灯亮，命令都以回车结束。说明命令通过串口成功发送出去，实现了 ZigBee 协议栈串口通信。

6.8　任务 37：ZigBee 协议分析

6.8.1　学习目标

- 掌握 ZStack 协议栈的结构。
- 理解 ZigBee 各种命令帧及数据帧的格式。
- 理解 ZigBee 的协议机制。

6.8.2　预备知识

- 掌握在 IAR 集成开发环境下下载和调试程序的过程。
- 了解 ZigBee 协议栈的通信机制。
- 了解并安装 ZigBee 协议栈。
- 了解 Packet Sniffer 软件的使用。

6.8.3　开发环境

- 硬件:CC2530 节点板若干，CC2530 仿真器，PC。
- 软件：Windows 7/Windows XP，IAR 集成开发软件，TI 公司的数据包分析软件 Packet Sniffer。

6.8.4 原理学习

Packet Sniffer 可用于捕获、滤除和解析 IEEE802.15.4 MAC 数据包，并以二进制形式存储数据包。安装好 Packet Sniffer 之后，在桌面上会生成快捷方式，双击该快捷方式即可进入协议选择界面，如图 6.36 和图 6.37 所示，在下拉菜单中选择"IEEE 802.15.4/ZigBee"，单击"Start"按钮进入 Sniffer 界面。

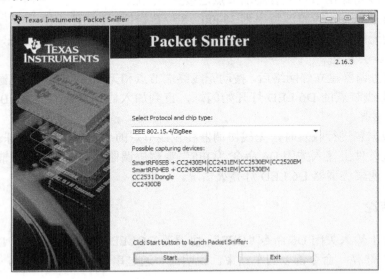

图 6.36　Packet Sniffer 界面

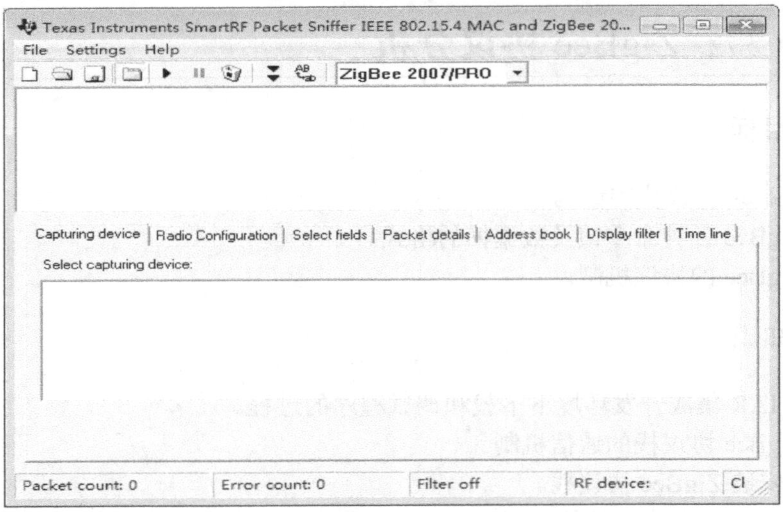

图 6.37　协议选择界面

Packet Sniffer 有三个菜单选项，File 可以打开或保存抓取到的数据，Setting 可以进行一些软件设置，Help 可以查看软件信息和用户手册。

菜单栏下面是工具栏，分别用于清除当前窗口中的数据包，打开之前保存的一段数据包，保存当前抓取到的数据包，显示或隐藏底部的配置窗口，单击之后开始抓包，暂停当前的抓包，清除抓包开始之前保存的所有数据，禁止或使能滚动条，禁止或使能显示窗口中显示小字体。下拉菜单用于选择侦听的协议类型，有三个选项：ZigBee 2003、ZigBee 2006 及 ZigBee 2007/PRO，此处选择 ZigBee 2007/PRO。工具栏下面的窗口分为两个部分，上半部分窗口为显示窗口，显示抓取到的数据包，下半部分窗口为配置窗口，下面介绍以下配置窗口各标签的意义。

- Capturing device：选择使用哪块评估板。
- Radio Configuration：选择捕获的信道。
- Select fields：设置需要显示的字段。
- Packet details：双击要显示的数据包后，就会在下面窗口显示附加的数据包细节。
- Address book：显示当前侦听段中所有已知的 MAC 地址。
- Display filter：根据用户提供的条件和模版筛选数据包。
- Time line：显示大批数据包，大约是上面窗口的 20 倍，根据 MAC 源地址和目的地址来排序。

Packet Sniffer 软件选择的默认信道为 0x0B，如果要侦听其他信道的数据，可以在 Radio Configuration 标签下将侦听信道设置为其他值（信道 12～26）。

LR-WPAN 定义了信标帧、数据帧、ACK 确认帧、MAC 命令帧四种帧结构，用于处理 MAC 层之间的控制传输。MAC 命令帧有信标请求帧、连接请求帧、数据请求帧等几种，信标请求帧是在终端节点或路由节点刚入网时广播的请求帧，请求加入到网络中来。信标帧的主要作用是实现网络中设备的同步工作和休眠，其中包含一些时序信息和网络信息，节点在收到信标请求帧后马上广播一条信标帧。数据帧是所有用于数据传输的帧。ACK 确认帧是用于确认接收成功的帧。

6.8.5 开发内容

在本任务中将协调器、路由节点和终端节点组网成功之后，在网络之外添加一个侦听节点，用 CC2530 仿真器将侦听节点和 PC 相连，当网络中各节点进行通信时，侦听节点就可以侦听到网络中的数据包，并通过 Packet Sniffer 软件可以实现对侦听到的数据包中各协议层的具体内容进行观察分析，图 6.38 是本任务的数据流程图。

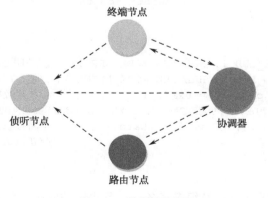

图 6.38　数据流程图

下面结合本任务的原理及设计，分别对终端节点、路由节点和协调器的关键源程序进行解析。

1．终端节点、路由节点

根据本任务的设计，终端节点、路由节点加入 ZigBee 网络后，终端节点和路由节点的任务事件都一样。根据 ZStack 协议栈的工作流程，在程序源代码 MPEndPoint.c 或 MPRouter.c 中可以看到 ZStack 协议栈成功启动后，终端节点、路由节点都调用了数据上报函数 myReportData()，该函数的代码解析如下。

```
/*数据上报*/
static void myReportData(void)
{
    byte dat[6];
    uint16 sAddr = NLME_GetShortAddr();            //获取终端节点的网络短地址
    uint16 pAddr = NLME_GetCoordShortAddr();       //获取协调器的网络短地址
    HalLedSet( HAL_LED_1, HAL_LED_MODE_OFF );      //关闭 D7
    HalLedSet( HAL_LED_1, HAL_LED_MODE_BLINK );    //使 D7 闪烁
    dat[0] = 0xff;
    dat[1] = (sAddr>>8) & 0xff;                     //取得终端节点16位网络短地址的高8位
    dat[2] = sAddr & 0xff;                          //取得终端节点16位网络短地址的低8位
    dat[3] = (pAddr>>8) & 0xff;                     //取得协调器16位网络短地址的高8位
    dat[4] = pAddr & 0xff;                          //取得协调器16位网络短地址的低8位
    dat[5] = MYDEVID;                               //设备 ID，宏定义终端节点 ID 为 0x21,路由节点 ID
为 0x11
    zb_SendDataRequest(0, ID_CMD_REPORT, 6, dat, 0, AF_ACK_REQUEST, 0);//发
送数据
}
```

2．协调器

协调器的任务就是收到终端节点、路由节点发送的数据报信息后进行处理。通过 6.2 节的工程解析任务可得知，ZigBee 节点接收到数据之后，最终调用了 zb_ReceiveDataIndication 函数，该函数的内容如下。

```
/*接收到数据提醒*/
void zb_ReceiveDataIndication(uint16 source, uint16 command, uint16 len,
                             uint8 *pData )
{
    char buf[32];

    HalLedSet( HAL_LED_1, HAL_LED_MODE_OFF );      //关闭 D7
    HalLedSet( HAL_LED_1, HAL_LED_MODE_BLINK );    //使 D7 闪烁
    if (len==6 && pData[0]==0xff) {                 //如果数据报头标识为 0xf
      sprintf(buf, "DEVID:%02X SAddr:%02X%02X PAddr:%02X%02X",pData[5], pData[1],
             pData[2], pData[3], pData[4]);         //将接收到的数据 pData 写到 buf
      debug_str(buf);                               //在调试中分析数据
    }
}
```

由于 ZStack 协议栈的运行涉及很多任务，而且也比较复杂，所以在本任务中，将终端节点、路由节点和协调器的程序流程进行了简化，简化后的程序流程如图 6.39 所示。

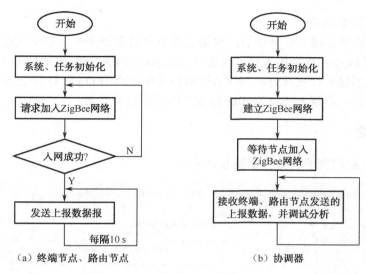

（a）终端节点、路由节点　　　　　　（b）协调器

图 6.39　任务流程图

6.8.6　开发步骤

（1）确认已安装 ZStack 的安装包。

（2）准备 3 个 CC2530 射频节点板，确定按照 1.2.3 节设置节点板跳线为模式一，接上出厂提供的电源。

（3）打开例程：将开发资源包的例程"DISK-ZigBee\02-开发例程\Chapter 06\6.8-ProtocolAnalysis"整个文件夹拷贝到 C:\Texas Instruments\ZStack-CC2530-2.4.0-1.4.0\Projects\zstack\Samples 文件夹下，打开"ProtocolAnalysis\CC2530DB\ ProtocolAnalysis.eww"IAR 工程文件。

（4）在工程界面中按图所示，选定"MPCoordinator"配置，生成协调器代码，然后选择"Project→Rebuild All"重新编译工程，如图 6.40 所示。

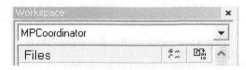

图 6.40　选择协调器工程

（5）接下来将工程选择配置为 MRouter 或者 MEndPoint，选择"Project→Rebuild All"重新编译工程。

（6）把 CC2530 仿真器连接到 CC2530 无线节点，使用 Flash Programmer 工具把上述程序分别下载到对应的 CC2530 无线节点板中。

（7）将 CC2530 仿真器与任意空闲 CC2530 射频节点板连接起来，此节点称为侦听节点。

（8）将侦听节点上电；然后按下 CC2530 仿真器上的复位按键。

（9）打开 Packet Sniffer 软件，接下来在启动后的界面中按默认配置，协议栈选择"ZigBee 2007/PRO"，单击 ，开始抓取数据包。

（10）先拨动无线协调器的电源开关为 ON 状态，此时 D6 LED 灯开始闪烁，当正确建立好网络后，D6 LED 会常亮。

（11）当无线协调器建立好网络后，拨动无线节点的电源开关为 ON 状态，此时无线节点的 D6 LED 灯开始闪烁，直到加入协调器建立的 ZigBee 网络之后，D6 LED 灯开始常亮。

（12）当有数据包进行收发时，无线协调器和无线节点的 D7 LED 灯会闪烁。

（13）等待一会，观察 Packet Sniffer 抓取到的数据包并分析。

6.8.7 任务结论

Packet Sniffer 抓取到的数据包如图 6.41 所示。

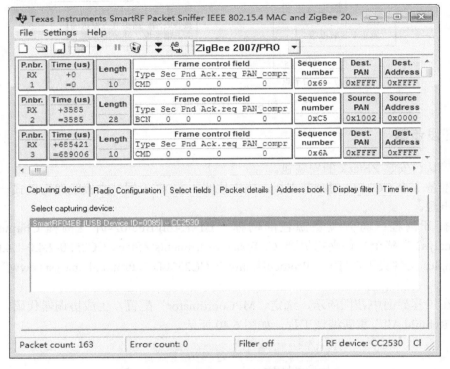

图 6.41　Packet Sniffer 抓取到的数据包

选取抓取到的一个数据包进行分析，如图 6.42 所示。

P.nbr.	Time (us)	Length	Frame control field						Sequence number	Dest. PAN	Dest. Address	Source Address	Data request	LQI	FCS
			Type	Sec	Pnd	Ack.req	PAN_compr								
RX	+64470	12	CMD	0	0	1		1	0xF8	0x2100	0x0000	0xDDCA	Data request	57	OK
2468	=342350901														

图 6.42　Packet Sniffer 抓取到的某个数据包

- P.nbr.：RX 表示接收；2468 为开始侦听以来接收帧的编号。
- Time：+64470 表示帧接收距离上一帧的时间；=342350901 表示帧接收距离开始侦听的时间。
- Length：帧的长度。
- Frame control field：帧控制域，CMD 表示该帧 MAC 命令帧。
- Sequence number：序号。

- Dest.PAN：目的 PAN 的 ID。
- Dest.Address：目的地址。
- Source Address：源地址。
- Data request：该 MAC 命令帧为数据请求帧。
- LQI：接收到的帧的能量与质量。
- FCS：校验。

6.9 任务 38：ZigBee 绑定

6.9.1 学习目标

- 设置这些设备自动进入网络。
- 创建从每一个开关到一个或多个灯的绑定。
- 从开关设备发送一个改变灯状态的命令。
- 为某个开关到不同的灯重新指派绑定。
- 增加新的灯或开关到该网络。

6.9.2 预备知识

- 掌握在 IAR 集成开发环境中编写和调试程序的基本过程。
- 了解 ZStack 协议栈架构。

6.9.3 开发环境

- 硬件：CC2530 节点板，USB 接口的 CC2530 仿真器，PC。
- 软件：PC 操作系统 WinXP，IAR 集成开发环境。

6.9.4 原理学习

在一个灯光网络中，有多个开关和灯光设备，每一个开关可以控制一个或以上的灯光设备。在这种情况下，需要在每个开关中建立绑定服务。这使得开关中的应用服务在不知道灯光设备确切的目标地址时，可以顺利地向灯光设备发送数据包。一旦在源节点上建立了绑定，其应用服务即可向目标节点发送数据，而不需指定目标地址了（调用 zb_SendDataRequest()，目标地址可用一个无效值 0xFFFE 代替）。这样，协议栈将会根据数据包的命令标识符，通过自身的绑定表查找到所对应的目标设备地址。

在绑定表的条目中，有时会有多个目标节点，这使得协议栈自动地重复发送数据包到绑定表指定的各个目标地址。同时，如果在编译目标文件时，编译选项 NV_RESTORE 被打开，协议栈将会把绑定条目保存在非易失性存储器里，因此当意外重启（或者节点电池耗尽需要更换）等突发情况的发生时，节点能自动恢复到掉电前的工作状态，而不需要用户重新设置绑定服务。

配置设备绑定服务，有两种机制可供选择：如果目标设备的扩展地址（64 位地址）已知，可通过调用 zb_BindDeviceRequest()建立绑定条目；如果目标设备的扩展地址未知，可实施一个"按键"策略实现绑定。这时，目标设备将首先进入一个允许绑定的状态，并通过 zb_AllowBindResponse()对配对请求做出响应，然后在源节点中执行 zb_BindDeviceRequest()（目标地址设为无效）可实现绑定。

此外，使用节点外部的委托工具（通常是协调器）也可实现绑定服务。请注意，绑定服务只能在"互补"设备之间建立，即只有分别在两个节点的简单描述结构体（Simple Descriptor Structure）中，同时注册了相同的命令标识符（command_id）并且方向相反（一个属于输出指令 output，另一个属于输入指令 input），才能成功建立绑定。

下面对本任务中用到的相关术语进行进一步描述。

设备（Devices），该示例有两种应用设备类型——开关和灯。

应用例子工程有作为终端设备（end-device）的简单开关设备和作为协调器或路由器设备的简单管理器设备。

命令，有一个单一的应用命令——"拨动"（TOGGLE）命令。对于开关该命令作为输出被定义，对于灯管理器却作为输入被定义，该命令信息除了命令标志符之外没有其他参数。

绑定，"按钮"绑定被使用在一个开关和一个灯管理器间绑定被创建，首先是这个灯管理器要进入允许绑定模式，接着是开关（在一定时间内）发出一个绑定请求，这就将从开关到灯管理器之间创建一个绑定。重复上面的过程，一个开关可以同时与多个灯管理器绑定。

为某个开关重新分配绑定，这个绑定请求与同一个删除参数被发出。这就将该开关的所有绑定移除，针对简单管理器和简单开关的配置编程有详细的描述。确保只能有一个管理器作为协调器，其他都作为路由节点。

通过绑定使两个节点在应用层上可以建立起来的一条逻辑链路，在同一个节点上可以建立多个绑定服务，分别对应不同种类的数据包，此外，绑定也允许同时有多个目标节点（一对多绑定）。

6.9.5　开发内容

在本任务中设计为先启动协调器，协调器上电后进行组网操作，再启动路由节点或者终端节点，路由节点或者终端节点上电后进行入网操作，成功入网后（D6 常亮），通过按某个管理器的 K4 使它进入允许绑定模式，在开关设备上按下 K4（10 s 之内）发出绑定请求，这就将使该开关设备绑定到该（处于绑定模式下的）管理器设备上。当开关绑定成功时，开关设备上的 D7 亮。之后，开关设备上的 K5 被按下就将发送"切换"命令，它将使对应的管理器设备上的 D7 状态切换。图 6.43 是本任务的数据流程图。

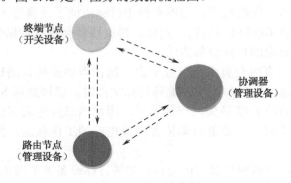

图 6.43　数据流程图

下面结合本任务的原理及设计，分别对终端节点、路由节点和协调器的关键源程序进行解析。

1. 终端节点（开关设备）

根据本任务内容的设计，终端节点加入 ZigBee 网络后，根据 ZStack 协议栈的工作流程，在程序源代码 Switch.c 中可以看到 ZStack 协议栈成功启动后，终端节点在 zb_HandleKeys()函数中分别对键 K4 和 K5 按下事件进行了处理，相关代码解析如下。

```
/*按键事件处理*/
if ( keys & HAL_KEY_SW_1 )                              //如果键 K4 被按下
{
    if ( myAppState == APP_START ) {        //如果节点已入网
        zb_BindDevice(TRUE, TOGGLE_LIGHT_CMD_ID, NULL);     //发送绑定请求
    }
}
if ( keys & HAL_KEY_SW_2 ) {
    //如果键 K5 被按下
    if ( myAppState == APP_START ) {            //如果节点已入网
        //发送使灯翻转的控制命令,其中目标地址 0xFFFE 为无效值
        zb_SendDataRequest( 0xFFFE, TOGGLE_LIGHT_CMD_ID, 0,
                            (uint8 *)NULL, myAppSeqNumber, 0, 0 );
    }
}
```

如果绑定成功，ZigBee 协议栈会自动回调 zb_BindConfirm()函数，其代码解析如下。

```
/*绑定成功回调函数*/
void zb_BindConfirm( uint16 commandId, uint8 status )
{
    //如果绑定成功，并且节点已入网
    if ( ( status == ZB_SUCCESS ) && ( myAppState == APP_START ) )
    {
        //点亮 D7
        HalLedSet( HAL_LED_1, HAL_LED_MODE_ON );
    }
}
```

2. 协调器、路由节点（管理设备）

协调器和路由节点加入 ZigBee 网络后，根据 ZStack 协议栈的工作流程，在程序源代码 Controller.c 中可以看到 ZStack 协议栈成功启动后，协调器和路由节点在 zb_HandleKeys()函数中对键 K4 按下事件进行了处理，相关代码解析如下。

```
/*按键事件处理*/
if ( keys & HAL_KEY_SW_1 )                              //如果键 K4 被按下
{
    if ( myAppState == APP_START )                  //如果节点已入网
    {
        //允许绑定，其中参数为允许绑定的超时时间
        zb_AllowBind( myAllowBindTimeout );
    }
}
```

管理设备收到开关设备发送的命令信息后进行处理。通过 6.2 节的工程解析任务可知，ZigBee 节点接收到数据之后，最终调用了 zb_ReceiveDataIndication 函数，该函数的内容如下。

```
/*接收到数据提醒*/
void zb_ReceiveDataIndication( uint16 source, uint16 command, uint16 len,
                               uint8 *pData  )
{
    if (command == TOGGLE_LIGHT_CMD_ID) //如果接收到的命令为 TOGGLE_LIGHT_CMD_ID
    {
        //使 D7 的状态翻转
        HalLedSet(HAL_LED_1, HAL_LED_MODE_TOGGLE);
    }
}
```

由于 ZStack 协议栈的运行涉及很多任务，而且也比较复杂，所以在本任务中，对终端节点、路由节点和协调器的程序流程进行了简化，简化后的任务流程如图 6.44 所示。

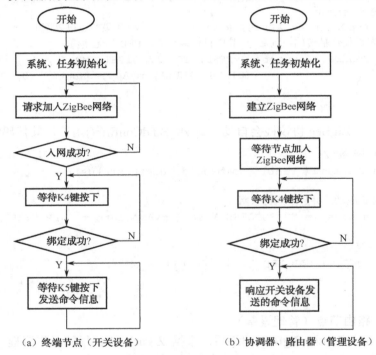

（a）终端节点（开关设备）　　　　（b）协调器、路由器（管理设备）

图 6.44　任务流程图

6.9.6　开发步骤

（1）确认已安装 ZStack 的安装包。

（2）打开例程：将开发资源包的例程"\DISK-ZigBee\02-开发例程\Chapter 06\6.9-SimpleBind"整个文件夹拷贝到 C:\Texas Instruments\ZStack-CC2530-2.4.0-1.4.0\Projects\zstack\Samples 文件夹下，打开"SimpleBind\CC2530DB\ SimpleBind.eww"IAR 工程文件。

（3）编译下载。

① 在工程界面中选定"ControllerEB-Coordinator"管理器配置，然后选择"Project→Rebuild

All"重新编译工程，此工程为协调节点。

② 在工程界面中选定"ControllerEB-Router"管理器配置，然后选择"Project→Rebuild All"重新编译工程，此工程为路由节点。

③ 在工程界面中选定"SwitchEB"开关设备进行配置，然后选择"Project→Rebuild All"重新编译工程，此工程为终端节点。

（4）把CC2530仿真器连接到CC2530无线节点，使用Flash Programmer工具把上述程序分别下载到对应的CC2530无线节点板中。

（5）建立绑定。可以在协调器和终端设备之间建立绑定，或可以在路由器和终端设备间建立绑定，绑定方法：管理器和开关设备成功启动后D6常亮，此时按下管理器的K4按键允许绑定，10 s内按下开关设备的K4按键发出绑定请求进行绑定，绑定成功后，开关设备D7常亮。

（6）绑定之后，就可以在建立绑定之间的设备发送命令，按下开关设备的K5按键发送命令，可以观察管理设备灯D7的显示状态的变化。

（7）按下开关设备的reset，复位可以解除开关上的所有绑定，从而可以按照（5）～（6）步从新绑定和传输命令。

6.9.7 任务结论

绑定成功后，按下开关设备的K5按键发送命令，可以观察管理设备灯D7的显示状态在亮灭之间变化。通过绑定，节点之间可以在不知道对方地址的情况下实现数据传输。

第7章

物联网开发综合项目

本章节将介绍如何通过终端应用程序来控制各个分布式无线传感器节点。终端控制应用程序运行在物联网任务平台上，是 Android 下的应用程序（Android 用户控制端），该程序同时可以在 Android 手机上运行；各个分布式无线传感器节点（如温/湿度传感器、人体红外检测传感器、RFID 传感器等）通过 CC2530 无线射频将传感器数据传输到总的协调器上；协调器可以理解成一个各分布式无线传感器的汇集总节点；然后终端控制应用程序通过主 CPU 系统与协调器进行通信，进而控制各个传感器节点。

在开发时，需要开发终端控制应用程序、协调器程序、各个分布式无线传感器节点的程序，物联网综合系统工作框架如图 7.1 所示。

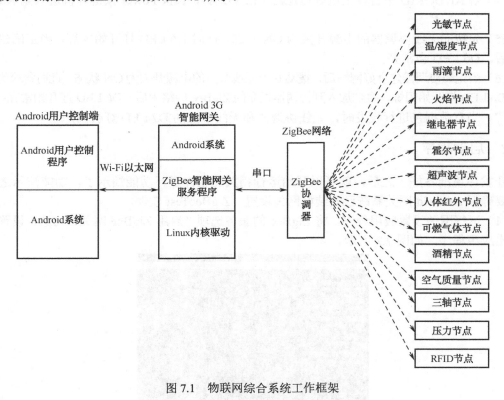

图 7.1　物联网综合系统工作框架

7.1 任务39：搭建物联网开发平台

本章是一个综合的物联网平台项目，整个任务平台由 ZigBee 终端节点、路由节点、协调器、网关、网关服务程序，以及客户端软件组成。为了能够对物联网平台有一个清晰的认识，本任务主要实现物联网平台的基本功能功能。

网关运行在 Android 操作系统上，无线节点运行协议栈代码，采用温/湿度、可燃气体、继电器、超声波、人体红外、RFID 六个传感器，其他传感器可以参照使用。

7.1.1 准备开发环境

（1）准备 Android 任务平台，将无线协调器节点插入到对应的主板插槽，准备无线节点板（如果集成在任务箱主板上会集中供电，单独使用需要配合 5 V/3 A 电源适配器使用），将无线节点板和对应的传感器接到节点扩展板上（注意传感器插拔的方向，默认已经安装），示意图见第 1 章的硬件框图。

（2）将协调器、温/湿度、可燃气体、继电器、超声波、人体红外、RFID 等节点固化好相应的程序。

（3）将无线协调器和无线节点的电源开关设置为 OFF 状态。

（4）给 ANDORID 平台接上电源适配器（12 V/2 A），长按 Power 按键开机进入到 Android 系统。

（5）先拨动无线协调器的电源开关为 ON 状态，此时 D6 LED 灯开始闪烁，当正确建立好网络后，D6 LED 会常亮；

（6）当无线协调器建立好网络后，拨动 6 个无线节点的电源开关为 ON 状态，此时每个无线节点的 D6 LED 灯开始闪烁，直到加入到协调器建立的 ZigBee 网络中后，D6 LED 灯开始常亮；

（7）当有数据包进行收发时，无线协调器和无线节点的 D7 LED 灯会闪烁。

7.1.2 启动程序

开发环境准备好了之后，就可以开始运行相关的软件进行功能演示了，功能演示之前首先需要确保 Android 网关系统已安装好网关设置、ZigBeeTest 软件。

（1）运行网关设置应用程序，将 ZigBee 的服务选项"启用 ZigBee 网关"勾选，设置完成后退出应用程序，如图 7.2 所示。

图 7.2 网关设置

需要在开启 ZigBee 网关服务前关闭智云 ZigBee 服务：在网关设置程序的界面，按下 MENU 按键，弹出的"其他设置"菜单项进入到智云服务配置界面，关闭"ZigBee 配置选项"，如图 7.3 所示。

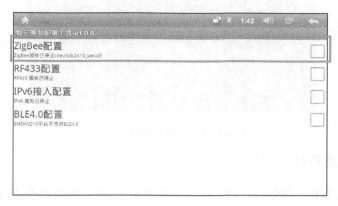

图 7.3 ZigBee 配置

（2）安装好程序后，打开 Android 应用程序面板，找到"ZigBeeTest"应用程序的图标 ，单击该图标即可进入程序。

7.1.3 搜索网络

如果 ZigBee 网关设置好，通过菜单选择"搜索网络"就可以搜索 ZigBee 网络了，正常情况下至少会有一个协调器，如果程序提示搜索不到网络，请检查网络连接，以及协调器是否正确连接。如果 ZigBee 网络上还有其他节点，可以在网络拓扑图上一起显示出来。图 7.4 所示是一个 ZigBee 网络拓扑图。

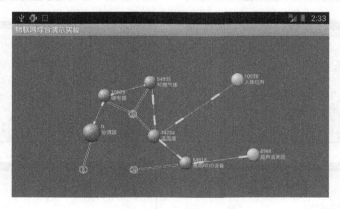

图 7.4 网络拓扑图显示（1）

图 7.4 中共有 7 个节点，其中①是协调器节点，②为传感器路由节点，其他为传感器终端节点，每个节点的旁边会有传感器的地址和名称信息显示。通过拖动节点图标可以拖动节点图标显示的位置。

如果传感器节点比较多的话，拓扑图的效果会更明显，如图 7.5 所示是 23 个 ZigBee 节点组成的网络拓扑图。

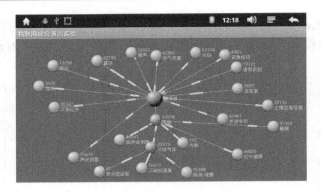

图 7.5 网络拓扑图显示（2）

7.1.4 传感器节点操作

通过搜索到的 ZigBee 网络拓扑图，可以了解整个 ZigBee 网络的节点分布情况。单击屏幕上相应节点的图标可以进入相关节点的控制和监控操作。按照 7.5 节烧写好相应的传感器，上电后就可以对传感器进行相应的控制操作了，图 7.6 是人体红外、继电器、温/湿度等传感器控制和监控的显示结果。

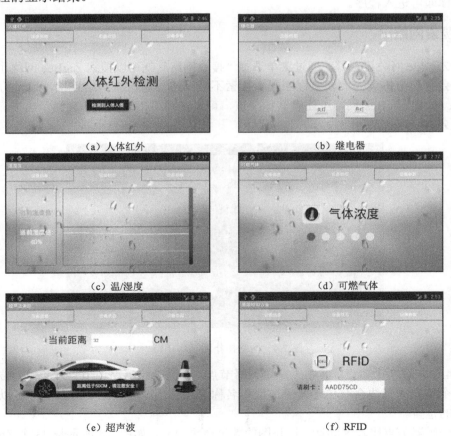

(a) 人体红外 　　　　　　　　　　　　(b) 继电器

(c) 温/湿度 　　　　　　　　　　　　(d) 可燃气体

（e）超声波 　　　　　　　　　　　　(f) RFID

图 7.6 各个传感器信息

本任务同时也支持局域网内的其他 Android 设备来控制和监控传感器设备，操作方法如下。

（1）将 Andorid 平台连接上 Wi-Fi 网络，通过"设置→无线和网络→Wi-Fi 设置"，按下 MENU 按键，选择"高级"选项，可以查看到 Wi-Fi 获取到的 IP 地址信息，如图 7.7 所示。

图 7.7　查看网关 Wi-Fi 的 IP 地址

（2）在其他 Android 设备（此处以 Android 手机为例）安装 ZigBeeTest 应用程序 ZigBeeTest.apk，并连接到 Wi-Fi 网络（与 Android 平台连接的是同一个局域网）。

（3）在 Android 手机上运行 ZigBeeTest 应用程序，按下"MENU 按键→设置"，在弹出的对话框填写之第（1）步查看到的网关 IP 地址（192.168.0.19:8320），如图 7.8 所示。

图 7.8　设置网关地址

（4）设置成功后，单击"确定"按钮，稍等片刻后就会显示节点的网络拓扑图信息，如图 7.9 所示。

查看到网络拓扑图信息之后也可以对传感器节点进行控制和监控了，操作方法和前面介绍的步骤一致，这里不再重复。

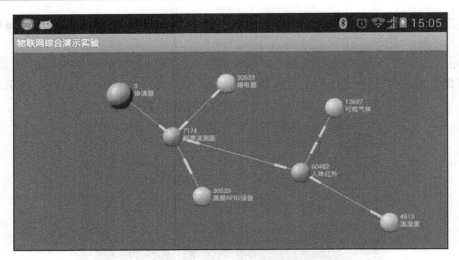

图 7.9　其他 Android 设备上查看网络拓扑信息

7.2　任务 40：智能网关开发程序

7.2.1　智能网关程序框架

智能网关程序（网关设置应用程序）运行在 Android 系统服务层，是连接 Android 系统与 ZigBee 无线网络的桥梁，图 7.10 是物联网综合平台的数据流向，详细描绘了从 ZigBee 节点到协调器，协调器到网关，以及网关到 Android 客户端程序 ZigBeeTest 软件的整个数据流向。

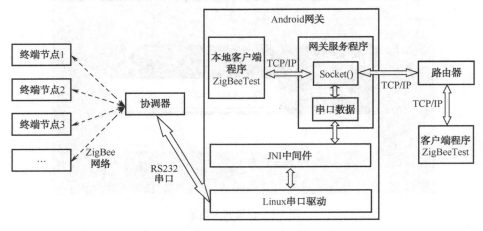

图 7.10　物联网综合任务平台的数据流向

通过图 7.10 可知，协调器将终端节点上报的信息通过串口与 Android 网关的串口进行数据通信，由于 Android 上层应用不能直接调用串口数据，所以中间需要 Linux 驱动及中间件作为网关程序与协调器通信的桥梁；网关服务程序收到串口数据之后，将串口数据封装成 Socket；客户端程序运行后只要建立 Socket 连接就可以读取到底层协调器发送过来的数据。相反，客户端要想发送一个指令来控制底层的终端节点，就需要先建立 Socket 连接，将数据下发到该网关服务程序，然后网关程序将 Socket 数据向串口进行发送，最终协调器从串口读取数据之后，通过 ZigBee 网络向终端节点发送指令实现控制。

7.2.2　智能网关服务程序解析

通过图 7.10 可知，网关服务程序关键是实现了两个功能：①与 ZigBee 协调器的串口进行数据交互；②建立 Socket 服务。那么 Socket 服务的作用是什么呢？

从图 7.10 可知，该网关的 Socket 服务除了支持本地 ZigBeeTest 客户端的连接，也同时支持远程的客户端连接。由此可知，在网关服务程序中 Socket 服务至关重要，它是串口数据与客户端程序之间的桥梁。

图 7.11 是网关服务程序的 Socket 服务结构图。在网关服务程序中创建了一个 Socket Server 服务，该服务主要是监听并处理客户端程序中 Socket 客户端的连接；网关服务程序中同时也创建了一个 Socket Client，该客户端的作用就是与连接到 Socket Server 端的客户端程序 Socket Client 进行交互，并同时处理串口发送过来的数据。

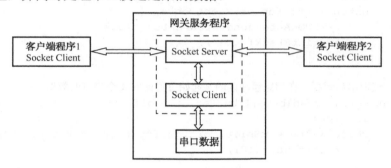

图 7.11　Socket 服务结构图

网关服务程序在实现过程中主要开启了两个服务：串口数据侦听服务、Socket Server 服务。打开智能网关服务程序（工程源码在"DISK-ZigBee\02-开发例程\Chapter 07\网关服务程序"目录下，工程名称为 zbconfig）后，在源码"src\com.zonesion.ZigBee.ZigBeed"目录下的 ZigBeeServer.java 中的入口处可以看到开启了两个线程，一个是串口服务线程，另一个是 Socket Server 线程，下面分别对这两个服务线程进行解析。

1. 串口服务线程

串口服务线程的功能主要是与 Socket 服务进行交互，将接收到的串口数据转发给 Socket 服务，同时将 Socket 服务发送过来的网络数据通过串口发送出去，源码解析如下。

```java
public void onCreate() {
    super.onCreate();
    //启动串口服务线程
    mZBSerial.start();
    //启动 Socket Server 线程
    mSocketServerThread = new SocketServerThread();
    mSocketServerThread.setDaemon(true);
    mSocketServerThread.start();
}
```

串口服务线程的功能就是首先读取串口发送过来的数据，然后将串口数据发送到 Socket Server 的执行线程 Socket Client，以下是串口服务线程的关键源码解析。

```java
//串口服务线程
class ZBSerial extends Thread {
    boolean mRunning = false;
    SerialPort mSerialPort;

    public void start() {
        mRunning = true;
        super.start();
    }
    public void exit() {
        mRunning = false;
        if (mSerialPort != null) {
            mSerialPort.close();
        }try {
            this.join();
            catch (InterruptedException e) {
                //TODO Auto-generated catch block
                e.printStackTrace();
            }
    }
    //读取串口数据，在指定缓冲区的某起始位置读取 N 个字节的数据
    int serial_read(byte[] buffer, int off, int cnt) throws ioException {
        int len;
        while ((len = mSerialPort.getInputStream().available()) == 0) {
            //this.wait(10);
        }
        if (len < 0)
        return -1;
        if (len > cnt)
        len = cnt;
        return mSerialPort.getInputStream().read(buffer, off, len);
    }
    //线程运行主体
    public void run() {
        byte[] buffer = new byte[256];
        Log.d(TAG, "serial thread start..............");
        while (mRunning) {
            if (mSerialPort == null) {   //打开串口
            try {
                mSerialPort = new SerialPort(new File("/dev/s3c2410_serial3"),
                                        38400);
            } catch (Exception e) {
                //TODO Auto-generated catch block
                e.printStackTrace();
            }
        } else {   //串口已经打开
            int ret;
```

```
            try {
                ret = serial_read(buffer, 0, 1);
                //读取失败
                if (ret < 0) {
                    mSerialPort = null;
                    continue;
                }
                if ((buffer[0] & 0xff) != 0xFE)
                continue;
                ret = serial_read(buffer, 1, 1);
                if (ret < 0) {
                    mSerialPort = null;
                    continue;
                }
                int off = 2, pkglen = 1 + 1 + 2 + (buffer[1] & 0xff)+ 1;
                while (off < pkglen) {
                    ret = serial_read(buffer, off, pkglen - off);
                    if (ret < 0) {
                        mSerialPort = null;
                        continue;
                    }
                    off += ret;
                }
                //将串口接收到的数据进行处理
                onSerialPackage(buffer, pkglen);

            } catch (Exception e) {
                //TODO Auto-generated catch block
                //e.printStackTrace();
                mSerialPort = null;
            }
        }
    }
    Log.d(TAG, "serial thread exit.............");
}
//对串口接收的数据进行处理
void onSerialPackage(byte[] pkg, int len) {
    //将接收到的串口数据进行封装
    int dlen = pkg[1] & 0xff;
    pkg[0] = 0x02;
    pkg[1] = pkg[2];
    pkg[2] = pkg[3];
    pkg[3] = (byte) (dlen & 0xff);
    byte fcs = calcFCS(pkg, 1, dlen + 3);
    pkg[4 + dlen] = fcs;
    //将串口数据发送给 Socket 客户端
    if (pkg[1] == 0x69 && pkg[2] == 0x00&& mLastWriteSerialSocket != null) {
        try {
            mLastWriteSerialSocket.getOutputStream().write(pkg, 0, len);
        } catch (I/OExceptI/On e) {
```

```
                    }
                } else {
                    for (SocketClientThread st : mClientThreads) {
                        try {
                            st.getSocket().getOutputStream().write(pkg, 0, len);
                        } catch (ioException e) {
                        }
                    }
                }
            }
            //串口写数据
            public void sendPackage(byte[] pkg, int len) {
                if (mSerialPort != null) {
                    try {
                        mSerialPort.getOutputStream().write(pkg, 0, len);
                    } catch (ioException e) {
                        //TODO Auto-generated catch block
                        //e.printStackTrace();
                    }
                }
            }
        }
```

2．Socket 服务线程

Socket 服务线程的作用就是将串口服务线程发送过来的数据转发给客户端程序的 Socket 客户端，同时将客户端程序的 Socket 客户端发送来的网络数据发送给串口服务线程。在前面介绍过的网关服务程序中，Socket 服务分为 Socket Server 和 Socket Client，下面分别对这两个服务线程进行源码解析。

（1）Socket Server 服务线程。

```
//Socket Server 端服务程序
class SocketServerThread extends Thread {
    boolean mRunning = false;
    ServerSocket mServSock;
    Object mSocketLock = new Object();
    public void start() {
        mRunning = true;
        super.start();
    }
    public void run() {
        Log.d(TAG, "service socket thread start ...");
        while (mRunning) {
            try {
                synchronized (mSocketLock) {
                    if (mServSock == null) {        //建立 Socket server 端
                        mServSock = new ServerSocket(8320);
                        mServSock.setReuseAddress(true);
                    }
                }
                if (mServSock != null) {                //接受 Socket 客户端的连接
```

```
                Socket sk = mServSock.accept();
                //将 Socket 主服务交给 Socket Client 处理
                SocketClientThread st = new SocketClientThread(sk);
                st.start();
            }
        } catch (ioException e) {
            //TODO Auto-generated catch block
            //e.printStackTrace();
            mServSock = null;
            for (SocketClientThread st : mClientThreads) {
                st.exit();
            }
        }
    }
    for (SocketClientThread st : mClientThreads) {
        st.exit();
    }
    Log.d(TAG, "service socket thread exit ...");
}
public void exit() {
    mRunning = false;
    synchronized (mSocketLock) {
        if (mServSock != null)
        try {
            mServSock.close();
            mServSock = null;
        } catch (ioException e) {
            //TODO Auto-generated catch block
            e.printStackTrace();
        }
    }
    try {
        this.join();
    } catch (InterruptedException e) {
        //TODO Auto-generated catch block
        e.printStackTrace();
    }
}
}
```

（2）Socket Client 服务线程。

```
//Socket 客户端服务线程
class SocketClientThread extends Thread {
    boolean mRunning = false;
    Socket mSocket;
    public SocketClientThread(Socket sk) {
        mSocket = sk;
    }

    public void start() {
```

```java
        mRunning = true;
        super.start();
    }
    public void exit() {
        mRunning = false;
        try {
            mSocket.close();
        } catch (ioException e) {
            //TODO Auto-generated catch block
            //e.printStackTrace();
        }
    }
    Socket getSocket() {
        return mSocket;
    }
    //Socket 客户端读取数据处理
    private int read_package(byte[] buffer) throws ioException {
        byte c1, c2;
        int plen;
        int ret = mSocket.getInputStream().read();
        if (ret < 0) {
            return -1;
        }
        if (ret != 0x02)
        return 0;
        buffer[0] = 0x02;
        ret = mSocket.getInputStream().read();
        if (ret < 0) {
            return -1;
        }
        buffer[1] = (byte) (ret);
        ret = mSocket.getInputStream().read();
        if (ret < 0) {
            return -1;
        }
        buffer[2] = (byte) ret;
        ret = mSocket.getInputStream().read();
        if (ret < 0) {
            return -1;
        }
        buffer[3] = (byte) ret;
        plen = ret + 1; //+ fcs
        int i = 0;
        while (i < plen) {
            ret = mSocket.getInputStream().read(buffer, 4 + i, plen - i);
            if (ret < 0)
```

```
                return -1;
                i += ret;
        }
        return plen + 4;
    }
    //Socket 客户端线程运行主体
    public void run() {
        byte[] buffer = new byte[256];
        Log.d(TAG, "++++++++ start client thread " + this);
        mClientThreads.add(this);
        while (mRunning) {
            try {
                //读取 Socket Server 发送过来的数据
                int len = read_package(buffer);
                if (len < 0) {
                    mRunning = false;
                    break;
                }
                //数据处理
                byte c1 = buffer[1];
                byte c2 = buffer[2];
                int dlen = buffer[3] & 0xff;
                buffer[0] = (byte) 0xFE;
                buffer[1] = buffer[3];
                buffer[2] = c1;
                buffer[3] = c2;
                byte fcs = calcFCS(buffer, 1, dlen + 3);
                buffer[4 + dlen] = fcs;
                synchronized (mZBSerial) {
                    mLastWriteSerialSocket = mSocket;
                    //将接收到的 Socket 数据写入串口
                    mZBSerial.sendPackage(buffer, len);
                }
            } catch (ioException e) {
                //TODO Auto-generated catch block
                //e.printStackTrace();
                mRunning = false;
            }
        }
        mClientThreads.remove(this);
        Log.d(TAG, "---------- stop client thread " + this);
    }
}
```

图 7.12 是网关服务程序流程图。

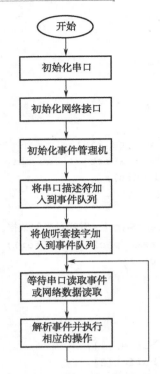

图 7.12　网关服务程序流程图

7.3　任务 41：节点间通信协议

ZigBee 网络由一个管理节点（以下称为 Coo 节点）和若干内置于受控设备内的 ZigBee 普通节点（以下简称为普通节点）构成。根据数据流向，可将通信分为三层：第一层为上层应用程序与 ZigBee 网关之间的通信（应用层通信协议）；第二层为 ZigBee 网关与 Coo 节点之间的通信（串口通信协议），采用 TI 提供的标准串口通信；第三层为 Coo 节点与普通节点之间的通信（协议栈通信协议）。三层通信协议详细内容详见"DISK-ZigBee/02-实验例程/Chapter 07"目录下"节点间通信协议.pdf"。前两层通信协议帧通过网关服务程序进行转换，第三层通信协议帧封装在前两层通信协议帧中。

图 7.13 是应用层、网关、协调器和节点之间的通信协议关系图。

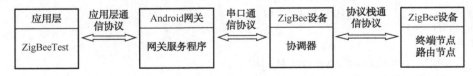

图 7.13　各层通信协议关系图

7.3.1　应用层通信协议解析

应用层与网关之间采用应用层通信协议，该协议采用对象字典方式（Object Dictionary，以下简写为 OD）对 Coo 节点本身和普通节点的参数和状态进行设置和控制。读节点的 OD 值即查询其参数和状态（例如，继电器节点模块的开/关状态），写节点 OD 值即设置其参数或状态（例如，将继电器模块 OD 值中的状态字节设置为 1 表示开启继电器，设置为 0 表示关闭继电器）。其中命令格式如下。

标示	SOP	LEN	CMD	DATA	FCS
长度/B	1	1	2	N	1

SOP：固定为 0xFE。

LEN：DATA 的长度 N。

```
CMD:      29 00           //上位机发送
          69 00           //协调器正确接收指令返回
          69 80           //节点返回数据
```

DATA：用户数据，格式如下：

02 + NA1 + NA2 + APP_CMD（2 字节） + APP_DATA

其中，NA1、NA2 为节点 2 字节网络地址

```
APP_CMD: 00 00           //指示协调器此数据需要转发给节点的应用程序数据
         01 01           //指示协调器根据给定 mac 地址查找网络地址
         01 02           //指示协调器根据给定的网络地址查找 mac 地址
```

FCS：从 LEN 域开始到 DATA 域的字节异或和

下面以读取继电器传感器状态为例，详解通信协议。

（1）上层应用程序发送的协议帧如下。

0229 000702AAF8 00 01 41 02 FCS

SOP CMD LEN   DATA

（2）网关接收来自上层应用程序的协议帧，将协议帧转化为标准的串口协议帧，如下。

FE0729 0002AAF8 00 01 4102   FCS

SOP LEN CMD   DATA

（3）Coo 节点接收来自网关的串口协议帧，将串口协议帧转化为协议栈协议帧，通过 ZigBee 网络发送给继电器传感器节点，如下。

AAF800 0141 02

目的地址命令 ID   数据

注：DATA 中的 02 为端口号。

（4）继电器传感器节点解析命令 ID 和数据后将自己的状态发送给协调器，协调器通过串口发送给网关，网关接收到的数据帧如下。

FE 01 69 00 00 68

FE0869 80AA F8 80 01 00 41 02 03   FCS

SOP LEN CMD   DATA

注：第一条帧是一个响应帧，00 表示成功。

（5）最后网关将数据帧发送给应用程序，应用程序接收到的数据帧如下。

0269 8008AA F8 80 01 00 41 02 03   FCS

SOP CMD LEN   DATA

解析 DATA 域如下。

- AA F8：继电器节点短地址。
- 80 01：读参数响应命令。
- 00：状态（00 表示成功；01 表示失败）。
- 41 02：传感器参数标识。
- 03：继电器状态。

7.3.2　串口通信协议解析

网关与协调器之间的通信是通过串口来实现的，ZStack 串口通信协议对串口命令格式的规定如表 7.1 所示。

表 7.1　串口通信协议的命令格式

标识	SOP	LEN	CMD	DATA	FCS
长度/B	1	1	2	N	1

其中，不同参数的具体意义及参数值的选择参考文档"节点间通信协议.pdf"中的串口通信协议。

以控制继电器传感器的开关和读取温/湿度传感器的值为例，详解通信协议。在测试网关与协调器之间的串口通信时，需要先配置主机串口的参数：打开串口工具 UartAssist.exe（该软件在"DISK-ZigBee/04-常用工具/串口工具"目录下），设置波特率为 38400 bps，数据位为 8 位，无校验位，停止位为 1 位，接收区和发送区的命令都是按十六进制显示。串口工具的配置如图 7.14 所示。

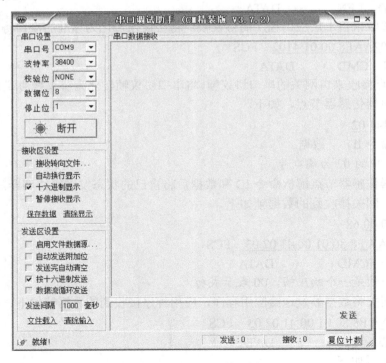

图 7.14　串口工具的配置

配置好串口后，就可以在发送区输入不同的命令来实现相应的功能。这里演示如何通过串口通信来控制继电器的开与关。网关向协调器发送控制命令需要知道继电器节点的网络地址，可以根据继电器传感器的 MAC 地址来查询其网络地址。例如，继电器传感器的 MAC 地址为 00 12 4B 00 03 D4 42 1F，根据继电器传感器的 MAC 地址来查询其网络地址的命令为表 7.2 所示。

表 7.2 查询其网络地址的命令

SOP	LEN	CMD	DATA	FCS
FE	0D	29 00	02000001 0100 12 4B 00 03 D4 42 1F	F5

其中，CMD 取值 29 00 表示上位机发送；DATA 域中的 02 为固定值，00 00 表示协调器地址，01 01 指示协调器根据给定 MAC 地址查找网络地址，00 12 4B 00 03 D4 42 1F 为继电器节点的 MAC 地址。

网关通过串口发送数据给协调器后，协调器会返回命令，如表 7.3 所示。

表 7.3 协调器返回命令

SOP	LEN	CMD	DATA	FCS
FE	01	69 00	00	68

其中，CMD 取值 69 00 表示协调器正确接收指令返回；DATA 取值 00 表示协调器成功发送命令。

继电器传感器返回命令如表 7.4 所示。

表 7.4 继电器传感器返回命令

SOP	LEN	CMD	DATA	FCS
FE	0E	6980	000001 0100 12 4B 00 03 D4 42 1FDA D9	37

其中，CMD 取值 69 80 表示节点数据；DATA 域中的 DA D9 即为继电器节点的网络地址。根据继电器传感器返回的命令可知，继电器节点的网络地址为 DA D9，在获得继电器节点的网络地址后，就可以通过串口向协调器节点发送不同的命令来控制继电器的开关了。例如，要想打开两个继电器，从串口输入的命令如表 7.5 所示。

表 7.5 串口输入命令

SOP	LEN	CMD	DATA	FCS
FE	08	29 00	02DA D900 0241 0103	61

其中，DATA 域中的 00 02 为命令 ID，表示写参数，41 01 为继电器传感器的参数标识，表示改变继电器的状态，03 表示同时改变两个继电器的电平。

协调器返回命令如表 7.6 所示。

表 7.6 协调器返回命令

SOP	LEN	CMD	DATA	FCS
FE	01	69 00	00	68

其中，CMD 取值 69 00 表示协调器正确接收指令返回；DATA 取值 00 表示协调器成功发送命令。

继电器传感器返回命令如表 7.7 所示。

表 7.7　继电器返回命令

SOP	LEN	CMD	DATA	FCS
FE	07	6980	DA D900 0341 0203	AE

其中，DATA 域中的 00 03 为命令 ID，表示主动上报传感器值，41 02 为继电器传感器的参数标识，表示上报传感器的状态值，03 表示两个继电器目前均处于打开的状态。此时可以听到继电器打开的声音，且 D4 和 D5 灯亮。

同理，当上层应用需要读取光敏传感器采集到的光照强度值时，也要先配置串口，再通过发送命令获取光敏传感器的网络地址，然后发送命令读取光敏传感器的值。例如，光敏传感器的 MAC 地址为 00 12 4B 00 03 D4 42 1F，根据光敏传感器的 MAC 地址来查询其网络地址的命令，如表 7.8 所示。

表 7.8　查询网络地址命令

SOP	LEN	CMD	DATA	FCS
FE	0D	29 00	02000001 0100 12 4B 00 03 D4 42 1F	F5

其中，CMD 取值 29 00 表示上位机发送；DATA 域中的 02 为固定值，00 00 表示协调器地址，01 01 指示协调器根据给定 MAC 地址查找网络地址，00 12 4B 00 03 D4 42 1F 为光敏传感器节点的 MAC 地址。

网关通过串口发送数据给协调器后，协调器会返回命令，如表 7.9 所示。

表 7.9　协调器返回命令

SOP	LEN	CMD	DATA	FCS
FE	01	69 00	00	68

其中，CMD 取值 69 00 表示协调器正确接收指令返回；DATA 取值 00 表示协调器成功发送命令。

光敏传感器返回命令如表 7.10 所示。

表 7.10　光敏返回命令

SOP	LEN	CMD	DATA	FCS
FE	0E	6980	000001 0100 12 4B 00 03 D4 42 1F97 6B	C8

其中，CMD 取值 69 80 表示节点数据；DATA 域中的 97 6B 即为光敏传感器节点的网络地址。

根据光敏传感器返回的命令可知，光敏传感器节点的网络地址为 97 6B，在获得节点的网络地址后，就可以通过串口向协调器节点发送命令来获取光敏传感器的光照强度值了。由文档"节点间通信协议.pdf"可知，光敏传感器只支持主动上报光照值的功能。开启主动上报的命令如表 7.11 所示。

表 7.11 主动上报命令

SOP	LEN	CMD	DATA	FCS
FE	08	29 00	0297 6B00 0201 0105	D8

其中，DATA 域中的 00 02 为命令 ID，表示写参数，01 01 为光敏传感器的参数标识，表示改变光敏传感器主动上报的状态，05 表示主动上报的时间间隔（单位为 s）。

协调器返回命令如表 7.12 所示。

表 7.12 协调器返回命令

SOP	LEN	CMD	DATA	FCS
FE	01	69 00	00	68

其中，CMD 取值 69 00 表示协调器正确接收指令返回；DATA 取值 00 表示协调器成功发送命令。

光敏传感器返回命令如表 7.13 所示。

表 7.13 光敏传感器返回命令

SOP	LEN	CMD	DATA	FCS
FE	07	6980	97 6B00 0301 0237	25

其中，DATA 域中的 00 03 为命令 ID，表示主动上报传感器值，01 02 为光敏传感器的参数标识，表示上报光敏传感器的值，37 表示光敏传感器所采集到的光照强度值。

在开启主动上报命令中设置的上报时间间隔为 5 s，每隔 5 s 串口接收数据栏中会显示当前传感器的值。当使用手电筒对准光敏传感器照射时，光敏传感器返回的命令为 FE 07 69 80 97 6B 00 03 01 02 12 25，此时光照强度值为 12；当用手遮住光敏传感器时，光敏传感器返回的命令为 FE 07 69 80 97 6B 00 03 01 02 6B 25，此时光照强度值为 6B。

若想关闭主动上报的功能，只需输入命令 FE 08 29 00 02 97 6B 00 02 01 01 00 DD 即可。

7.3.3 协议栈通信协议解析

协议栈通信协议是工作在协调器与普通节点之间的协议，当协调器接收到来自网关的串口协议帧时，将串口协议帧转化为协议栈协议帧，再通过 ZigBee 网络发送给继电器传感器节点，协议栈协议帧的格式如表 7.14 所示。

表 7.14 协议栈协议帧格式

2Byte	2Byte	xByte
目的地址	命令 ID	数据

上层应用向网关发送命令来控制继电器的状态，则协调器将串口协议帧转化为协议栈协议帧得到的数据，如表 7.15 所示。

表 7.15 协调器返回命令

目的地址	命令 ID	数据
DA D9	00 02	41 0103

其中，DA D9 为继电器的网络短地址；00 02 表示写命令；41 0103 表示打开所有继电器。协调器会将转换后的数据帧通过 ZigBee 网络发送给传感器节点。

7.4 任务 42：Android 控制程序开发

7.4.1 Android 用户控制程序框架

控制程序运行于 Android 系统应用层，采用 Java 开发。用户控制程序通过接收输入操作，生成相应的控制指令然后通过 3G、Wi-Fi 或以太网发送到智能网关系统。同时，用户控制程序还接收智能网关程序发送过来的告警指令，并生成相应的告警信息，产生告警。

Android 用户控制程序框架如图 7.15 所示。

图 7.15　Android 用户控制程序框架

Android 用户控制程序所有的数据都来自于网关服务程序，根据第 7.2 节可知网关服务程序创建了 1 个 Socket Server，端口号为 8320，Android 用户控制程序要与 ZigBee 节点进行通信则只需要创建 1 个 Socket Client，并连接 Socket Server 进行通信，当接收到 Socket Server 发送过来的数据后进行解析，然后将节点信息在 Android 界面上进行显示；同样 Android 端用户控制程序向底层 ZigBee 节点发送的指令，也是通过网关服务程序 Socket Server 来进行转发的。图 7.16 是 Android 用户控制程序的数据流程图。

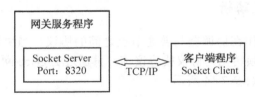

图 7.16　用户控制程序数据流程图

下面以 ZigBee 网络拓扑结构生成模块和继电器控制模块为例来介绍其源码实现过程，其他模块类同，可参考源代码。

Android 用户控制程序源码在附带资源包中的 "DISK-Zigbee/02-开发例程/Chapter 07/ZigBeeTest" 文件夹下，工程名称为 ZigBeeTest。当用户第一次运行 ZigBeeTest 程序，或者从菜单中选择搜索时，ZigBee 网络拓扑图生成模块需要先检查网络连接，如果网络能正常连接到 ZigBee 网关，则发送获取协调器信息的指令来获取协调器的相关信息，然后将协调器通过绘图子程序在屏幕上显示出来。当有普通节点加入到网络时，协调器会获取到节点信息，并将其通过绘图子程序在屏幕上显示出来。

Android 用户控制程序的入口文件为 ZigBeeTool.java。在主 Activity 中加载页面布局后，首先需要连接 ZigBee 网关，即调用函数 connect2server()实现连接网关的功能，默认情况下，该函数连接的是本地 IP "127.0.0.1:8320"，也就是连接网关服务程序创建的 Socket Server（网关服务程序可以参考 7.2 节），函数的具体代码实现如下。

```
private void connect2server()
{
    int port = 8320;                          //端口号
    String x[] = mZigBeeGetWay.split(":");
    if (x.length==2) {
        port = Integer.parseInt(x[1]);        //类型转换
        if (port == 0) port = 8320;
    }
    mConnectStatus = 1;                       //连接状态标志位
    mZbThread.requestConnect(x[0], port);     //响应连接
    setTitle("正在连接到 ZigBee 网关 -- " + this.mZigBeeGetWay);
    setProgressBarIndeterminateVisibility(true);
}
```

　　接着，程序中调用函数 onConnectChange()来判断连接网关是否成功，函数的代码实现如下。

```
private void onConnectChange(int st)
{
    Log.d(TAG, "onConnectChange status : "+st);
    if (st == 0) {                     //连接失败
        /*connect off*/
        int x = mConnectStatus;
        mConnectStatus = 0;            //连接状态标志位置为 0
        if (x == 1) {
            setTitle("物联网综合演示任务");
            Toast.makeText(ZigBeeTool.this, "连接 ZigBee 网关失败 -- " +
                            this.mZigBeeGetWay, Toast.LENGTH_LONG).show();
            setProgressBarIndeterminateVisibility(false);
        }

    } else {                           //连接成功
        /*connect on*/
        mConnectStatus = 2;            //连接状态标志位置为 2
        if (mSearchingZbNet == 0) {
            setTitle("正在搜索 ZigBee 网络...");
            setProgressBarIndeterminateVisibility(true);
            mSearchingZbNet = 1;
            mZbThread.requestSerachNetWrok();   //响应搜索网络
        }
    }
}
```

　　若成功连接到 ZigBee 网关，就可以开始描绘 ZigBee 网络的拓扑图，绘制拓扑图需要先获取到协调器的信息，相关代码实现在 ZbThread.java 文件中的 doSearchNetWork 函数，具体的部分代码实现如下。

```
byte[] ninfo = mProx.syncRequestSYS_APP_MSG( 2, new byte[] {
    (byte) (0>>8), (byte) 0,    //地址，协调器地址为 0x0000
    0x00, 0x01,                 //读参数命令
    //硬件版本、软件版本、设备类型、MAC 地址、邻居表个数
    0x00,0x01, 0x00,0x02, 0x00,0x05, 0x00,0x14, 0x00,0x15});
```

上述代码功能：调用了函数 syncRequestSYS_APP_MSG 来获取协调器的信息，函数返回值存储在 ninfo 这个变量中，若"ninfo!=null"，则 ninfo 中保存获取到的协调器的相关信息，否则表示获取协调器信息失败，ZigBee 网络搜索结束。

在获取到协调器的信息后，需要在主程序中通过主线程将协调器显示在屏幕上，具体的部分代码实现如下。

```
Message msg = Message.obtain();              //获得消息
msg.what = MSG_NEW_NETWORK;                  //消息标志位
msg.arg1 = 1;
HashMap<String, Node> h = new HashMap<String, Node>();
h.put("node", nd);                           //当前节点为协调器节点 nd
h.put("parent", null);                       //协调器节点的父节点为空
msg.obj = h;
mMainHandler.sendMessage(msg);               //发送消息
buildNetWork(mTree, childs);                 //递归搜索所有节点信息
```

由于路由节点和终端节点都是协调器的子节点，所以为了搜索所有路由节点和终端节点，程序会通过查找与协调器直接连接的相关节点，然后进行递归搜索，最终搜索完整个网络并绘制出 ZigBee 网络的拓扑结构图。递归搜索的具体实现代码如下。

```
private void buildNetWork(Node pa, int []cli)            //建立 ZigBee 网络
{
    sNodes.add(pa);                                      //加入节点
    for (int i=0; i<cli.length; i++) {
        //依次获取子节点的信息
        try {
            Thread.currentThread().sleep(100);
            } catch (InterruptedException e) {
                //TODO Auto-generated catch block
            }
            //获取节点信息
            byte[] ninfo = mProx.syncRequestSYS_APP_MSG( 2, new byte[] {
                (byte) (cli[i]>>8), (byte) cli[i],       //addr
                0x00, 0x01,                              //cmd
                0x00,0x01, 0x00,0x02, 0x00,0x05, 0x00,0x14, 0x00,0x15
            });
            if (ninfo==null || ninfo.length<29) {        //节点信息获取失败
                Log.d(TAG, "**** get node "+cli[i]+" info fail.");
                continue;
            }
            int tmp, off=0;
            tmp = Tool.builduInt(ninfo[off], ninfo[off+1]);    //addr
            if (tmp != cli[i]) {
                Log.d(TAG, "net add is not equl...");
```

```
            continue;
        }
        off += 2;
        tmp = Tool.builduInt(ninfo[off], ninfo[off+1]);      //cmd
        if (tmp != 0x8001) {
            Log.d(TAG, "response cmd not euql...");
            continue;
        }
        off += 2;
        if (ninfo[off] != 0) {                                   //读取状态
            Log.d(TAG, "read status is not 0");
            continue;
        }
        off += 1;
        Node nd = new Node(cli[i], Node.ZB_NODE_TYPE_ENDDEVICE);
        int[] childs = {};

        while (off < ninfo.length) {
            tmp = Tool.builduInt(ninfo[off], ninfo[off+1]);
            off += 2;
            switch (tmp) {
            case 0x0001:                                         //硬件版本
                nd.mHardVer = Tool.builduInt(ninfo[off], ninfo[off+1]);
                off += 2;
            break;
            case 0x0002:                                         //软件版本
                nd.mSoftVer = Tool.builduInt(ninfo[off], ninfo[off+1]);
                off += 2;
            break;
            case 0x0005:                                         //设备类型
                nd.mDevType = ninfo[off];
                off += 1;
            break;
            case 0x0014:                                         //MAC 地址
            for (int j=0; j<8; j++) {
                nd.mIEEEAddr[j] = ninfo[off+j];
            }
            off += 8;

            break;
            case 0x0015:                                         //邻居表个数
            int assocCnt = ninfo[off];
            off += 1;
            if (assocCnt != 0) {
                nd.mNodeType = Node.ZB_NODE_TYPE_ROUTER;
                int[] nli = new int[assocCnt];
                for (int j=0; j<assocCnt; j++) {
                    nli[j] = Tool.builduInt(ninfo[off], ninfo[off+1]);
                    off += 2;
                }
```

```
                        childs = nli;
                }
                break;
        }
    }
    pa._childNode.add(nd);                                  //加入节点

    Message msg = Message.obtain();                         //获取消息
    msg.what = MSG_NEW_NETWORK;
    msg.arg1 = 1;
    HashMap<String, Node> h = new HashMap<String, Node>();
    h.put("node", nd);                                      //当前节点
    h.put("parent", pa);                                    //父节点
    msg.obj = h;
    mMainHandler.sendMessage(msg);                    //发送消息

    buildNetWork(nd, childs);                   //递归调用此方法来绘制拓扑图
    }
}
```

至此，整个网络拓扑图的绘制就完成了，当所有节点都成功入网后，就可以让节点与上层应用程序进行通信了。

节点与 Android 应用程序之间的通信是通过协调器和网关来实现的，上层应用程序只能与网关进行通信，普通节点只能与协调器进行通信。下面以继电器节点与上层应用程序之间的通信为例来讲解节点和应用之间的交互过程。

打开 RelaySensorPresent.java 文件，在加载继电器传感器的应用层界面后，需要响应相应的单击事件（这里是指按钮单击事件）来向下发送不同的数据包，最终实现打开或者关闭继电器的功能。响应单击事件的代码实现如下。

```
//处理单击事件
public void onClick(View v) {
    //TODO Auto-generated method stub
    byte[] dat = new byte[3];
    if (v == mBtnOn1) {
        dat[0] = 0x41;                          //参数标识为继电器传感器
        dat[1] = 0x01;                          //写数据
        dat[2] = 1;                             //打开继电器1
    } else if (v == mBtnOn2) {
        dat[0] = 0x41;                          //参数标识为继电器传感器
        dat[1] = 0x01;                          //写数据
        dat[2] = 2;                             //打开继电器2
    } else {
        return;
    }
    super.sendRequest(0x0002, dat);      //发送数据包，其中 0x0002 表示写参数
}
```

上述代码功能：调用了函数 sendRequest 来发送数据包，所有普通节点类都继承了 NodePresent 类，发送数据包的方法都是调用 NodePresent.java 文件中的 sendRequest 方法，具

体实现如下。

```
void sendRequest(int cmd, byte[] dat) {
    byte[] data = new byte[dat.length + 4];
    data[0] = (byte) (mNode.mNetAddr >> 8);
    data[1] = (byte) mNode.mNetAddr;                //网络地址
    data[2] = (byte) (cmd >> 8);
    data[3] = (byte) cmd;                           //命令
    for (int i = 0; i < dat.length; i++)
    data[4 + i] = dat[i];
    //响应应用层消息
    ZigBeeTool.getInstance().mZbThread.requestAppMessage(2, data);
}
```

上述代码中调用了线程 mZbThread 的 requestAppMessage 方法，在 ZbThread.java 文件中对 requestAppMessage 方法的编写如下。

```
void requestAppMessage(int ep, byte[] dat) {
    Message msg = Message.obtain();                 //获得消息
    msg.what = REQUEST_APP_MESSAGE;                 //消息标志
    msg.arg1 = ep;
    msg.obj = dat;
    mMyHandler.sendMessage(msg);                    //发送消息
}
```

上述代码功能：设置了消息标志 msg.what 后，在 ZbThread.java 文件中的消息处理函数中就会根据消息标志来调用相应的方法，具体实现如下。

```
class MyWorkerHandler extends Handler {
    private static final String TAG = "MyWorkHandler";

    MyWorkerHandler(Looper looper) {
        super(looper);
    }
    public void handleMessage(Message msg) {
        switch (msg.what) {
            case REQUEST_SEARCH_NETWORK:            //响应搜索网络
                doSearchNetWork();
            break;
            case REQUEST_NODE_ENDPOINT_INFO:        //响应节点信息
                doGetNodeEndPointInfo(msg.arg1, msg.arg2);
            break;
            case REQUEST_APP_MESSAGE:               //响应应用层消息
                doAppMessage(msg.arg1, (byte[]) msg.obj);
            break;
        }
    }
}
```

上述代码中调用了函数 doAppMessage，具体实现如下。

```
private void doAppMessage(int ep, byte[] dat) {
    byte[] info;
```

```
        info = mProx.syncRequestSYS_APP_MSG(ep, dat);   //获取应用层信息
        if (info != null) {
            Log.d(TAG, "doAppMessage:" + Tool.byte2string(info));
        } else {
            Log.d(TAG, "appMessage request timeout...");
        }
        Message msg = Message.obtain();                    //获得消息
        msg.what = MSG_GET_APP_MSG;                         //消息标志
        msg.obj = info;

        mMainHandler.sendMessage(msg);                     //发送消息
}
```

在 ZigBeeTool.java 文件中，定义了类 UiHandler 来处理不同的消息标志，代码实现如下。

```
class UiHandler extends Handler
{
    public void handleMessage(Message msg)
    {
        switch(msg.what) {
            case 0:
            for (RelationView v : mRVViews) {
                v.reDraw();
            }
            Message m = obtainMessage(0);
            sendMessageDelayed(m, 100);
            break;
            case ZbThread.MSG_CONNECT_STATUS:              //连接状态消息
            onConnectChange(msg.arg1);
            break;
            case ZbThread.MSG_NEW_NETWORK:                 //建立网络消息
            onMsgNetwork(msg.arg1, msg.obj);
            break;
            case ZbThread.MSG_CONNECT_DATA:                //连接数据消息
            byte[] dat = (byte[])msg.obj;
            if (msg.arg1 == 0x6980) {
                onResponseMSG_GET_APP_MSG(dat);            //响应获取应用层消息
            }
            break;
            case ZbThread.MSG_GET_APP_MSG:                 //获取应用层消息
            byte[] dat2 = (byte[])msg.obj;
            onResponseMSG_GET_APP_MSG(dat2);               //响应获取应用层消息
            break;
        }
    }
}
```

由消息标志 MSG_GET_APP_MSG 判断调用的是函数 onResponseMSG_GET_APP_MSG，此函数实现了 Android 用户控制程序对网关发送过来的数据的处理，具体代码如下。

```
private void onResponseMSG_GET_APP_MSG(byte[]dat)
{
    if (dat == null) return;
```

```
        Log.d(TAG, "APP MSG :"+Tool.byte2string(dat));
        if (dat == null || dat.length<=4) {                    //数据包发送错误
            Log.d(TAG, "APP MSG timeout or package error.");
            return;
        }
        int addr = Tool.builduInt(dat[0], dat[1]);             //地址
        int cmd = Tool.builduInt(dat[2], dat[3]);              //命令
        byte[] data = new byte[dat.length-4];
        for (int i=0; i<data.length; i++) data[i] = dat[4+i];
        synchronized(mLock) {                                  //异步信号量
            if (mNodePresent != null ) {
                mNodePresent.procAppMsgData(addr, cmd, data);  //调用函数处理数据
            }
        }
    }
```

上述代码中调用了类 NodePresent 的函数 procAppMsgData，而此函数的具体实现是在 RelaySensorPresent.java 文件中重写的，代码如下。

```
//处理传感器设备发过来的数据
void procAppMsgData(int addr, int cmd, byte[] dat) {
    //TODO Auto-generated method stub
    int pid;
    int i = -1;
    Log.d(TAG, Tool.byte2string(dat));
    if (cmd == 0x8001 && dat[0] == 0) {        //读参数响应
        i = 1;
    }
    if (cmd == 0x0003) {                       //主动上报传感器的值
        i = 0;
    }
    if (i < 0)
    return;
    while (i < dat.length) {
        pid = Tool.builduInt(dat[i], dat[i + 1]);
        if (pid == 0x4102) {                   //继电器的状态
            if (dat[i + 2] == 0) {
                mLightImageView1.setImageBitmap(Resource.imageLightOff);
                mLightImageView2.setImageBitmap(Resource.imageLightOff);
                mBtnOn1.setChecked(false);
                mBtnOn2.setChecked(false);
            } else if (dat[i + 2] == 1) {
                mLightImageView1.setImageBitmap(Resource.imageLightOn);
                mLightImageView2.setImageBitmap(Resource.imageLightOff);
                mBtnOn1.setChecked(true);
                mBtnOn2.setChecked(false);
            } else if (dat[i + 2] == 2) {
                mLightImageView1.setImageBitmap(Resource.imageLightOff);
                mLightImageView2.setImageBitmap(Resource.imageLightOn);
                mBtnOn1.setChecked(false);
                mBtnOn2.setChecked(true);
```

```
            } else {
                mLightImageView1.setImageBitmap(Resource.imageLightOn);
                mLightImageView2.setImageBitmap(Resource.imageLightOn);
                mBtnOn1.setChecked(true);
                mBtnOn2.setChecked(true);
            }
            i += 3;
        } else {
            return;
        }
    }
}
```

至此，继电器传感器和应用层的通信过程就分析完了，其他传感器与应用层之间的通信类似。

7.4.2　导入 Android 用户控制程序

导入 Android 用户控制程序前，必须先在 PC 上搭建好 Android 应用程序开发环境，为了简化 Android 应用环境的安装与配置，Google 官网提供了 Android 开发环境集合包"adt-bundle-windows"，出厂光盘内路径"常用工具\Android\adt-bundle-windows.zip"。该软件的安装及配置步骤如下。

（1）安装 Java JDK（常用工具\Android\jdk-6u33-windows-i586.exe）。

（2）安装 Android 开发工具，解压缩 adt-bundle-windows.zip 到任意目录即可，如 D 盘。

（3）设置调试工具环境变量：右键单击"计算机→属性→高级系统设置→环境变量"，编辑"系统变量"中的 path 变量（根据程序 adt-bundle-windows 的位置来设置），在后面添加：

```
D:\adt-bundle-windows\sdk\tools;D:\adt-bundle-windows\sdk\platform-tools;
```

检测 ADB 环境设置正确与否，在 cmd（"开始→所有程序→附件→命令提示符"）终端输入以下命令，查看信息：

```
C:\Users\lusi> adb version
Android Debug Bridge version 1.0.31
```

这样，整个 Android 应用开发环境就安装配置好了，可以运行 Eclipse 工具（"adt-bundle-windows\eclipse-x86\eclipse.exe"）进行应用开发了，如图 7.17 所示。

图 7.17　启动 Eclipse 工具

在搭建好环境后，导入 Android 工程的步骤如下：打开 Eclipse，在菜单栏依次选择"File →Import..."，弹出导入窗口，选择"General"→"Existing Project into Workspace"，导入窗口如图 7.18 所示。

然后单击"Next"按钮，选择工程所在的路径后，单击"Finish"按钮即可完成工程的导入。工程导入完成后，展开工程的子目录，如图 7.19 所示。

图 7.18　Android 工程导入窗口

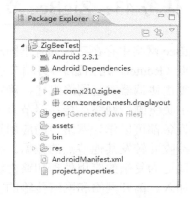

图 7.19　工程结构组织

下面对工程结构进行简要的介绍。

（1）Android2.3.1 文件夹。该文件夹下包含 android.jar 文件，这是一个 Java 归档文件，其中包含构建应用程序所需的所有的 Android SDK 库（如 Views、Controls）和 API。通过 android.jar 将自己的应用程序绑定到 Android SDK 和 Android Emulator，这允许你使用所有 Android 的库和包，且使应用程序在适当的环境中调试。

（2）src 文件夹。顾名思义（src 即 Source Code 的简写），该文件夹是用来存放项目的源代码的。展开 src 文件夹会看到 com.x210.zigbee 和 com.zonesion.mesh.draglayout 两个包，其中 com.x210.zigbee 存放的是各种传感器节点的源码，com.zonesion.mesh.draglayout 存放的是绘制 mesh 图的源码。

（3）gen 文件夹。该文件夹下面有个 R.java 文件，R.java 是在建立项目时自动生成的，这个文件是只读模式的，不能更改。R.java 文件中定义了一个类——R，R 类中包含很多静态类，且静态类的名字都与 res 中的一个名字对应，即 R 类定义该项目所有资源的索引。

（4）res 文件夹。资源目录，包含项目中的资源文件并将编译进应用程序。向此目录添加资源时，会被 R.java 自动记录。这里简要介绍 res 目录下几个比较重要的文件。

● drawable-xdpi：包含一些此应用程序可以用到的图标文件。
● layout：界面布局文件。
● values：软件上所需要显示的各种文字，可以存放多个*.xml 文件，还可以存放不同类型的数据，如 arrays.xml、colors.xml、dimens.xml、styles.xml。

（5）AndroidManifest.xml。项目的总配置文件，记录应用中所使用的各种组件。这个文件列出了应用程序所提供的功能，在这个文件中，可以指定应用程序使用到的服务（如电话服务、互联网服务、短信服务、GPS 服务等）。另外当新添加一个 Activity 时，也需要在这个文件中进行相应配置，只有配置好后，才能调用此 Activity。AndroidManifest.xml 中包含如下设置：application permissions、Activities、intent filters 等。

运行 Android 程序的方法有以下两种。

● 模拟器上运行程序：单击 Eclipse 上的运行按钮 ◎·就可以在模拟器上运行程序了。
● 任务平台上运行程序：将物联网网关任务箱用 USB 与 PC 连接起来，就可将程序下载到任务箱上运行了。

7.5　任务 43：ZigBee 节点控制程序开发

　　ZigBee 网络中存在三种具有不同网络身份的设备，分别是协调节点（Corrdinator，协调器）、路由节点（Router，路由器）、终端节点（End Device，终端设备）。在 ZigBee 网络的组建过程中，必须由协调器发起网络组建，确定网络的基本参数后等待其他节点的加入并在随后的工作过程中负责维护网络。传感器节点可以作为路由设备，也可以作为终端设备，即路由设备和终端设备都可以作为网络中的应用设备的载体，区别在于路由节点负责网络路由的寻找和维护，接收并转发其他节点的数据。在一些规模较大的应用中，路由节点要根据网络拓扑和应用实现更为复杂的应用处理和路由调度算法。终端设备作为网络中最边缘的节点，终端设备只有加入、离开网络和网络传输的功能，终端节点只能与父节点保持通信，不能转发其他节点的数据。ZigBee 网络的拓扑图如图 7.20 所示，其中灰色节点代表路由设备，浅灰色节点代表终端设备，白色节点代表协调器。

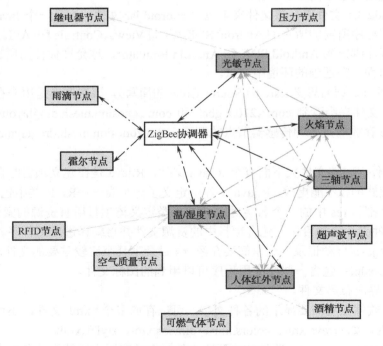

图 7.20　ZigBee 网络拓扑图

7.5.1 节点工程介绍

ZigBee 节点控制程序运行在每个传感器节点上，根据不同的传感器类型，设计不同的传感器控制程序。所有节点控制程序都是基于 ZStack 协议栈的，并且都是在 SampleApp 的基础上修改而来的。

下面对传感器工程进行介绍。

（1）打开例程：打开附带资源包中"DISK-ZigBee/02-开发例程/Chapter 07/ZigbeeProtocol/CC2530DB/ZigbeeProtocol.eww"工程文件，如图 7.21 所示。

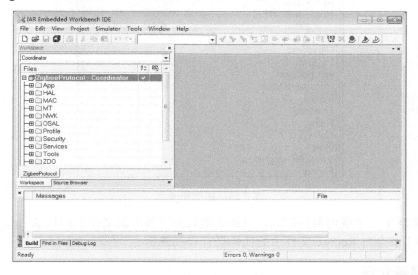

图 7.21 节点工程总视图

（2）修改工程内文件，选择"Tools→ f8wConfig.cfg"，将 PAN ID 修改为新的 4 位数字。

```
-DZDAPP_CONFIG_PAN_ID=0x2100        //如 0x0008
```

（3）在 Workspace 窗口下拉菜单选择需要编译的工程，如 Coordinator 工程，单击 IAR 环境菜单栏"Project→Rebuild All"，重新编译源码，如图 7.22 所示。

图 7.22 协调器工程

协调器的应用功能代码实现文件是 Coordinator.c，在工程文件夹 App 目录下，具体实现可参考源码，编译好之后可将代码下载到协调器板。

（4）其他节点工程（以继电器为例）。下拉勾选 Relay 即继电器工程，如图 7.23 所示。

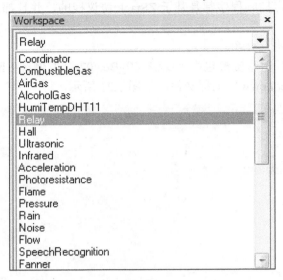

图 7.23　继电器节点

程序中实现了一个继电器的控制，具体实现代码可参考源文件工程目录 App 下的 Relay.c 文件，在 7.5.3 节会对 Relay.c 文件中的代码进行详细解析。

7.5.2　传感器介绍

本任务基于 CC2530 ZigBee 无线传感网协议开发的物联网任务平台提供的传感器，为了方便教学任务使用，大致可以分为三类。

（1）采集类传感器：例如采集空气中污染气体浓度的空气质量传感器，采集乙醇气体浓度的酒精传感器，以及采集周围环境温/湿度的温/湿度传感器等。

（2）安防类传感器：例如检测周围是否有人体活动的人体红外传感器，检测是否有磁场存在的霍尔传感器和干门簧磁传感器，以及检测是否有触摸发生的触摸传感器等。

（3）控制类传感器：例如控制继电器开关的继电器传感器，控制风扇转动的风扇传感器，以及控制步进电机转动的步进电机传感器等。当然，严格来说，这里所说的"控制类传感器"并不符合传感器的定义，但这些"控制类传感器"是配合传感器来使用的，与传感器联系紧密，在工程应用中常常和传感器协同工作，为了管理，才把它们也称为传感器。物联网任务平台提供的大致分类可以参考如下。

```
Coordinator          # 协调器

# 采集类传感器
AirGas               # 空气质量
AlcoholGas           # 酒精
CombustibleGas       # 可燃气体
Flow                 # 流量计数
```

```
HumiTempDHT11         # 温/湿度（DHT11）
HumiTempSHT10         # 温/湿度（SHT10）
Photoresistance       # 光敏
Pressure              # 气压
Rain                  # 雨滴
SoilMoisture          # 土壤湿度
Acceleration          # 三轴加速度
ResistivePressure     # 电阻式压力
Ultrasonic            # 超声波
WaterproofTemp        # 防水型温度

# 检测类传感器（也称安防类传感器）
Button                # 紧急按钮
Hall                  # 霍尔
Flame                 # 火焰
Infrared              # 人体红外
Noise                 # 噪声
InfraedObstacle       # 红外避障
Touch                 # 触摸
Vibration             # 振动

# 控制类传感器
Alarm                 # 声光报警
DCMotor               # 直流电机
STMotor               # 步进电机
DigitalTube           # 数码管
Fanner                # 风扇
Relay                 # 继电器

# 高阶模块节点
IR350                 # 红外遥控
RFID125               # 低频 RFID
RFID135               # 高频 RFID
SpeechRecognition     # 语音识别
SpeechSynthesis       # 语音合成

......                # 其他传感器工程不断更新
```

7.5.3 传感器底层代码解析

本节将以继电器为例对 ZigBee 节点的底层代码进行详细解析，打开源文件工程目录 App 下的 Relay.c 文件，从头文件开始看起。

```
/*头文件*/
#include "ZComDef.h"          //包含一些类型定义和大量的宏定义
#include "OSAL.h"             //包含操作系统抽象层的应用程序接口定义
#include "sapi.h"             //包含 ZStack 协议的简单应用程序接口定义
#include "hal_key.h"          //包含硬件抽象层按键服务的接口定义
#include "hal_led.h"          //包含硬件抽象层 LED 灯服务的接口定义
#include "hal_adc.h"          //包含硬件抽象层 ADC 服务的接口定义
```

```
#include "hal_mcu.h"              //包含硬件抽象层 MCU 服务的接口定义
#include "SimpleApp.h"            //包含简单的示例程序的应用程序接口定义
#include "mt.h"                   //包含监视测试事件中用到的循环函数和其他定义
```

如果要查看这些文件的详细内容，可以在工程中将鼠标移动到头文件的名称上，然后单击鼠标右键，选择"Open Head/Source File"选项，就可以打开该头文件。

在常量定义中定义了节点的初始状态、入网状态、绑定状态，以及开始事件和上报事件等，如下所示。

```
/*常量定义**/
//应用程序状态
#define APP_INIT       0                         //初始状态
#define APP_START      1                         //传感器已加入网络
#define APP_BOUND      2                         //传感器已绑定到设备

//应用的操作系统的事件的标识符，事件的位掩码范围为 0x0000~0x00FF
#define MY_START_EVT      0x0001                  //开始事件
#define MY_REPORT_EVT     0x0002                  //上报事件
//节点设备的输入和输出命令的数目
#define NUM_IN_CMD_SENSOR    2                    //传感器输入命令的数目
#define NUM_OUT_CMD_SENSOR   3                    //传感器输出命令的数目
//I/O 口宏定义
#define K4     P0_1                               //P0_1 宏定义为 K4
#define K5     P0_4                               //P0_1 宏定义为 K4
#define LIGHT_DDR     P0DIR           //P0 方向寄存器
#define LIGHT01_SBIT  P0_5            //灯 1（继电器上的 D5）对应的 I/O 口为 P0_5
#define LIGHT01_BV    BV(5)           //1<<5，即为 0010 0000
#define LIGHT02_SBIT  P0_1            //灯 2（继电器上的 D4）对应的 I/O 口为 P0_1
#define LIGHT02_BV    BV(1)           //1<<1，即为 0000 0010
```

接下来是变量的声明和初始化，如下所示。

```
/*变量声明*/
static uint8 myAppState = APP_INIT;          //应用状态，初始化为初始状态
static uint16 myStartRetryDelay = 10;        //设备再次开始延迟时间，单位为 ms
static byte lightstatus = 0;                 //灯的状态

//输入命令列表
const cId_t zb_InCmdList[NUM_IN_CMD_SENSOR] =
{
    ID_CMD_READ_REQ,                //读请求命令
    ID_CMD_WRITE_REQ,               //写请求命令
};
//输出命令列表
const cId_t zb_OutCmdList[NUM_OUT_CMD_SENSOR] =
{
    ID_CMD_READ_RES,                //读回应命令
    ID_CMD_WRITE_RES,               //写回应命令
    ID_CMD_REPORT,                  //上报命令
};
```

```
//定义节点设备的简单描述格式
const SimpleDescriptionFormat_t zb_SimpleDesc =
{
    MY_ENDPOINT_ID,                     //节点标识号
    MY_PROFILE_ID,                      //扼要描述标识号
    DEV_ID_RELAY,                       //设备标识号
    DEVICE_VERSION_SENSOR,              //设备版本
    0,                                  //保留使用
    NUM_IN_CMD_SENSOR,                  //输入命令的数目
    (cId_t *) zb_InCmdList,             //输入命令列表
    NUM_OUT_CMD_SENSOR,                 //输出命令的数目
    (cId_t *) zb_OutCmdList             //输出命令列表
};
```

通过按键 K4 和 K5 控制 I/O 口 P0_1 和 P0_4 高低电平变化，I/O 口的方向为输入，按键的初始化函数实现如下。

```
/*按键初始化*/
void key_init(void)
{
    /*P0_1 和 P0_4 按键检测*/
    P0SEL &= ~0x12;                     //通用 I/O
    P0DIR &= ~0x12;                     //作为输入
}
```

通过 CC2530 的 I/O 引脚 P0_1 和 P0_5 输出高低电平控制 D4 和 D5 的亮与灭，LED 灯的初始化函数实现如下。

```
/*LED 灯初始化**/
void light_init(void)
{
    P0SEL  &= ~(LIGHT01_BV | LIGHT02_BV);   //普通 I/O
    LIGHT_DDR |= (LIGHT01_BV | LIGHT02_BV); //作为输出
    lightstatus = 0;                        //D4 和 D5 的初始状态
    light_onoff(0);                         //关 D4 和 D5
}
```

灯的开关函数通过参数的值来控制 D4 和 D5 的亮与灭，参数 status 的类型为 uint8，实际上是一个无符号字符，这里只用到了其中的最低两位，第 0 位为 0 控制 D5 灭，为 1 控制 D5 亮；第 1 位为 0 控制 D4 灭，为 1 控制 D4 亮。

```
/*灯的开和关*/
void light_onoff(uint8 status)
{
    if(status == 0){
        st( LIGHT01_SBIT = ACTIVE_LOW (0); );   //D4 灭
        st( LIGHT02_SBIT = ACTIVE_LOW (0); );   //D5 灭
    }else if (status == 1){
        st( LIGHT01_SBIT = ACTIVE_LOW (1); );   //D4 亮
        st( LIGHT02_SBIT = ACTIVE_LOW (0); );   //D5 灭
    }else if (status == 2){
```

```
        st( LIGHT01_SBIT = ACTIVE_LOW (0); );        //D4 灭
        st( LIGHT02_SBIT = ACTIVE_LOW (1); );        //D5 亮
    }else if (status == 3){
        st( LIGHT01_SBIT = ACTIVE_LOW (1); );        //D4 亮
        st( LIGHT02_SBIT = ACTIVE_LOW (1); );        //D4 亮
    }
}
```

处理操作系统抽象层的事件的函数实现如下。

```
/*处理操作系统抽象层的事件*/
void zb_HandleOsalEvent( uint16 event )
{
    uint8 pData[4];                             //用来存储待发送的数据

    if (event & ZB_ENTRY_EVENT) {               //如果是进入事件
        uint8 startOptions;                     //开始选项
        uint8 logicalType;                      //逻辑类型
        uint8 selType = ZG_DEVICETYPE_ENDDEVICE;     //选择设备类型为终端设备
        key_init();                             //按键初始化
        //读逻辑类型
        zb_ReadConfiguration( ZCD_NV_LOGICAL_TYPE, sizeof(uint8), &logicalType );
        //如果设备的逻辑类型不是终端设备，且不是路由设备
        if ( logicalType !=ZG_DEVICETYPE_ENDDEVICE && logicalType !=
                                             ZG_DEVICETYPE_ROUTER ) {
            selType = ZG_DEVICETYPE_ENDDEVICE;       //选择设备类型为终端设备
            //写逻辑类型
            zb_WriteConfiguration(ZCD_NV_LOGICAL_TYPE, sizeof(uint8), &selType);
            zb_SystemReset();                    //系统重置
        }
        //如果按键 K5 按下，且设备的逻辑类型不为终端设备
        if ( K5 == 0 && logicalType !=ZG_DEVICETYPE_ENDDEVICE ) {
            selType = ZG_DEVICETYPE_ENDDEVICE;       //选择设备类型为终端设备
            //写逻辑类型
            zb_WriteConfiguration(ZCD_NV_LOGICAL_TYPE, sizeof(uint8), &selType);
            zb_SystemReset();                    //系统重置
        }
        //如果按键 K4 按下，且设备的逻辑类型不为路由设备
        if ( K4 == 0 && logicalType != ZG_DEVICETYPE_ROUTER) {
            selType = ZG_DEVICETYPE_ROUTER;          //选择设备类型为路由设备
            //写逻辑类型
            zb_WriteConfiguration(ZCD_NV_LOGICAL_TYPE, sizeof(uint8), &selType);
            zb_SystemReset();                    //系统重置
        }

        zb_ReadConfiguration( ZCD_NV_STARTUP_OPTION, sizeof(uint8),
                         &startOptions );        //读启动选项
        if (startOptions != ZCD_STARTOPT_AUTO_START) {//如果启动选项不为自动启动
            startOptions = ZCD_STARTOPT_AUTO_START;   //设置启动选项为自动启动
            zb_WriteConfiguration( ZCD_NV_STARTUP_OPTION, sizeof(uint8),
                         &startOptions );        //写启动选项
```

```
        }
        HalLedSet( HAL_LED_2, HAL_LED_MODE_FLASH );        //D7 闪亮，表示入网成功
        light_init();                                      //继电器上的 D4 和 D5 初始化
    }

    if ( event & MY_START_EVT )                            //如果为启动事件
    {
        zb_StartRequest();                                 //请求启动
    }
    if (event & MY_REPORT_EVT)                             //如果为上报事件
    {
        pData[0] =  0x41;     //待发送数据的第 0 个字节为传感器参数标识，0x41 代表继电器
        pData[1] =  0x02;     //待发送数据的第 1 个字节为读写标识，0x01 表示写，0x02 表示读
        pData[2] = lightstatus;       //待发送数据的第 2 个字节为继电器状态
        HalLedSet( HAL_LED_1, HAL_LED_MODE_OFF );          //D6 灭
        HalLedSet( HAL_LED_1, HAL_LED_MODE_BLINK );        //D6 闪烁
        //发送上报数据
        zb_SendDataRequest(0, ID_CMD_REPORT, 3, pData, 0, AF_ACK_REQUEST, 0 );
    }
}
```

当一个请求启动的操作完成之后，ZigBee 协议栈会自动回调启动确认函数，启动确认函数的实现如下。

```
/*启动的请求操作完成后的回调确认*/
void zb_StartConfirm( uint8 status )
{
    if ( status == ZB_SUCCESS )                            //如果启动的状态为成功
    {
        myAppState = APP_START;                            //应用状态设置为启动
        HalLedSet( HAL_LED_2, HAL_LED_MODE_ON );           //D7 常亮
    }else {                                                //如果启动的状态为失败

        //延迟 10 s 后再次请求启动
        osal_start_timerEx( sapi_TaskID, MY_START_EVT, myStartRetryDelay *
1000);
    }
}
```

只要从一个对等设备收到数据时，ZigBee 协议栈就会回调收到数据提醒函数，来通知应用，收到数据提醒函数 zb_ReceiveDataIndication()收四个参数：第一个参数为发送数据的设备的网络地址，第二个参数为与数据相关联的命令，第三个参数为数据的字节数目即长度，第四个参数为对等设备发送的数据，函数的实现如下。

```
/*收到数据后提醒回调*/
void zb_ReceiveDataIndication( uint16 source, uint16 command, uint16 len,
                               uint8 *pData )
{
    int i;
    uint16 pid;                                            //参数标识
    byte dat[64];                                          //用来存储回应时待发送的数据
```

```
    byte rlen = 1;                                      //回应时待发送的数据的长度
    int ret;                                            //返回值

    HalLedSet( HAL_LED_1, HAL_LED_MODE_OFF );    //D6 灭
    HalLedSet( HAL_LED_1, HAL_LED_MODE_BLINK );  //D6 闪烁
    switch (command) {              //命令类型
        case ID_CMD_WRITE_REQ:                          //写命令请求
        for (i=0; i<len; i+=2) {
            pid = pData[i]<<8 | pData[i+1];         //获取参数标识
            ret = paramWrite(pid, &pData[i+2]);//参数写操作
            if (ret <= 0) {                 //若返回值小于或等于0,说明参数写操作失败
                dat[0] = 1;                             //待返回的数据,1表示失败
                //发送数据写操作失败的消息
                zb_SendDataRequest( source, ID_CMD_WRITE_RES, 1,
                                    dat, 0, AF_ACK_REQUEST, 0 );
                return;                                 //返回
            }
            i += ret;
        }
        dat[0] = 0;                                     //待返回的数据,0表示成功
        //发送数据写操作成功的消息
        zb_SendDataRequest( source, ID_CMD_WRITE_RES, 1, dat, 0, AF_ACK_REQUEST,
0 );

        break;
        case ID_CMD_READ_REQ:                           //读命令请求
        for (i=0; i<len; i+=2) {
            pid = pData[i]<<8 | pData[i+1];         //获取参数标识
            dat[rlen++] = pData[i];
            dat[rlen++] = pData[i+1];
            ret = paramRead(pid, dat+rlen);         //参数读操作
            if (ret <= 0) {             //若返回值小于或等于0,说明参数写操作失败
                dat[0] = 1;                             //待返回的数据,1表示失败
                //发送数据读操作失败的消息
                zb_SendDataRequest( source, ID_CMD_READ_RES, 1, dat, 0,
                                    AF_ACK_REQUEST, 0 );
                return;                                 //返回
            }
            rlen += ret;
        }
        dat[0] = 0;                                     //待返回的数据,0表示成功
        //发送数据读操作成功的消息
        zb_SendDataRequest(source,ID_CMD_READ_RES,rlen, dat,0,AF_ACK_REQUEST,0);
        break;
    }
}
```

参数写函数接收两个参数:第一个参数是参数标识号,第二个参数为待写的数据,根据相应的参数标识号执行不同的操作,参数写函数的实现如下。

```
/*参数写操作*/
static int paramWrite(uint16 pid, byte *dat)
```

```
{
    int len = 0;
    switch (pid) {                              //参数标识号
        case 0x4101:                            //0x41 表示继电器写标识
        if (dat[0] & 0x03) {                    //如果 dat[0]不为 0
            lightstatus ^= (dat[0]&0x03);       //灯状态转变
            light_onoff(lightstatus);           //执行开关灯
            //设置 sapi_TaskID 任务的上报事件
            osal_set_event(sapi_TaskID,MY_REPORT_EVT);
        }
        len = 1;
        break;
    }
    return len;
}
```

参数读函数接收两个参数：第一个参数是参数标识号，第二个参数为待读的数据，根据相应的参数标识号，执行不同的操作，参数读函数的实现如下。

```
/*参数读操作*/
static int paramRead(uint16 pid, byte *dat)
{
    int len = 0;
    switch (pid) {
        case 0x0001:                    //参数标识 0x0001 表示软件版本，数据占 2 个字节
        dat[0] = 0x11; dat[1] = 0x33;
        len = 2;
        break;
        case 0x0002:                    //参数标识 0x0002 表示硬件版本，数据占 2 个字节
        dat[0] = 0x22; dat[1] = 0x44;
        len = 2;
        break;
        case 0x0003:                    //参数标识 0x0003 表示本文档版本，数据占 2 个字节
        dat[0] = 0x00; dat[1] = 0x01;
        len = 2;
        break;
        case 0x0004:                    //参数标识 0x0004 表示本文档版本，数据占 6 个字节
        dat[0] = dat[1] = dat[2] = dat[3] = dat[4] = dat[5] = 1;
        len = 6;
        break;
        case 0x0005:                    //参数标识 0x0005 表示设备类型，数据占 1 个字节
        dat[0] = DEV_ID_RELAY;          //设备类型为继电器
        len = 1;
        break;
        /*网络参数*/
        case 0x0014:                    //参数标识 0x0014 表示 MAC 地址，数据占 8 个字节
        ZMacGetReq( ZMacExtAddr, dat );                 //获取 MAC 地址
        MT_ReverseBytes( dat, Z_EXTADDR_LEN );          //外部扩展地址转换
        len = Z_EXTADDR_LEN;                            //外部扩展地址的长度
        break;
        //参数标识 0x0015 表示邻居表个数和邻居表的地址，每个邻居表的地址占 2 个字节
```

```
                        //数据占 1+2*assocCnt 个字节
                        case 0x0015:
                        {
                            uint8 assocCnt = 0;          //邻居表个数
                            uint16 *assocList;           //邻居表的地址
                            int i;
#if defined(RTR_NWK) && !defined( NONWK )     //如果定义了 RTR_NWK，并且没有定义
NONWK
                            assocList = AssocMakeList( &assocCnt );//根据邻居表个数生成邻居表的
地址列表
    #else                                     //如果没有定义 RTR_NWK，或者定义了 NONWK
                            assocCnt = 0;                //邻居表个数为 0
                            assocList = NULL;            //邻居表的地址为空
    #endif
                            dat[0] = assocCnt;                        //存储邻居表个数
                            for (i=0; i<assocCnt&&i<16; i++) {        //邻居表个数不会大于 16
                                dat[1+2*i] = HI_UINT16(assocList[i]);//存储邻居表地址的高 8 位字节
                                dat[1+2*i+1] = LO_UINT16(assocList[i]);//存储邻居表地址的底 8 位字节
                            }
                            len = 1 + 2 * assocCnt;                   //数据长度
                            break;
                        }

                        case 0x4102:                     //参数标识 0x4102 表示继电器的读，数据占 1 个字节
                        dat[0] = lightstatus;            //存储灯的状态
                        len = 1;
                        break;
                    }
                    return len;
                }
```

到此继电器控制程序的代码已全部解析完毕，其他传感器节点也都可以参考继电器控制程序，不同之处主要是在节点初始化，上报事件中上报的值等关于自身特性的操作部分的代码，例如光敏传感器的初始化部分的代码如下。

```
/*光敏传感器初始化*/
static void photose_init(void)
{
    P0SEL |= 0x02;        //P0_1 为普通 I/O 口
    P0DIR |= 0x02;        //P0_1 作为输出
}
```

继电器控制程序中在上报事件中上报的是继电器的状态值，在光敏传感器中上报的自然是光照的强度值，代码如下。

```
/*光敏传感器上报事件的操作*/
if ( event & MY_REPORT_EVT )
{

    uint16 testADCF1 = 0;
    testADCF1 = HalAdcRead (HAL_ADC_CHN_AIN1,HAL_ADC_RESOLUTION_8);//获取光照强度
```

```
pData[0] = 0x01;    //待发送数据的第 0 个字节为传感器参数标识, 0x01 代表光敏传感器
pData[1] = 0x02;    //待发送数据的第 1 个字节为读写标识, 0x01 表示写, 0x02 表示读
pData[2] = testADCF1;  //待发送数据的第 2 个字节为光照强度值

HalLedSet( HAL_LED_1, HAL_LED_MODE_OFF );                         //D6 灭
HalLedSet( HAL_LED_1, HAL_LED_MODE_BLINK );                       //D6 闪烁
//发送上报数据
zb_SendDataRequest(0, ID_CMD_REPORT, 3, pData, 0, AF_ACK_REQUEST, 0 );
osal_start_timerEx( sapi_TaskID, MY_REPORT_EVT, myWorkMode*1000 );//定时上报
}
```

7.6 任务 44：添加自定义传感器节点

若要在该物联网平台上添加一个自定义传感器节点，需要进行以下工作：定义节点间的通信协议，添加 ZigBee 节点控制程序（即协议栈程序），添加 Android 用户控制程序。本任务以添加一个自定义设备 MyDevice 控制节点板上的 D7 灯为例，讲解如何从零开始创建一个传感器节点。

7.6.1 定义节点间通信协议

在了解 ZigBee 节点间通信协议之后，需要定义自己增加的传感器的通信协议，仿照其他传感器的通信协议，如表 7.16 所示。

表 7.16 MyDevice 传感器特有参数 0xff

参数标识（hex）	格式（编码）	长　度	读　写	
E001	Char	1	W	0：关 LED；1：开 LED
E002	Char	1	R	LED 状态。0：关闭；1：开启

其中，E0 代表设备标识，01 代表写标识，02 代表读标识。

7.6.2 编写传感器节点程序

1. 创建设备工程

在定义好设备节点类型和节点 OD 之后就可以开始编写节点控制程序了，首先需要创建一个新的工程对应的设备。

（1）打开"Projects\zstack\Samples\ZigbeeProtocol\CC2530DB\ZigbeeProtocol.eww"工程文件。

（2）选择菜单"Project→Edit Configurations…"打开对话框，如图 7.24 所示。

单击"New"按钮新建一个设备工程，然后输入设备名称 MyDevice，选择一个与设备相似的设备作为基本配置，如图 7.25 所示。

单击"OK"按钮创建新的设备工程，这样就新建了一个名为 MyDevice 的设备工程，单击"OK"按钮开始新的工程。

（3）建立新的设备文件，选择菜单"File→New→File"创建一个新的文件 MyDevice.c。

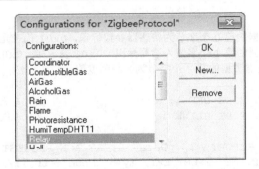

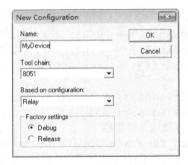

图 7.24　工程配置编辑　　　　　　　　　图 7.25　新建工程

（4）添加 MyDevice.c 到刚才创建的工程，如图 7.26 所示。

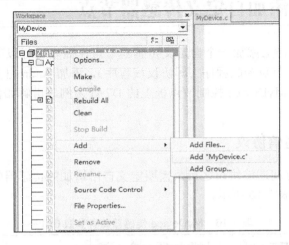

图 7.26　添加工程文件

（5）在 MyDevice 工程中去掉 Relay.c 的编译。右键选择 Relay.c 文件，选择"options…"打开 Options 对话框。将第一项"Exclude from build"勾上，如图 7.27 所示，然后单击"OK"按钮。

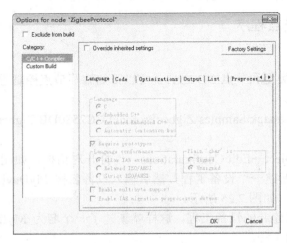

图 7.27　文件配置勾选

（6）复制模板代码到 MyDevice.c 文件，打开 Relay.c 文件将里面的内容全部复制到 MyDevice.c 中，然后保存。

2．传感器节点设备代码编写（完整的代码见"DISK-ZigBee/02-开发例程/Chapter 07/MyDevice"）

（1）打开 SimpleApp.h 添加设备类型找到类似 DEV_ID_XXX 的定义，这里有不同设备类型的定义，需要定义一个类似的宏，其值用来区别不同的设备类型，如下所示（黑体字为需要改动的，下面同样）。

```
#define DEV_ID_RELAY            0x41
#define DEV_ID_DCMOTOR          0x42
#define DEV_ID_STMOTOR          0x43
#define DEV_ID_FANNER           0x44
#define DEV_ID_ALARM            0x45
#define DEV_ID_DIGITALTUBE      0x46
#define DEV_ID_SPEECHSYN        0x47
#define DEV_ID_IR350            0x48
#define DEV_ID_MYDEV            0xE0
```

（2）打开 MyDevice.c 修改读设备类型 OD 的值为 DEV_ID_MYDEV。

```
const SimpleDescriptionFormat_t zb_SimpleDesc =
{
    MY_ENDPOINT_ID,                 //节点标识号
    MY_PROFILE_ID,                  //扼要描述标识号
    DEV_ID_MYDEV,                   //设备标识号
    DEVICE_VERSION_SWITCH,          //设备版本
    0,                              //保留使用
    NUM_IN_CMD_SWITCH,              //输入命令的数目
     (cId_t *) zb_InCmdList,        //输入命令列表
    NUM_OUT_CMD_SWITCH,             //输出命令的数目
    (cId_t *) zb_OutCmdList         //输出命令列表
};
```

（3）修改 zb_HandleOsalEvent 函数，该函数为事件处理函数，程序启动后进入。

```
/*处理操作系统抽象层的事件*/
void zb_HandleOsalEvent( uint16 event )
{
    uint8 pData[4];                     //用来存储待发送的数据

    if (event & ZB_ENTRY_EVENT)         {//节点入网事件无须修改
        uint8 startOptions;             //开始选项
        uint8 logicalType;              //逻辑类型
        uint8 selType = ZG_DEVICETYPE_ENDDEVICE;    //选择设备类型为终端设备

        key_init();                             //按键初始化
        //读逻辑类型
        zb_ReadConfiguration( ZCD_NV_LOGICAL_TYPE, sizeof(uint8), &logicalType );
        //如果设备的逻辑类型不为终端设备，且不为路由设备
        if ( logicalType !=ZG_DEVICETYPE_ENDDEVICE && logicalType !=
```

```
                                                      ZG_DEVICETYPE_ROUTER ) {
        selType = ZG_DEVICETYPE_ENDDEVICE;           //选择设备类型为终端设备
        //写逻辑类型
        zb_WriteConfiguration(ZCD_NV_LOGICAL_TYPE, sizeof(uint8), &selType);
        zb_SystemReset();                            //系统重置
    }
    //如果按键K5按下，且设备的逻辑类型不为终端设备
    if ( K5 == 0 && logicalType !=ZG_DEVICETYPE_ENDDEVICE ) {
        selType = ZG_DEVICETYPE_ENDDEVICE;           //选择设备类型为终端设备
        //写逻辑类型
        zb_WriteConfiguration(ZCD_NV_LOGICAL_TYPE, sizeof(uint8), &selType);
        zb_SystemReset();                            //系统重置
    }
    //如果按键K4按下，且设备的逻辑类型不为路由设备
    if ( K4 == 0 && logicalType != ZG_DEVICETYPE_ROUTER) {
        selType = ZG_DEVICETYPE_ROUTER;              //选择设备类型为路由设备
        //写逻辑类型
        zb_WriteConfiguration(ZCD_NV_LOGICAL_TYPE, sizeof(uint8), &selType);
        zb_SystemReset();                            //系统重置
    }
    zb_ReadConfiguration(ZCD_NV_STARTUP_OPTION, sizeof(uint8),
                         &startOptions );            //读启动选项
    if (startOptions != ZCD_STARTOPT_AUTO_START) {//如果启动选项不为自动启动
        startOptions = ZCD_STARTOPT_AUTO_START; //设置启动选项为自动启动
        zb_WriteConfiguration(ZCD_NV_STARTUP_OPTION, sizeof(uint8),
                              &startOptions );//写启动选项
    }
    HalLedSet( HAL_LED_2, HAL_LED_MODE_FLASH );//D7闪亮，表示入网成功
    light_init();//传感器初始化，不同传感器代码不同
}
if ( event & MY_START_EVT )  {
    //如果为启动事件
    zb_StartRequest();                               //请求启动
}
if (event &MY_REPORT_EVT) {                          //传感器操作事件，需修改
//pData [0]、[1]的值为通信协议中定义
pData [0] = 0xE0;  //待发送数据的第0个字节为传感器参数标识，0xE0代表新定义的设备
pData [1] = 0x02;  //待发送数据的第1个字节为读写标识，0x01表示写，0x02表示读
pData [2] = lightstatus;    //待发送数据的第2个字节为新定义的设备的状态
HalLedSet( HAL_LED_1, HAL_LED_MODE_OFF );
HalLedSet( HAL_LED_1, HAL_LED_MODE_BLINK );
zb_SendDataRequest(0, ID_CMD_REPORT, 3, dat, 0, AF_ACK_REQUEST, 0 ); }
}
```

light_init()参考代码如下。

```
void light_init(void)
{
    P1SEL  &= ~LIGHT10_BV;
    LIGHT_DDR |= LIGHT10_BV;
    lightstatus = 0;
```

```
light_onoff(0);
}
```

（4）当传感器设备节点收到无线数据包后回调用 zb_ReceiveDataIndication 函数（此处暂不需修改），然后调用 paramWrite 来进行处理，在 paramWrite 中可以进行设备的控制。

```
/*参数写操作*/
static int paramWrite(uint16 pid, byte *dat)
{
    int len = 0;
    switch (pid) {                              //参数标识号
        case 0xE001:                            //参考通信协议中定义的值
        if (dat[0]) {
            lightstatus ^= (dat[0]);            //灯状态转变
            light_onoff(lightstatus);           //执行开关灯
            osal_set_event(sapi_TaskID, MY_REPORT_EVT);
        }
        len = 1;
        break;
    }
    return len;
}
```

（5）在 paramRead 函数中可以添加一些设备相关的可读 OD 值。

```
/*参数读操作*/
static int paramRead(uint16 pid, byte *dat)
{
    int len = 0;
    switch (pid) {
        case 0x0001:                    //参数标识 0x0001 表示软件版本，数据占 2 个字节
        dat[0] = 0x11; dat[1] = 0x33;
        len = 2;
        break;
        case 0x0002:                    //参数标识 0x0002 表示硬件版本，数据占 2 个字节
        dat[0] = 0x22; dat[1] = 0x44;
        len = 2;
        break;
        case 0x0003:                    //参数标识 0x0003 表示本文档版本，数据占 2 个字节
        dat[0] = 0x00; dat[1] = 0x01;
        len = 2;
        break;
        case 0x0004:                    //参数标识 0x0004 表示本文档版本，数据占 6 个字节
        dat[0] = dat[1] = dat[2] = dat[3] = dat[4] = dat[5] = 1;
        len = 6;
        break;
        case 0x0005:
        dat[0] = DEV_ID_MYDEV;          //此处修改为 DEV_ID_MYDEV
        len = 1;
        break;
        /*网络参数*/
```

```
        case 0x0014:                        //参数标识 0x0014 表示 MAC 地址，数据占 8 个字节
        ZMacGetReq( ZMacExtAddr, dat );         //获取 MAC 地址
        MT_ReverseBytes( dat, Z_EXTADDR_LEN ); //外部扩展地址转换
        len = Z_EXTADDR_LEN;                    //外部扩展地址的长度
        break;
        //参数标识 0x0015 表示邻居表个数和邻居表的地址，每个邻居表的地址占 2 个字节
        //数据占 1+2*assocCnt 个字节
        case 0x0015:
        {
            uint8 assocCnt = 0;                 //邻居表个数
            uint16 *assocList;                  //邻居表的地址
            int i;
#if defined(RTR_NWK) && !defined( NONWK ) //如果定义了 RTR_NWK，并且没有定义 NONWK
            assocList = AssocMakeList( &assocCnt );//根据邻居表个数生成邻居表的
地址列表
    #else                               //如果没有定义 RTR_NWK，或者定义了 NONWK
            assocCnt = 0;                       //邻居表个数为 0
            assocList = NULL;                   //邻居表的地址为空
    #endif
            dat[0] = assocCnt;                  //存储邻居表个数
            for (i=0; i<assocCnt&&i<16; i++) { //邻居表个数不会大于 16
                dat[1+2*i] = HI_UINT16(assocList[i]);//存储邻居表地址的高 8 位字节
                dat[1+2*i+1] = LO_UINT16(assocList[i]);//存储邻居表地址的底 8 位字节
            }
            len = 1 + 2 * assocCnt;             //数据长度
            break;
        }
/*------------------------------------*/
        case 0xE002:                        //参数标识 0xE002 表示新添设备的读，数据占 1 个字节
        dat[0] = lightstatus;                   //存储灯的状态
        len = 1;
        break;
    }
    return len;
}
```

（6）代码修改完成后，编译无错，通过 USB 仿真器下载到节点板中。

7.6.3　编写 Android 界面控制程序

协议栈程序添加完成之后，就要添加相应的 Android 用户控制程序，打开 Eclipse，导入附带资源包中"DISK-ZigBee/02-开发例程/Chapter 07/ZigBeeTest"工程，需要修改添加以下几个部分（完整的代码修改见任务光盘"DISK-ZigBee/02-开发例程/Chapter 07/MyDevice"）。

（1）打开 Node.java 文件，在 Node 类中添加设备类型支持。

```
/*设备类型*/
static final int DEV_RELAY = 0x41;
static final int DEV_DCMOTOR = 0x42;
static final int DEV_STMOTOR = 0x43;
static final int DEV_FANNER = 0x44;
```

```
static final int DEV_ALARM = 0x45;
static final int DEV_DIGITALTUBE = 0x46;
static final int DEV_SPEECHSYN = 0x47;
static final int DEV_IR350 = 0x48;;
//注意，此处的设备类型必须与传感器设备控制程序中的设备类型值一致
static final int DEV_MYDEV= 0xE0;
```

在 getDeviceTypeString 中添加设备名称，返回设备描述字符串。

```
static String getDeviceTypeString(Node n)
{
    switch(n.mDevType& 0xFF) {
        ...
        case Node.DEV_RELAY:
        return "继电器";
        case DEV_DCMOTOR:
        return "直流电机";
        case DEV_STMOTOR:
        return "步进电机";
        case DEV_FANNER:
        return "风扇";
        case DEV_ALARM:
        return "声光报警";
        case DEV_DIGITALTUBE:
        return "数码管";
        case DEV_SPEECHSYN:
        return "语音合成";
        case DEV_IR350:
        return "红外遥控";
        case Node.DEV_MYDEV:                    //此处名称与上面设备类型定义一样
        return "自定义传感器";
        default:
        return "未知设备";
    }
}
```

（2）添加设备控制界面，每个设备节点的控制界面都是通过继承于 NodePresent 类，添加相应的界面控制类（继承于 NodePresent），打开 NodePresent.java 文件。

```
public abstract class NodePresent {
    ...
    } else if (n.mDevType == Node.DEV_RELAY) {
        return new RelaySensorPresent(n);
    } else if (n.mDevType == Node.DEV_DCMOTOR) {
        return new DCMotorPresent(n);
    } else if (n.mDevType == Node.DEV_STMOTOR) {
        return new STMotorPresent(n);
    } else if (n.mDevType == Node.DEV_FANNER) {
        return new FannerSensorPresent(n);
    } else if (n.mDevType == Node.DEV_ALARM) {
        return new AlarmSensorPresent(n);
```

```
    } else if (n.mDevType == Node.DEV_DIGITALTUBE) {
        return new DigitalTubeSensorPresent(n);
    } else if (n.mDevType == Node.DEV_SPEECHSYN) {
        return new SpeechSynSensorPresent(n);
    } else if (n.mDevType == Node.DEV_IR350) {
        return new IR350SensorPresent(n);
    }else if (n.mDevType == Node.DEV_MYDEV) {
        return new MyDevSensorPresent(n);
    }
    else {
        return new CoordinatorPresent(n);
    }
}
```

（3）然后添加相应的界面控制类函数 MyDevSensorPresent()。

```
package com.x210.ZigBee;
import com.x210.ZigBee.R;
import android.graphics.drawable.BitmapDrawable;
import android.util.Log;
import android.view.View;
import android.view.View.OnClickListener;
import android.widget.ImageView;
import android.widget.TabHost;
import android.widget.ToggleButton;
public class MyDevSensorPresent extends NodePresentimplements OnClickListener{
    static final String TAG = "LightDevicePresent";
    View mInfoView;
    View mCtrolView;
    ImageView mLightImageView1;
    ToggleButton mBtnOn1;
    MyDevSensorPresent(Node n) {
        super(R.layout.mydev, n);                     //布局文件在后面提供
        //TODO Auto-generated constructor stub
        mInfoView = super.mView.findViewById(R.id.linghtInfoView);
        mCtrolView = super.mView.findViewById(R.id.lightControlView);
        mLightImageView1 = (ImageView) mCtrolView
                            .findViewById(R.id.lightImageView1);
        mBtnOn1 = (ToggleButton) mCtrolView.findViewById(R.id.btn1_onoff);
        mBtnOn1.setOnClickListener(this);
        final TabHost tabHost = ((TabHost) super.mView
                            .findViewById(android.R.id.tabhost));
        tabHost.setup();
        tabHost.addTab(tabHost.newTabSpec("0")
                .setIndicator("", new BitmapDrawable(Resource.imageNodeInfo1))
                .setContent(new TabHost.TabContentFactory() {
            public View createTabContent(String tag) {
                return mInfoView;
            }
        }));
```

```java
        tabHost.addTab(tabHost.newTabSpec("1")
                .setIndicator("", new BitmapDrawable(Resource.imageNodeValue1))
                .setContent(new TabHost.TabContentFactory() {
            public View createTabContent(String tag) {
                return mCtrolView;
            }
        }));
        tabHost.setCurrentTab(1);
    }
    public void onClick(View v) {
        //TODO Auto-generated method stub
        byte[] dat = new byte[3];
        if (v == mBtnReverse1) {
            dat[0] = 0xE0;   //发送数据的第0个字节为传感器参数标识,0xE0代表新添设备
            dat[1] = 0x01;   //发送数据的第1个字节为读写标识, 0x01表示写, 0x02表示读
            dat[2] = 1;      //发送数据的第2个字节为新添设备的状态, 1表示打开, 0表示关闭
        } else {
            return;
        }
        super.sendRequest(0x0002, dat);
    }
    @Override
    void procAppMsgData(int addr, int cmd, byte[] dat) {
        //TODO Auto-generated method stub
        int pid;
        int i = -1;
        Log.d(TAG, Tool.byte2string(dat));
        if (cmd == 0x8001 && dat[0] == 0) {
            i = 1;
        }
        if (cmd == 0x0003) {
            i = 0;
        }
        if (i < 0) return;
        while ( i<dat.length ) {
            pid= Tool.builduInt(dat[i], dat[i+1]);
            if (pid == 0xE002) {
                if (dat[i + 2] == 0) {
                    mLightImageView1.setImageBitmap(Resource.imageLightOff);
                    mBtnOn1.setChecked(false);
                } else if (dat[i + 2] == 1) {
                    mLightImageView1.setImageBitmap(Resource.imageLightOn);
                    mBtnOn1.setChecked(true);
                }
            i += 3;
            } else {
                return;
            }
        }
    }
}
```

```
    @Override
    void procData(int req, byte[] dat) {
        //TODO Auto-generated method stub
    }
    @Override
    void setdown() {
        //TODO Auto-generated method stub
    }
    @Override
    void setup() {
        //TODO Auto-generated method stub
        /*读取灯光状态*/
        super.sendRequest(0x0001, new byte[]{0xE0,0x02});
    }
}
```

下面对几个函数进行简要的说明。

● setup()：在设备节点控制界面创建后调用一次，用来初始化设备。

● setdown()：在设备节点控制界面退出是调用，用来关闭设备节点。

● procData()：保留，处理设备发过来的数据。

● proAppMsgData()：用来处理传感器设备发过来的数据。

（4）有了界面控制函数，还需要界面布局文件 mydev.xml，参考继电器布局文件 relay.xml 的写法，设备状态是所有节点公共的界面，引用的布局文件为 comm_node_info.xml，设备信息界面布局要实现的效果如图 7.28 所示。

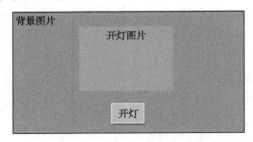

图 7.28　自定义设备界面控制

编写好界面布局文件后，放到"res/layout"目录下，下面是自定义设备的界面布局文件。

```
<?xml version="1.0" encoding="utf-8"?>
<TabHost xmlns:android="http://schemas.android.com/apk/res/android"
    android:id="@android:id/tabhost"
    android:layout_width="fill_parent"
    android:layout_height="fill_parent"
    android:background="@drawable/bk08" >
<LinearLayout
    android:layout_width="fill_parent"
    android:layout_height="fill_parent"
    android:orientation="vertical" >

<TabWidget
```

```
                    android:id="@android:id/tabs"
                    android:layout_width="fill_parent"
                    android:layout_height="40dip"
                    android:gravity="center" >
</TabWidget>
<FrameLayout
                    android:id="@android:id/tabcontent"
                    android:layout_width="fill_parent"
                    android:layout_height="wrap_content" >
<ScrollView
                    android:layout_width="fill_parent"
                    android:layout_height="fill_parent"
                    android:scrollbars="vertical" >
<LinearLayout
                        android:id="@+id/linghtInfoView"
                        android:layout_width="fill_parent"
                        android:layout_height="fill_parent"
                        android:orientation="vertical"
                        android:visibility="invisible" >
<include
                            android:id="@+id/comm_node_info"
                            layout="@layout/comm_node_info" />
</LinearLayout>
</ScrollView>
<ScrollView
                    android:layout_width="fill_parent"
                    android:layout_height="fill_parent"
                    android:scrollbars="vertical" >
<RelativeLayout
                        android:id="@+id/lightControlView"
                        android:layout_width="fill_parent"
                        android:layout_height="fill_parent"
                        android:visibility="invisible" >
<LinearLayout
                            android:layout_width="fill_parent"
                            android:layout_height="wrap_content"
                            android:gravity="center_horizontal"
                            android:orientation="vertical" >

<LinearLayout
                                android:layout_width="wrap_content"
                                android:layout_height="wrap_content"
                                android:orientation="horizontal" >
<LinearLayout
                                    android:layout_width="wrap_content"
                                    android:layout_height="wrap_content"
                                    android:orientation="vertical" >
<ImageView
                                        android:id="@+id/lightImageView1"
                                        android:layout_width="fill_parent"
```

```
                                 android:layout_height="wrap_content"
                                 android:paddingTop="30dip"
                                 android:src="@drawable/lightoff" />

<ToggleButton
                                 android:id="@+id/btn1_onoff"
                                 android:layout_height="wrap_content"
                                 android:layout_width="100dp"
                                 android:layout_marginTop="10dip"
                                 android:textOn="关灯"
                                 android:textOff="开灯" />

</LinearLayout>
</LinearLayout>
</LinearLayout>
</RelativeLayout>
</ScrollView>
</FrameLayout>
</LinearLayout>
</TabHost>
```

（5）至此，Android 用户控制程序就编写完成了，将此应用程序通过 USB 烧写进任务箱，单击"运行"按钮，结果如 7.29 所示。

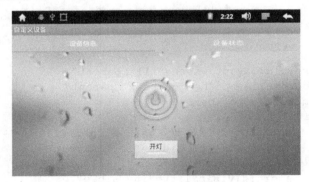

图 7.29　自定义设备运行截图

通过单击屏幕上的按钮开关，来实现控制节点板上的 D7 灯的亮灭。

第 3 篇

云平台开发篇

◎ 云平台项目开发

第 8 章

云平台项目开发

在第 7 章中介绍的物联网的综合项目开发，仅支持本地和局域网客户端对 ZigBee 节点的采集、控制等操作，同时定义的应用层节点通信协议理解起来稍显复杂。

为了能够实现远程客户端对物联网 ZigBee 节点的远程控制，同时也能够让开发者快速地开发出自定义的远程控制客户端程序，本章搭建了一个智云物联平台，然后针对该智云物联平台开发出了一套简单易懂 ZXBee 协议，并在该协议上开发出了一套 API，这些 API 主要是包括 ZigBee 节点的实时数据采集、历史数据查询和视频监控。

图 8.1 是本章综合任务的系统框架结构，通过该图可以得知，智能网关、Android 客户端程序、Web 客户端服务通过数据中心就可以实现对传感器的远程操作，包括实时数据采集、传感器控制和历史数据查询。

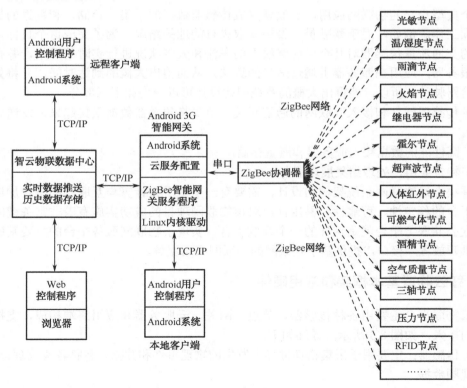

图 8.1　智云物联平台系统框架结构图

8.1 任务45：智云物联开发基础

8.1.1 智云物联平台介绍

智云物联是一个开放的公共物联网接入平台，目的是为服务所有的爱好者和开发者，使物联网传感器数据的接入、存储和展现变得简单轻松，让开发者能够快速开发出专业的物联网应用系统。

图 8.2 智云物联平台

一个典型意义的物联网应用，一般要完成传感器数据的采集、存储、和数据的加工与处理这三项工作。例如，对于驾驶员，希望获取去目的地的路况，为了完成这个目标，就需要有大量的交通流量传感器对几个可能路线上的车流和天气状况进行实时的采集，并存储到路况处理服务器，应用在服务器上通过适当的算法，从而得出大概的到达时间，并将处理的结果展示给驾驶员，所以，能得出大概的系统架构设计可以分为如下三部分。

（1）传感器硬件和接入互联网的通信网关（负责将传感器数据采集起来，发送到互联网服务器）。

（2）高性能的数据接入服务器和海量存储。

（3）特定应用，处理结果展现服务。

要解决上述物联网系统架构的设计，需要有一个基于云计算与互联网的平台加以支撑，而这个平台的稳定性、可靠性、易用性，对该物联网项目的成功实施有着非常关键的作用。智云物联公共服务平台就是这样的一个开放平台，实现了物联网服务平台的主要基础功能开发，提供开放程序接口，提供基于互联网的物联网应用服务。

8.1.2 智云物联基本框架和常用硬件

智云物联平台主要由各种传感器、节点、网关、云服务器和应用终端构成，支持各种智能设备的接入，如图 8.3 所示，详细如下。

（1）传感器：主要用于采集物理世界中发生的物理事件和数据，包括各类物理量、标识、音频、视频数据。

（2）智云节点：采用 CC2530/ARM 等微控制器，具备物联网传感器的数据的采集、传输、组网能力，能够构建传感网络。

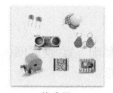

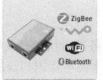

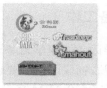

传感器　　智云节点　　智云网关　　云服务器　　应用终端

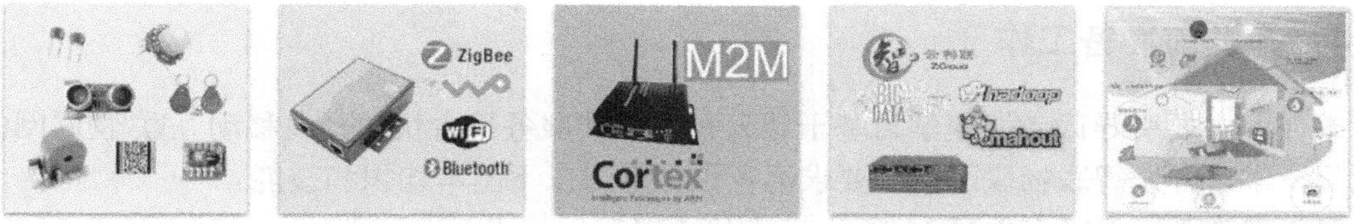

图 8.3　云平台设备

（3）智云网关：实现传感网与电信网/互联网的数据连通，支持 ZigBee 传感协议的数据解析，支持网络路由转发，实现 M2M 数据交互。

（4）云服务器：负责对物联网海量数据进行中央处理，运行云计算大数据技术实现对数据的存储、分析、计算、挖掘和推送功能，并采用统一的开放接口为上层应用提供数据服务。

（5）应用终端：运行物联网应用的移动终端，如 Android 手机/平板等设备。

8.1.3　智云物联案例

采用智云物联开放平台框架，可以完成各种物联网应用项目开发，图 8.4 所示是一些案例，详细介绍参考网页介绍（http://www.zhiyun360.com/docs/01xsrm/03.html）。

智能家居　智能农业　远程抄表　智能仓储
智能医疗　水产养殖　智能工厂　仪器预约
智能电网　智能交通　智能电梯　食品溯源
家居能耗　雾霾监测　智能小车　无线考勤

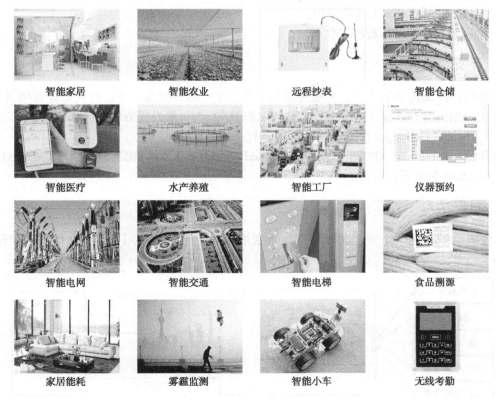

图 8.4　智云优秀项目

8.1.4 开发前准备工作

本任务主要引导读者快速学习基于智云物联公共服务平台快速开发移动互联/物联网的综合项目，学习开发智联物联网前，要求读者预先学习以下基本知识和技能。

（1）熟悉基于 CC2530/ARM 接口技术/传感器接口技术。

（2）掌握 ZigBee 无线传感网基础知识，及无线协议栈组网原理。

（3）熟悉 Java 编程，掌握 Android 应用程序开发。

（4）了解 HTML、JavaScript、CSS、Ajax 开发，熟练使用 DIV+CSS 进行网页设计。

（5）了解 JDK+ApacheTomcat+Eclipse 环境搭建及网站开发。

8.2 任务 46：智云平台基本使用

8.2.1 学习目标

- 掌握智云平台硬件的部署。
- 了解智云网站项目及 ZCloudApp 的使用。
- 了解 ZCloudTools 工具的使用。
- 了解 ZCloudDemo 程序的使用。

8.2.2 开发环境

- 硬件：温度传感器 1 个，光敏传感器 1 个，继电器传感器 1 个，声光报警传感器 1 个，步进电机传感器 1 个，智云网关 1 个（默认为 s210 系列任务箱），CC2530 无线节点板 5 个，CC Debugger 仿真器 1 个，调试转接板 1 个。
- 软件：Windows XP/7/8，IAR Embedded Workbench for 8051（IAR 嵌入式 8051 系列 CC2530 集成开发环境）。

8.2.3 原理学习

本任务通过构建一个完整的物联网项目来展示智云平台的使用，项目系统模型如图 8.5 所示。

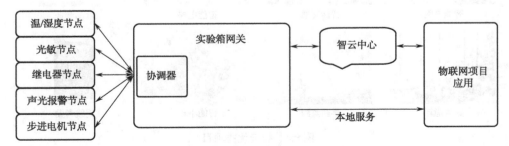

图 8.5　智云平台系统模型

（1）协调器、温/湿度节点、光敏节点、继电器节点、声光报警节点、步进电机节点通过

ZigBee无线传感网络联系在一起，其中协调器作为整个网络的汇集中心。

（2）协调器与任务箱网关进行交互，通过任务箱网关上运行的服务程序，将传感网与电信网和移动网进行连接，同时将数据推送给智云中心，也支持数据推送到本地局域网。

（3）智云数据中心提供数据的存储服务、数据推送服务、自动控制服务等项目接口，本地服务仅支持数据的推送服务。

（4）物联网应用项目通过智云 API 进行具体应用的开发，能够实现对传感网内节点进行采集、控制、决策等。

8.2.4 开发内容

智云平台通过以下简单的几个步骤即可完成项目部署，如图 8.6 所示。

图 8.6 智云平台项目部署示意图

1．部署传感/执行设备

智云平台硬件系统包括无线传感器节点和智云网关（任务箱），无线传感器节点通过 ZigBee 协议与智云网关的无线协调器构建无线传感网，然后通过智云网关内置的智云服务与移动网/电信网进行连接，通过上层应用进行采集与控制。

无线传感器节点硬件部署如下。

（1）根据无线传感器节点所携带的传感器类型固化镜像。

（2）更新智云网关（任务箱）镜像为最新版本。

（3）更新智云网关上的无线协调器的镜像。

（4）给智云网关和无线传感器节点，观察 LED 的状态，建立无线传感网络。

默认内提供有无线传感器节点镜像（镜像/节点/CC2530）。

2．配置网关服务

智云网关通过智云服务配置工具的配置接入到电信网和移动网，设置如下。

（1）将任务箱网关通过 3G/Wi-Fi/以太网任意一种方式接入到互联网（若仅在局域网内使用，可不用连接到互联网），在智云网关的 Android 系统运行智云服务配置工具。

（2）在用户账号、用户秘钥栏输入正确的智云 ID/KEY，也可单击"扫一扫二维码"按钮，用摄像头扫描购买的智云 ID/KEY 所提供的二维码图片，自动填写 ID/KEY（若数据仅在局域网使用，可任意填写）。

（3）服务地址为 zhiyun360.com，若使用本地搭建的智云数据中心服务，则填写正确的本地服务地址。

（4）单击"开启远程服务"按钮，成功连接智云服务后则支持数据传输到智云数据中心；单击"开启本地服务"按钮，成功连接后智云服务将向本地进行数据推送，如图 8.7 所示。

说明： 智云服务配置工具配置之前需要对接入的节点进行设置。

（1）在智云服务配置工具主界面，按下"MENU"按键，弹出"无线接入设置"菜单，单击进入菜单，在弹出的界面勾选"ZigBee 配置"选项（默认该服务会自动判别智云网关的串口设置，若需要更改则单击"ZigBee 配置"项，在弹出的菜单选择串口），设置成功后，会提示服务已启动，如图 8.8 所示。

图 8.7　配置网关服务

图 8.8　无线接入设置

（2）智云网关默认兼容早期 ZigBee 演示程序，在使用智云服务时，需要确保串口未被占用，在"无线接入设置"的界面，按下"MENU"按键，弹出"其他设置"菜单，单击进入菜单，在弹出的界面将"启用 ZigBee 网关"选项关闭，如图 8.9 所示。

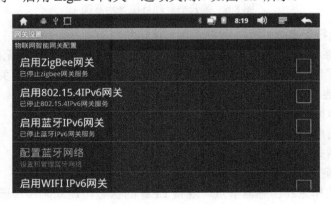

图 8.9　启用 ZigBee 网关

3．测试数据通信

智云物联开发平台提供了智云综合应用用于项目的演示及数据调试，安装 ZCloudTools 应用程序并对硬件设备进行演示及调试。

ZCloudTools 应用程序包含四大功能：网络拓扑及硬件控制、节点数据分析与调试、节点传感器历史数据查询、ZigBee 网络信息远程更新等，主要操作演示界面如图 8.10 所示。

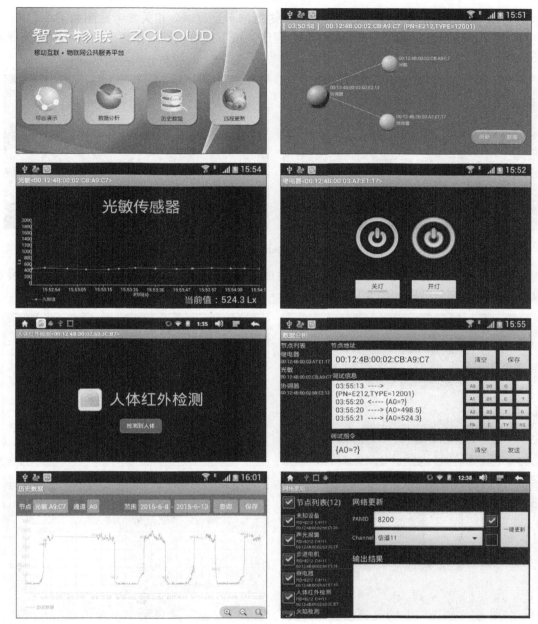

图 8.10 ZCloudTools 功能展示

4．在线体验 DEMO

智云物联开发平台提供了针对 Android 的应用组态 DEMO 程序，支持设备的动态添加、删除和管理。通过项目信息的导入，能够自动为设备生成特有属性功能：传感器进行历史数据曲线展示及实时数据的自动更新展示，执行器通过动作按钮进行远程控制且可对执行动作进行消息跟踪，摄像头可以通过动作按钮控制云台转动。无须编程即可完成不同应用项目的构建，例如，智能家居管理平台、智能农业管理平台、智能家庭用电管理平台、工业自动化专家系统……

安装 ZCloudDemo 应用程序并对硬件设备进行演示及调试，相关参考截图如下。

（1）导入配置文件。运行 ZCloudDemo 程序，按下菜单按键，在弹出的菜单项选择导入 ZCloudDemoV2.xml 文件，如图 8.11 所示。

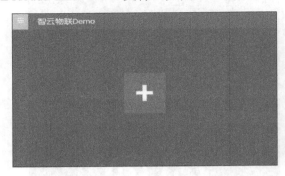

图 8.11　ZCloudDemo 配置文件导入

（2）查看设备信息。导入成功后将自动生成所有设备列表模块，单击设备图标即可展示该设备的信息，部分截图如图 8.12 所示。

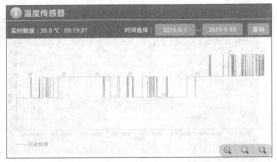

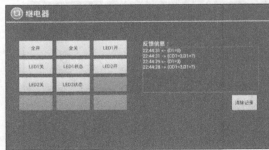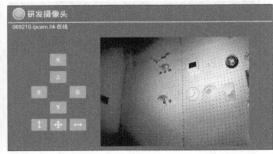

图 8.12　ZCloudDemo 设备信息查看

（3）添加/删除设备。单击"+"图标可添加新的设备，长按设备图标弹出对话框提示是否编辑/删除设备，如图 8.13 所示。

5．智云网站及 App

智云平台为开发者提供一个应用项目分享的应用网站 http://www.zhiyun360.com，注册后开发者可以轻松发布自己的应用项目。

应用项目可以展示节点采集的实时在线数据、查询历史数据，并且以曲线的方式进行展示；对执行设备，用户可以编辑控制命令，对设备进行远程控制；同时可以在线查阅视频图像，并且支持远程控制摄像头云台的转动，支持设置自动控制逻辑进行摄像头图片的抓拍并曲线展示。

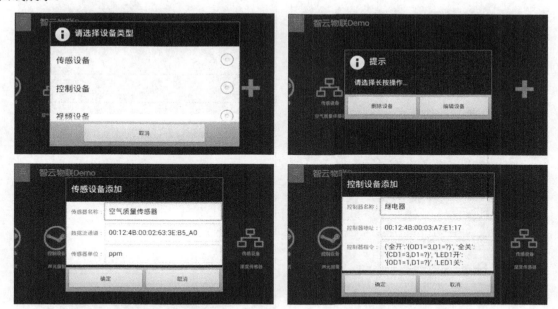

图 8.13　ZCloudDemo 设备添加/删除

参考在线网站 http://www.zhiyun360.com/Home/Sensor?ID=15，如图 8.14 所示。

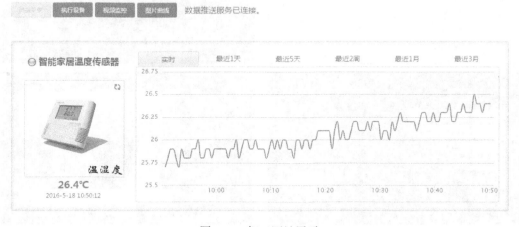

图 8.14　智云网站展示

同时与智云物联应用网站配套 Android 端 ZCloudApp 应用界面如图 8.15 所示。

图 8.15　ZCloudApp 展示

8.2.5　开发步骤

1．准备硬件环境

（1）准备 Android 平台，将无线协调器插入到对应的主板插槽，准备无线节点板（如果集成在任务箱主板上会集中供电，单独使用需要配合 5 V/3 A 电源适配器使用），将无线节点板和对应的传感器接到节点扩展板上（注意传感器插拔的方向，默认已经安装），示意图见 1.3

节硬件框图。

（2）将 SmartRF Flash Programmer 下载 Hex 文件并固化到 ZigBee 节点中，如协调器、温/湿度、继电器等节点（读者根据已选购好的传感器为准），节点烧写步骤如下。

① 正确连接 CC Debugger 仿真器到 PC 和 CC2530 节点板，打开 CC2530 节点板电源（上电）。

② 运行 SmartRF Flash Programmer 仿真软件，按下 CC Debugger 仿真器的复位按键，仿真软件的设备框就会显示 CC2530 的信息。

③ 在"Flash image"一栏右侧单击"…"按钮选择温/湿度（协调器、继电器）.hex，然后单击"打开"按钮。

④ 选择 hex 文件后，单击仿真软件页面的"Perform actions"按钮，就可以开始下载程序了。

⑤下载完成后，就会提示"Erase，program and verify OK"信息。

注意：在多组任务时，为了避免多台任务箱之间的干扰，请读者打开本章任务的工程源码修改 PANID，重新编译生成 hex 文件之后再进行固化。

（3）将无线协调器和无线节点的电源开关设置为 OFF 状态。

（4）给 Android 平台接上电源适配器（12V、2A），长按 Power 按键开机进入到 Android 系统。

（5）根据任务的需要，选用 Wi-Fi、以太网接口、3G 将任务箱连接互联网。

注意：若需要将传感器数据上传到智云数据中心，或者客户端程序远程操作则必须将任务箱连入互联网。

（6）先拨动无线协调器的电源开关为 ON 状态，此时 D6 LED 灯开始闪烁，当正确建立好网络后，D6 LED 会常亮。

（7）当无线协调器建立好网络后，拨动 6 个无线节点的电源开关为 ON 状态，此时每个无线节点的 D6 LED 灯开始闪烁，直到加入到协调器建立的 ZigBee 网络中后，D6 LED 灯开始常亮。

（8）当有数据包进行收发时，无线协调器和无线节点的 D7 LED 灯会闪烁。

2. 配置网关服务

按 7.2 节配置网关服务。

3. 启动 ZCoudTools 功能演示

运行 ZCloudTools 用户控制程序，ZCloudTools 用户程序运行后就会进入如图 8.16 所示的页面。

（1）服务器地址和网关的设置。进入 ZcoudTools 主界面后，单击"MENU"键，选择"配置网关"菜单选项，输入服务地址"zhiyun360.com"，输入用户账号和用户秘钥（智云项目 ID/KEY），单击"确定"按钮保存，如图 8.17 所示。

（2）综合演示。单击"综合演示"图标，进入节点拓扑图综合演示界面，等待一段时间后，就会形成所有传感节点的拓扑图结构，包括协调器、路由节点和终端节点，如图 8.18 所示。

单击节点的图标就可以进入相应的节点控制页面，图 8.19 所示是部分传感器的操作页面。读者可以自行操作，本文中不再说明。

说明：采集类传感器以曲线形式显示采集到的值，安防类传感器检测到变化后会发出警报声并提示相关消息，控制类传感器可以直接控制相关的操作。

图 8.16　ZCloudTools 程序入口界面

图 8.17　设置服务器地址

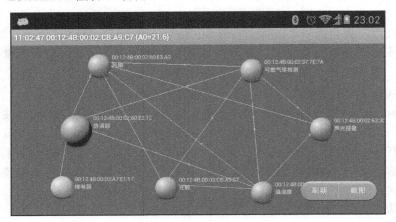

图 8.18　节点拓扑图结构

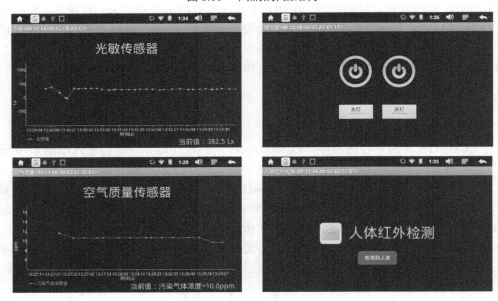

图 8.19　部分传感器节点控制显示页面

（3）数据分析。单击"数据分析"图标，进入数据分析界面（在此以温/湿度节点为例介绍调试过程）。单击节点列表中的"温/湿度"节点，进入温/湿度节点调试界面，输入调试指令"{A0=?,A1=?}"并发送，查询当前温/湿度值，如图 8.20 所示。

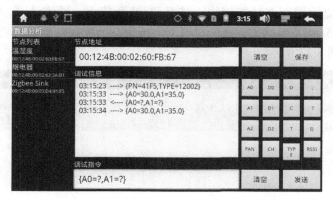

图 8.20　查询温/湿度值

输入调试指令"{V0=3}"并发送，修改主动上报时间间隔为 3 s，如图 8.21 所示。

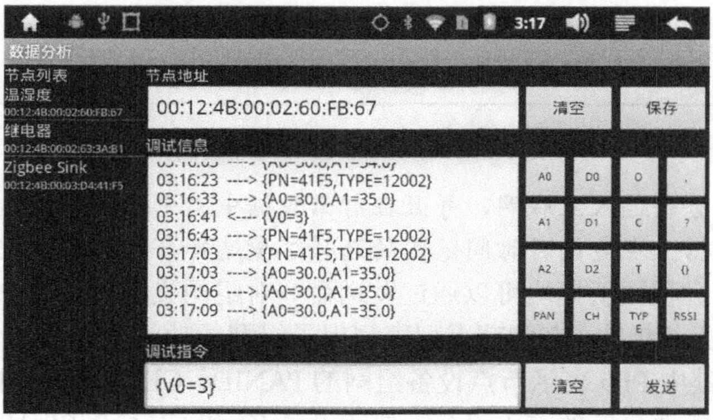

图 8.21　修改上报时间间隔

输入调试指令"{CD0=1}"，发送指令后，禁止温度值上报，调试信息窗口只显示当前湿度值，如图 8.22 所示。

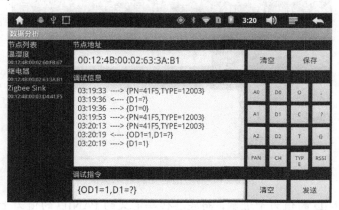

图 8.22　禁止温度值上报

说明： 调试指令的具体含义在后面有详细说明，此处只需了解开发步骤即可。

（4）历史数据。历史数据模块可以获取指定设备节点某时间段的历史数据。单击"历史数据"图标进入历史数据查询功能模块，选择温/湿度节点，通道选择 A0，时间范围选在"2015-1-1"至"2015-2-1"时间段，单击"查询"按钮，历史数据查询成功后会以曲线的形式显示在页面中，如图 8.23 所示。

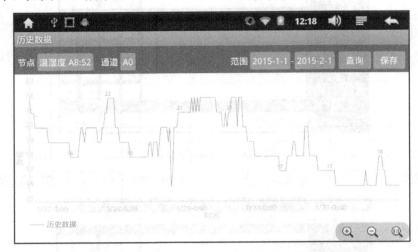

图 8.23　历史数据查询显示页面

注意： 只有当任务箱连入互联网，并且在智云数据中心中存储有该传感器采集到的值时，才能够查询到历史数据。在查询时时间范围的选择尽量选择合理的时间进行查询。

（5）远程更新。远程更新模块可以通过发送命令对组网设备节点的 PANID 和 CHANNEL 进行更新。进入远程更新模块，左侧节点列表列出了组网成功的节点设备（PID=8212 CH=11 <节点 MAC 地址>），其中 PID 表示节点设备组网的 PANID，CH 表示其组网的 CHANNEL。依次单击复选框，选择所要更新的节点设备，输入 PANID 和 CHANNEL 号，单击"一键更新"按钮，执行更新，如图 8.24 所示。

图 8.24　网络信息更新显示页面

注意： 此处 PANID 的值为十进制，而底层代码定义的 PANID 的值为十六进制，需要自行转换。示例如下：8200（十进制）=0x2008（十六进制），通过{PANID=8200}命令将节点的 PANID

修改为 0x2008。

8.2.6　任务结论

搭建个性化的智云硬件环境，并安装应用进行演示，掌握智云平台的使用。

8.3　任务 47：通信协议

8.3.1　学习目标

- 掌握通信协议。
- 掌握传感器的协议设定。

8.3.2　开发环境

- 硬件：温度传感器 1 个，继电器传感器 1 个，智云网关 1 个（默认为 s210 系列任务箱），CC2530 无线节点板 2 个，CC Debugger 仿真器 1 个，调试转接板 1 个。
- 软件：Windows XP/7/8，IAR Embedded Workbench for 8051（IAR 嵌入式 8051 系列 CC2530 集成开发环境）。

8.3.3　原理学习

1．智云通信协议说明

智云物联云服务平台支持物联网无线传感网数据的接入，并定义了物联网数据通信的规范——ZXBee 数据通信协议。

ZXBee 数据通信协议对物联网整个项目从底层到上层的数据段做了定义，该协议有以下特点：

- 数据格式的语法简单，语义清晰，参数少而精。
- 参数命名合乎逻辑，顾名知义，变量和命令的分工明确。
- 参数读写权限分配合理，可以有效抵抗不合理的操作，能够在最大程度上确保数据安全。
- 变量能对值进行查询，方便应用程序调试。
- 命令是对位进行操作的，能够避免内存资源浪费。

总之，ZXBee 数据通信协议在物联网无线传感网中值得应用和推广，读者也容易在其基础上根据需求进行定制、扩展和创新。

2．智云通信协议详解

（1）通信协议数据格式。通信协议数据格式：

```
{[参数]=[值],{[参数]=[值],……}
```

- 每条数据以"{}"作为起始字符。
- "{}"内参数多个条目以","分隔。

示例：

```
{CD0=1,D0=?}
```

注：通信协议数据格式中的字符均为英文半角符号。

（2）通信协议参数说明。通信协议参数说明如下。

● 参数名称定义为：

◇ 变量：A0～A7、D0、D1、V0～V3。

◇ 命令：CD0、OD0、CD1、OD1。

◇ 特殊参数：ECHO、TYPE、PN、PANID、CHANNEL。

● 变量可以对值进行查询，示例：{A0=?}；

● 变量 A0～A7 在物联网云数据中心可以存储保存为历史数据；

● 命令是对位进行操作。

具体参数解释如下：

（1）A0～A7：用于传递传感器数值或者携带的信息量，权限为只能通过赋值"?"来进行查询当前变量的数值，支持上传到物联网云数据中心存储，示例如下。

● 温/湿度传感器采用 A0 表示温度值，A1 表示湿度值，数值类型为浮点型 0.1 精度。

● 火焰报警传感器采用 A0 表示警报状态，数值类型为整型，固定为 0（未检测到火焰）或者 1（检测到火焰）。

● 高频 RFID 模块采用 A0 表示卡片 ID 号，数值类型为字符串。

ZXBee 通信协议数据格式为：

```
{参数=值,参数=值,……}
```

即用一对大括号"{ }"包含每条数据，"{}"内参数如果有多个条目，则用","进行分隔，例如"{CD0=1,D0=?}"。

（2）D0：D0 的 Bit0～Bit7 分别对应 A0～A7 的状态（是否主动上传状态），权限为只能通过赋值"?"来进行查询当前变量的数值，0 表示禁止上传，1 表示允许主动上传，示例如下。

● 温/湿度传感器 A0 表示温度值，A1 表示湿度值，D0=0 表示不上传温度和湿度值，D0=1 表示主动上传温度值，D0=2 表示主动上传湿度值，D0=3 表示主动上传温度和湿度值。

● 火焰报警传感器采用 A0 表示警报状态，D0=0 表示不检测火焰，D0=1 表示实时检测火焰。

● 高频 RFID 模块采用 A0 表示卡片 ID 号，D0=0 表示不上报卡号，D0=1 表示运行刷卡响应上报 ID 卡号。

（3）CD0/OD0：对 D0 的位进行操作，CD0 表示位清零操作，OD0 表示位置一操作，示例如下。

● 温/湿度传感器 A0 表示温度值，A1 表示湿度值，CD0=1 表示关闭 A0 温度值的主动上报。

● 火焰报警传感器采用 A0 表示警报状态，OD0=1 表示开启火焰报警监测，当有火焰报警时，会主动上报 A0 的数值。

（4）D1：D1 表示控制编码，权限为只能通过赋值"?"来进行查询当前变量的数值，读者根据传感器属性来自定义功能，示例如下。

● 温/湿度传感器：D1 的 Bit0 表示电源开关状态，例如，D1=0 表示电源处于关闭状态，D1=1 表示电源处于打开状态。
● 继电器：D1 的 Bit 表示各路继电器状态，例如，D1=0 关闭两路继电器 S1 和 S2，D1=1 开启继电器 S1，D1=2 开启继电器 S2，D1=3 开启两路继电器 S1 和 S2。
● 风扇：D1 的 Bit0 表示电源开关状态，Bit1 表示正转反转，例如，D1=0 或者 D1=2 风扇停止转动（电源断开），D1=1 风扇处于正转状态，D1=3 风扇处于反转状态。
● 红外电器遥控：D1 的 Bit0 表示电源开关状态，Bit1 表示工作模式/学习模式，例如，D1=0 或者 D1=2 表示电源处于关闭状态，D1=1 表示电源处于开启状态且为工作模式，D1=3 表示电源处于开启状态且为学习模式。

（5）CD1/OD1：对 D1 的位进行操作，CD1 表示位清零操作，OD1 表示位置一操作。

（6）V0～V3：用于表示传感器的参数，开发者根据传感器属性自定义功能，权限为可读写，示例如下。

● 温/湿度传感器：V0 表示自动上传数据的时间间隔。
● 风扇：V0 表示风扇转速。
● 红外电器遥控：V0 表示红外学习的键值。
● 语音合成：V0 表示需要合成的语音字符。

（7）特殊参数：ECHO、TYPE、PN、PANID、CHANNEL。

① ECHO：用于检测节点在线的指令，将发送的值进行回显，比如发送"{ECHO=test}"，若节点在线则回复数据"{ECHO=test}"。

② TYPE：表示节点类型，该信息包含了节点类别、节点类型、节点名称，权限为只能通过赋值"?"来进行查询当前值。TYPE 的值由 5 个 ASCII 字节表示，例如"11001"，第 1 字节表示节点类别（1：ZigBee，2：RF433，3：Wi-Fi，4：BLE，5：IPv6，9：其他）；第 2 字节表示节点类型（0：汇集节点，1：路由/中继节点，2：终端节点）；第 3，4，5 字节合起来表示节点名称（编码自定义）。

ZXBeeEdu 系列节点 Type 类型定义如表 8.1 所示。

表 8.1　传感器的参数标识列表

节 点 编 码	节 点 名 称	节 点 编 码	节 点 名 称
000	协调器	011	高频 RFID 传感器
001	光敏传感器	012	三轴加速度传感器
002	温/湿度传感器	013	噪声传感器
003	继电器传感器	014	超声波测距传感器
004	人体红外检测	015	酒精传感器
005	可燃气体检测	016	触摸感应传感器
006	步进电机传感器	017	雨滴/凝露传感器
007	风扇	018	霍尔传感器
008	声光报警传感器	019	压力传感器
009	空气质量传感器	020	直流电机传感器
010	振动传感器	021	紧急按钮传感器

续表

节 点 编 码	节 点 名 称	节 点 编 码	节 点 名 称
022	数码管传感器	031	一氧化碳传感器
023	低频 RFID 传感器	100	红外遥控传感器
024	防水温度传感器	101	流量计数传感器
025	红外避障传感器	102	粉尘传感器
026	干簧门磁传感器	103	土壤湿度传感器
027	红外对射传感器	104	火焰识别传感器
028	二氧化碳传感器	105	语音识别传感器
029	颜色识别传感器	106	语音合成传感器
030	九轴自由度传感器	107	指纹识别传感器

③ PN（仅针对 ZigBee/802.15.4 IPv6 节点）：表示节点的上行节点地址信息和所有邻居节点地址信息，权限为只能通过赋值"?"来进行查询当前值。

PN 的值为上行节点地址和所有邻居节点地址的组合，其中每 4 个字节表示一个节点地址后 4 位，第一个 4 字节表示该节点上行节点后 4 位，第 2～n 个 4 字节表示其所有邻居节点地址后 4 位。

④ PANID：表示节点组网的标志 ID，权限为可读写，此处 PANID 的值为十进制，而底层代码定义的 PANID 的值为十六进制，需要自行转换。例如：8200（十进制）=0x2008（十六进制），通过"{PANID=8200}"命令将节点的 PANID 修改为 0x2008。PANID 的取值范围为 1～16383。

⑤ CHANNEL：表示节点组网的通信通道，权限为可读写，此处 CHANNEL 的取值范围为十进制数 11～26。例如，通过命令"{CHANNEL=11}"将节点的 CHANNEL 修改为 11。

在实际应用中可能硬件接口会比较复杂，如一个无线节点携带多种不同类型传感器数据，下面以一个示例来进行解析。

例如，某个设备具备以下特性，一个燃气检测传感器、一个声光报警装置、一个排风扇，要求由如下功能：

● 设备可以开关电源。
● 可以实时上报燃气浓度值。
● 当燃气达到一定峰值，声光报警器会报警，同时排风扇会工作。
● 据燃气浓度的不同，报警声波频率和排风扇转速会不同。

根据该需求，定义协议如表 8.2 所示。

表 8.2　复杂数据通信设备协议定义

传 感 器	属 性	参 数	权 限	说 明
复杂设备	燃气浓度值	A0	R	燃气浓度值，浮点型：0.1 精度
	上报状态	D0(OD0/CD0)	R(W)	D0 的 Bit0 表示燃气浓度上传状态，OD0/CD0 进行状态控制
	开关状态	D1(OD1/CD1)	R(W)	D1 的 Bit0 表示设备电源状态，Bit1 表示声光报警状态，Bit2 表示排风扇状态，OD0/CD0 进行状态控制

续表

传 感 器	属　　性	参　数	权　　限	说　　明
复杂设备	上报间隔	V0	RW	修改主动上报的时间间隔
	声光报警声波频率	V1	RW	修改声光报警声波频率
	排风扇转速	V2	RW	修改排风扇转速

复杂的应用都是在简单的基础上进行一系列的组合和叠加，简单应用的不同组合和叠加可以变成复杂的应用。一个传感器可以作为一个简单的应用，不同传感器的配合使用可以实现复杂的应用功能。

3．节点协议定义

传感器的 ZXBee 通信协议参数定义可以如表 8.3 所示。

表 8.3　传感器参数定义及说明

传 感 器	属　性	参　数	权　　限	说　　明
温/湿度	温度值	A0	R	温度值，浮点型：0.1 精度
	湿度值	A1	R	湿度值，浮点型：0.1 精度
	上报状态	D0(OD0/CD0)	R(W)	D0 的 Bit0 表示温度上传状态、Bit1 表示湿度上传状态
	上报间隔	V0	RW	修改主动上报的时间间隔
光敏/空气质量/超声波/大气压力/酒精/雨滴/防水温度/流量计数	数值	A0	R	数值，浮点型：0.1 精度
	上报状态	D0(OD0/CD0)	R(W)	D0 的 Bit0 表示上传状态
	上报间隔	V0	RW	修改主动上报的时间间隔
三轴	X 值	A0	R	X 值，浮点型：0.1 精度
	Y 值	A1	R	Y 值，浮点型：0.1 精度
	Z 值	A2	R	Z 值，浮点型：0.1 精度
	上报状态	D0(OD0/CD0)	R(W)	D0 的 Bit0 表示 X 值上传状态、Bit1 表示 Y 值上传状态、Bit2 表示 Z 值上传状态
	上报间隔	V0	RW	修改主动上报的时间间隔
可燃气体/火焰/霍尔/人体红外/噪声/振动/触摸/紧急按钮/红外避障/土壤湿度	数值	A0	R	数值，0 或者 1 变化
	上报状态	D0(OD0/CD0)	R(W)	D0 的 Bit0 表示上传状态
继电器	继电器开合	D1(OD1/CD1)	R(W)	D1 的 Bit 表示各路继电器开合状态，OD1 为开、CD1 为合
风扇	电源开关	D1(OD1/CD1)	R(W)	D1 的 Bit0 表示电源状态，Bit1 表示正转/反转
	转速	V0	RW	表示转速
声光报警	电源开关	D1(OD1/CD1)	R(W)	D1 的 Bit0 表示电源状态，OD1 为上电、CD1 为关电
	频率	V0	RW	表示发声频率

传 感 器	属 性	参 数	权 限	说 明
步进电机	转动状态	D1(OD1/CD1)	R(W)	D1 的 Bit0 表示转动状态，Bit1 表示正转/反转 X0：不转，01：正转，11：反转
	角度	V0	RW	表示转动角度，0 表示一直转动
直流电机	转动状态	D1(OD1/CD1)	R(W)	D1 的 Bit0 表示转动状态，Bit1 表示正转/反转 X0：不转，01：正转，11：反转
	转速	V0	RW	表示转速
红外电器遥控	状态开关	D1(OD1/CD1)	R(W)	D1 的 Bit0 表示工作模式/学习模式，OD1=1 为学习模式、CD1=1 为工作模式
	键值	V0	RW	表示红外键值
高频 RFID/低频 RFID	ID 卡号	A0	R	ID 卡号，字符串
	上报状态	D0(OD0/CD0)	R(W)	D0 的 Bit0 表示允许识别
语音识别	语音指令	A0	R	语音指令，字符串，不能主动去读取
	上报状态	D0(OD0/CD0)	R(W)	D0 的 Bit0 表示允许识别并发送读取的语音指令
数码管	显示开关	D1(OD1/CD1)	R(W)	D1 的 Bit0 表示是否显示码值
	码值	V0	RW	表示数码管码值
语音合成	合成开关	D1(OD1/CD1)	R(W)	D1 的 Bit0 表示是否合成语音
	合成字符	V0	RW	表示需要合成的语音字符
指纹识别	指纹指令	A0	R	指纹指令，数值表示指纹编号，0 表示识别失败
	上报状态	D0(OD0/CD0)	R(W)	D0 的 Bit0 表示允许识别

8.3.4 开发内容

ZCloudTools 软件提供了通信协议测试工具，进入程序的"数据分析"功能模块就可以测试 ZXBee 协议了。

数据分析模块可以获取指定设备节点上传的数据信息，并通过发送指令实现对节点状态的获取以及控制执行。进入数据分析模块，左侧列表会依次列出网关下的组网成功的节点设备，如图 8.25 所示。

图 8.25 ZXBee 协议测试工具

单击节点列表中的某个节点，如继电器，ZCloudTools 自动将该节点的 MAC 地址填充到节点地址文本框中，并获取该节点所上传的数据信息显示在调试信息文本框中，如图 8.26 所示。

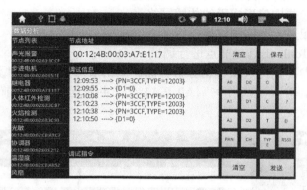

图 8.26 测试举例

也可通过输入命查询继电器的状态、控制继电器转动等。例如，"{D1=?}"查询继电器状态，"{OD1=1,D1=?}"打开继电器，"{CD1=1,D1=?}"关闭继电器，如图 8.27 所示。

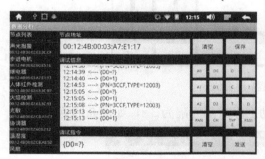

图 8.27 测试举例

本任务将以温/湿度传感器和继电器传感器为例学习 ZXBee 通信协议，根据 7.3.3 节内容，节点温/湿度传感器和继电器传感器协议定义如表 8.4 所示。

表 8.4 传感器参数定义及说明

传 感 器	属 性	参 数	权 限	说 明
温/湿度	温度值	A0	R	温度值，浮点型：0.1 精度
	湿度值	A1	R	湿度值，浮点型：0.1 精度
	上报状态	D0(OD0/CD0)	R(W)	D0 的 Bit0 表示温度上传状态、Bit1 表示湿度上传状态
	上报间隔	V0	RW	修改主动上报的时间间隔
继电器	继电器开合	D1(OD1/CD1)	R(W)	D1 的 Bit 表示各路继电器开合状态，OD1 为开、CD1 为合

后面介绍基于 Web 的调试工具的使用，将提供更丰富的调试功能。

8.3.5 开发步骤

此处以温/湿度节点和继电器节点为例进行协议介绍。

（1）参考 7.2 节步骤将温/湿度节点、继电器节点、协调器节点（智云网关板载）的出厂镜像文件固化到节点中（当多台设备使用时需要针对源码修改网络信息并重新编译镜像）。

（2）准备一台智云网关，并确保网关为最新镜像。

（3）给硬件上电，并构建形成无线传感网络。

（4）对网关进行配置，确保网络连接成功。

（5）运行 ZCloudTools 工具对节点进行调试。

单击"数据分析"图标，进入数据分析界面。单击节点列表中的"温/湿度"节点，进入温/湿度节点调试界面。输入调试指令"{A0=?,A1=?}"并发送，查询当前温/湿度值，如图 8.28 所示。

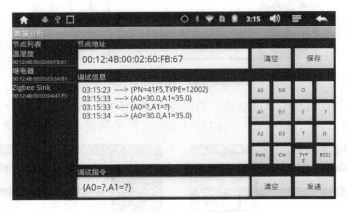

图 8.28　查询温/湿度值

输入调试指令"{V0=3}"并发送，修改主动上报时间间隔为 3 s，如图 8.29 所示。

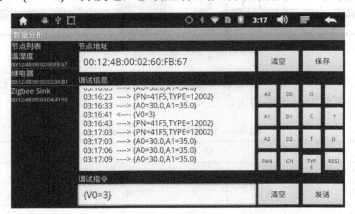

图 8.29　修改上报时间间隔

输入调试指令"{CD0=1}"，发送指令后，禁止温度值上报，调试信息窗口只显示当前湿度值，如图 8.30 所示。

单击节点列表中的"继电器"节点，进入继电器节点调试界面。输入调试指令"{D1=?}"并发送，查询当前继电器状态值，如图 8.31 所示。

输入调试指令"{OD1=1,D1=?}"并发送，修改继电器状态值为 1（即"开"状态）并查询当前继电器状态值，指令成功执行后会听到继电器开合的声音，执行结果如图 8.32 所示。

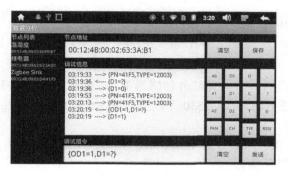

图 8.30　禁止温度值上报

图 8.31　查询继电器状态值

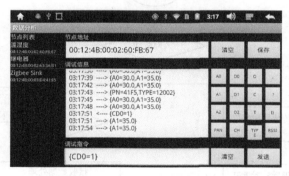

图 8.32　修改继电器状态值

8.3.6　任务结论

可以从传感器列表选择若干传感器/执行器，设计协议，构建一套智能家居系统。

8.4　任务 48：智云硬件驱动开发

8.4.1　学习目标

- 掌握基于 CC2530 硬件驱动开发。
- 理解 ZigBee 智云通信协议程序逻辑。

● 掌握结合通信协议实现节点的硬件驱动开发。

8.4.2　开发环境

● 硬件：光敏传感器 1 个，人体红外传感器 1 个，继电器传感器 1 个，智云网关 1 个（默认为 s210 系列任务箱），CC2530 无线节点板 3 个，CC Debugger 仿真器 1 个，调试转接板 1 个。

● 软件：Windows XP/7/8，IAR Embedded Workbench for 8051（IAR 嵌入式 8051 系列 CC2530 集成开发环境）。

8.4.3　原理学习

智云平台支持多种通信技术的无线节点接入，包括 ZigBee、Wi-Fi、BT BLE、RF433、IPv6 等，本任务将以 ZigBee 节点为例进行介绍。

ZXBeeEdu CC2530 无线节点采用 TI 公司的 CC2530 ZigBee 处理器，运行 ZStack 协议栈，它为 CC2530 节点提供基于 OSAL 操作系统的无线自组网功能。ZStack 提供了一些简单的示例程序供开发者进行学习，其中 SimpleApp 工程是基于 SAPI 框架进行应用的开发，SAPI 接口实现了对应用的简单封装，开发者只需要实现部分接口函数即可完成整个节点程序的开发。ZXBeeEdu CC2530 无线节点示例程序均基于 SAPI 框架开发，详细的程序流程如图 8.33 所示。

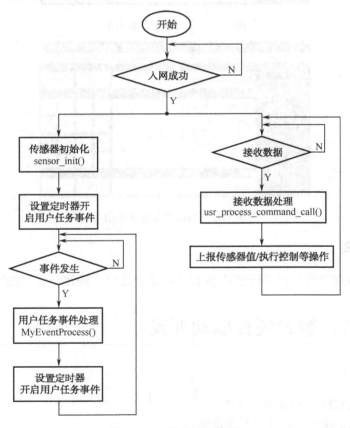

图 8.33　无线节点流程图

其中 SAPI 应用接口在 AppCommon.c 文件中实现,其中主要的几个函数如下。

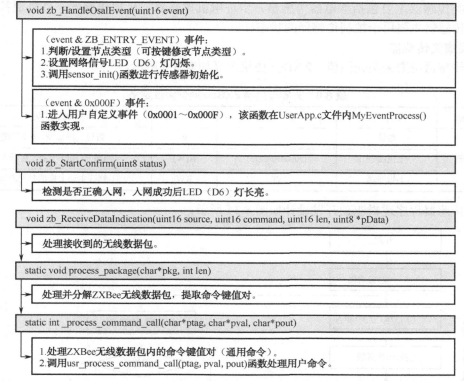

智云平台为 ZigBee ZStack 协议栈上层应用提供分层的软件设计结构,将传感器的私有操作部分封装到 UserApp.c 文件中,详细函数解释如表 8.5 所示。

表 8.5 传感器 ZXBee HAL 函数

函 数 名 称	函 数 说 明
sensor_init()	传感器硬件初始化
sensor_update()	传感器数据定时上报
sensor_check()	传感器报警状态实时监测
sensor_control()	传感器/执行器控制函数
usr_process_command_call()	解析接收到的传感器控制命令函数
MyEventProcess()	自定义事件处理函数,启动定时器触发事件 MY_REPORT_EVT

8.4.4 开发内容

节点按功能可划分为采集类节点、报警类节点和控制类节点。

采集类传感器主要包括光敏传感器、温/湿度传感器、可燃气体传感器、空气质量传感器、酒精传感器、超声波测距传感器、三轴加速度传感器、压力传感器、雨滴传感器等,这类传感器主要是用于采集环境值。

报警类传感器主要包括触摸开关传感器、人体红外传感器、火焰传感器、霍尔传感器、红外避障传感器、RFID 传感器、语音识别传感器等,这类传感器主要用于检测外部环境的 0/1

变化并报警。

控制类传感器主要包括继电器传感器、步进电机传感器、风扇传感器、红外遥控传感器等，这类传感器主要用于控制传感器的状态。

1. 采集类传感器

光敏传感器主要采集光照值，ZXBee 协议定义如表 8.6 所示。

表 8.6　光敏传感器 ZXBee 通信协议定义

传 感 器	属 性	参 数	权 限	说 明
光敏传感器	数值	A0	R	数值，浮点型：0.1 精度
	上报状态	D0(OD0/CD0)	R(W)	D0 的 Bit0 表示上传状态
	上报间隔	V0	RW	修改主动上报的时间间隔

光敏传感器程序逻辑驱动开发设计如图 8.34 所示。

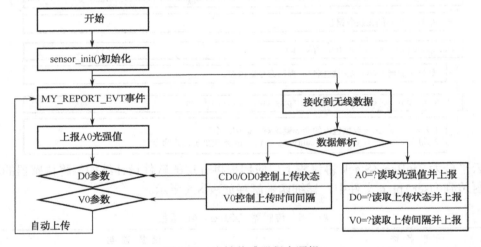

图 8.34　光敏传感器程序逻辑

程序实现过程如下。

（1）在 UserApp.h 文件中编写以下代码。

```
#define MY_REPORT_EVT 0x0001    //定义事件 MY_REPORT_EVT
#define NODE_NAME  "001"        //定义传感器参数标识
#define NODE_CATEGORY 1         //定义传感器类型
```

（2）在 UseApp.c 文件中实现光敏传感器的初始化 sensor_init()。初始化传感器最基本的是配置选择寄存器和方向寄存器，此外还要启动一个定时器来触发事件 MY_REPORT_EVT，具体的代码实现如下。

```
//初始化传感器
void sensor_init(void)
{
    //配置 P0_1 端口为输入，且配置为外设功能 ADC:A1
    SENSOR_SEL |= SENSOR_BIT;
    SENSOR_DIR &= ~(SENSOR_BIT);
```

```
//启动定时器，触发事件：MY_REPORT_EVT
osal_start_timerEx(sapi_TaskID, MY_REPORT_EVT,
                                (uint16)((osal_rand()%10) * 1000));
}
```

（3）在 UseApp.c 文件中实现自定义事件处理函数 MyEventProcess(event)，代码实现如下。

```
//自定义事件处理
void MyEventProcess( uint16 event )
{
    if (event & MY_REPORT_EVT) {
        //主动上报数据
        sensor_update();
        //启动定时器，触发事件：MY_REPORT_EVT
        osal_start_timerEx(sapi_TaskID, MY_REPORT_EVT,
                                    (uint16)(myReportInterval * 1000));
    }
}
```

上述代码调用了函数 sensor_update()来上报采集到的数据，具体的代码实现如下。

```
//处理主动上报的数据
void sensor_update(void)
{
    uint16 cmd = 0;
    uint8 pData[128];
    uint8 *p = pData + 1;
    int len;
    //根据 D0 的位状态判定需要主动上报的数值
    if ((D0 & 0x01) == 0x01){     //若光照量上报允许，则 pData 的数据包中添加光照量数据
        updateA0();              //更新光照强度值
        len = sprintf((char*)p, "A0=%.1f", A0);
        p += len;
        *p++ = ',';
    }
    //将需要上传的数据进行打包操作，并通过 zb_SendDataRequest()发送到协调器
    if (p - pData > 1) {
        pData[0] = '{';
        p[0] = 0;
        p[-1] = '}';
        zb_SendDataRequest( 0, cmd, p-pData, pData, 0, AF_ACK_REQUEST,
                                            AF_DEFAULT_RADIUS);
        HalLedSet( HAL_LED_1, HAL_LED_MODE_BLINK );        //通信 LED 闪烁一次
    }
}
```

上述代码调用了函数 updateA0()来更新光照值，函数 updataA0()的代码实现如下。

```
//更新光敏传感器采集的光照值
float updateA0(void)
{
    uint16 adcValue;
```

```
//读取 ADC:A1 采集的电压量
adcValue = HalAdcRead(HAL_ADC_CHN_AIN1, HAL_ADC_RESOLUTION_8);
//将采集的电压量转化为光照强度值
A0 = (float)((1 - adcValue/256.0) *3.3*1000) - 1680;
return A0;
}
```

（4）在 UseApp.c 文件中实现解析控制命令函数 usr_process_command_call()，当上层应用发送控制命令时，解析命令的代码实现如下。

```
//解析收到的控制命令
int usr_process_command_call(char *ptag, char *pval, char *pout)
{
    int val;
    int ret = 0;
    //将字符串变量pval解析转换为整型变量赋值
    val = atoi(pval);
    //控制命令解析
    if (0 == strcmp("CD0", ptag)) {          //关闭主动上报
        D0 &= ~val;
    }
    if (0 == strcmp("OD0", ptag)) {          //开启主动上报
        D0 |= val;
    }
    if (0 == strcmp("D0", ptag)) {           //查询是否开启了主动上报功能
        if (0 == strcmp("?", pval)) {
            ret = sprintf(pout, "D0=%u", D0);  //命令数据
        }
    }
    if (0 == strcmp("A0", ptag)) {           //查询光照强度值
        if (0 == strcmp("?", pval)) {
            updateA0();                       //更新光照量数值
            ret = sprintf(pout, "A0=%.1f", A0); //命令数据
        }
    }
    if (0 == strcmp("V0", ptag)) {           //查询主动上报的时间间隔
        if (0 == strcmp("?", pval)) {
            ret = sprintf(pout, "V0=%u", V0);  //命令数据
        }else{
            updateV0(pval);                   //更新主动上报的时间间隔
        }
    }
    return ret;                               //返回命令数据
}
```

上述代码调用了函数 updataV0() 来更新主动上报的时间间隔，具体的代码实现如下。

```
//更新主动上报时间间隔
uint16 updateV0(char *val)
{
    //将字符串变量val解析转换为整型变量赋值
```

```
    myReportInterval = atoi(val);
    V0 = myReportInterval;
    return V0;
}
```

至此，光敏传感器节点的底层开发就完成了。由于不同传感器的参数标识和类型是不同的，初始化传感器的过程也不同，并且不同传感器采集数据的方式不同，所以当需要开发其他采集类的传感器时，只需要修改 UseApp.h 文件中的宏定义和 UseApp.c 文件中的函数 sensor_init()和函数 updataA0()即可。

2．报警类传感器

人体红外传感器主要用于监测活动人物的接近，当监测到活动人对象时，每隔 3 s 实时上报报警值 1，当人离开后，每隔 120 s 上报解除报警值 0，ZXBee 协议定义如表 8.7 所示。

表 8.7　传感器 ZXBee 通信协议定义

传　感　器	属　性	参　　数	权　　限	说　　明
可燃气体	数值	A0	R	人体红外报警状态，0 或 1
	上报状态	D0(OD0/CD0)	R(W)	D0 的 Bit0 表示上传状态

人体红外传感器程序逻辑驱动开发设计如图 8.35 所示。

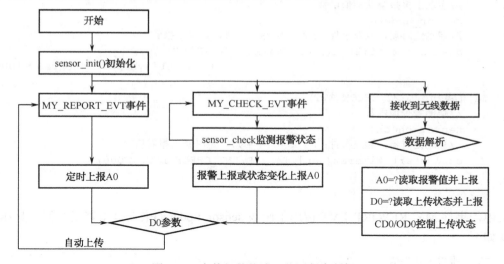

图 8.35　人体红外传感器监测程序逻辑

程序实现过程如下。

（1）在 UserApp.h 文件中编写以下代码。

```
#define MY_REPORT_EVT 0x0001    //定义事件 MY_REPORT_EVT
#define MY_CHECK_EVT 0x0002     //定义事件 MY_CHECK_EVT
#define NODE_NAME  "004"        //定义传感器参数标识
#define NODE_CATEGORY 1         //定义传感器类型
```

（2）在 UseApp.c 文件中实现人体红外传感器的初始化 sensor_init()。初始化传感器最基本的是配置选择寄存器和方向寄存器，此外还要分别启动定时器来触发事件 MY_REPORT_EVT

和事件 MY_REPORT_EVT，具体的代码实现如下。

```
//初始化传感器
void sensor_init(void)
{
    //配置 P0_5 端口为通用输入 I/O
    SENSOR_SEL &= ~(SENSOR_BIT);
    SENSOR_DIR &= ~(SENSOR_BIT);
    //启动定时器，触发事件：MY_REPORT_EVT
    osal_start_timerEx(sapi_TaskID, MY_REPORT_EVT,
                                    (uint16)((osal_rand()%10) * 1000));
    //启动定时器，触发事件：MY_CHECK_EVT
    osal_start_timerEx(sapi_TaskID, MY_CHECK_EVT,
                                    (uint16)((osal_rand()%10) * 1000));
}
```

（3）在 UseApp.c 文件中实现自定义事件处理函数 MyEventProcess(event)，代码实现如下。

```
//自定义事件处理
void MyEventProcess( uint16 event )
{
    if (event & MY_REPORT_EVT) {
        //主动上报报警状态值函数
        sensor_update();
        //启动定时器，触发事件：MY_REPORT_EVT，定时上报数据
        osal_start_timerEx(sapi_TaskID, MY_REPORT_EVT,
                                    (uint16)(myReportInterval * 1000));
    }
    if (event & MY_CHECK_EVT) {
        //检测警报值函数
        sensor_check();
        //启动定时器，触发事件：MY_CHECK_EVT，定时查询报警值
        osal_start_timerEx(sapi_TaskID, MY_CHECK_EVT, 1000);
    }
}
```

其中，事件 MY_REPORT_EVT 调用了函数 sensor_update()来上报报警状态值，具体的代码实现如下。

```
//主动上报报警状态值
void sensor_update(void)
{
    uint16 cmd = 0;
    uint8 pData[128];
    uint8 *p = pData + 1;
    int len;

    //根据 D0 的位状态判定需要主动上报的数值
    if ((D0 & 0x01) == 0x01){    //若报警值上报允许，则 pData 的数据包中添加报警值数据
        updateA0();              //更新报警状态值
        len = sprintf((char*)p, "A0=%u", A0);
        p += len;
```

```
        *p++ = ',';
    }
    //将需要上传的数据进行打包操作,并通过 zb_SendDataRequest()发送到协调器
    if (p - pData > 1) {
        pData[0] = '{';
        p[0] = 0;
        p[-1] = '}';
        zb_SendDataRequest( 0, cmd, p-pData, pData, 0, AF_ACK_REQUEST,
                                                    AF_DEFAULT_RADIUS );
        HalLedSet( HAL_LED_1, HAL_LED_MODE_BLINK );        //通信 LED 闪烁一次
    }
}
```

事件 MY_CHECK_EVT 调用了函数 sensor_check()来检测报警状态值,具体的代码实现如下。

```
//检测报警值并决定是否报警
void sensor_check(void)
{
    uint16 cmd = 0;
    uint8 pData[128];
    int len;
    uint8 lastA0 = 0;
    if((D0 & 0x01) == 1){                               //判断是否开启了主动上报
        lastA0 = A0;                                    //记录上次 A0 的值
        updateA0();                                     //更新 A0 的值
        //当监测到维持高电平状态,上报报警值 A0=1
        if (A0 == 1) {
            if(Flag % 3 == 0){                          //每 3 s 报警一次
                len = sprintf((char*)pData, "{A0=%u}", A0);
                //发送数据到协调器
                zb_SendDataRequest(0, cmd, len, (uint8*)pData, 0, AF_ACK_REQUEST,
                                                        AF_DEFAULT_RADIUS);
                HalLedSet(HAL_LED_1, HAL_LED_MODE_BLINK);    //通信 LED 闪烁一次
            }
            Flag++;
        }
        //当监测到维持低电平状态,上报清除报警状态 A0=0
        else if ((Flag != 0) && (lastA0 == 0) && (A0 == 0)) {
            len = sprintf((char*)pData, "{A0=%u}", A0);
            //发送数据到协调器
            zb_SendDataRequest(0, cmd, len, (uint8*)pData, 0, AF_ACK_REQUEST,
                                                    AF_DEFAULT_RADIUS);
            HalLedSet(HAL_LED_1, HAL_LED_MODE_BLINK);        //通信 LED 闪烁一次
            Flag = 0;
        }
    }
}
```

函数 sensor_check()中还调用了函数 updateA0()来更新警报状态值,具体的代码实现如下。

```
uint8 updateA0(void)
{
    A0 = SENSOR_PIN;                    //根据P0_5口电平的高低来判断警报状态值
    return A0;
}
```

（3）在 UseApp.c 文件中实现解析控制命令函数 usr_process_command_call()，当上层应用发送控制命令时，解析命令的代码实现如下。

```
//解析收到的控制命令
int usr_process_command_call(char *ptag, char *pval, char *pout)
{
    int val;
    int ret = 0;
    //将字符串变量pval解析转换为整型变量赋值
    val = atoi(pval);
    //控制命令解析
    if (0 == strcmp("CD0", ptag)) {              //关闭主动上报
        D0 &= ~val;
    }
    if (0 == strcmp("OD0", ptag)) {              //开启主动上报
        D0 |= val;
    }
    if (0 == strcmp("D0", ptag)) {               //查询是否开启了主动上报
        if (0 == strcmp("?", pval)) {
            ret = sprintf(pout, "D0=%u", D0);    //命令数据
        }
    }
    if (0 == strcmp("A0", ptag)) {               //查询警报状态值
        if (0 == strcmp("?", pval)) {
            updateA0();                          //更新警报状态值
            ret = sprintf(pout, "A0=%u", A0);    //命令数据
        }
    }
    if (0 == strcmp("V0", ptag)) {
        if (0 == strcmp("?", pval)) {            //查询主动上报时间间隔
            ret = sprintf(pout, "V0=%u", V0);    //命令数据
        }else{
            updateV0(pval);                      //更新主动上报时间间隔
        }
    }

    return ret;                                  //返回命令数据
}
```

上述代码功能：中还调用了函数 updataV0() 来更新主动上报的时间间隔，具体的代码实现如下。

```
//更新主动上报时间间隔
uint16 updateV0(char *val)
{
```

```
//将字符串变量 val 解析转换为整型变量赋值
myReportInterval = atoi(val);
V0 = myReportInterval;
return V0;
}
```

至此，人体红外传感器节点的底层开发就完成了。由于不同传感器的参数标识和类型是不同的，初始化传感器的过程也不同，警报状态值与不同的 I/O 口的电平高低有关，所以当需要开发其他报警类的传感器时，只需要修改 UseApp.h 文件中的宏定义和 UseApp.c 文件中的函数 sensor_init()和函数 updataA0()即可。

3. 控制类传感器

继电器传感器属于典型的控制类传感器，可通过发送执行命令控制继电器的开关，ZXBee 协议定义如表 8.8 所示。

表 8.8　相关传感器 ZXBee 通信协议定义

传 感 器	属　　性	参　　数	权　　限	说　　明
继电器	继电器开合	D1(OD1/CD1)	R(W)	D1 的 Bit 表示各路继电器开合状态，OD1 为开、CD1 为合

继电器程序逻辑如图 8.36 所示。

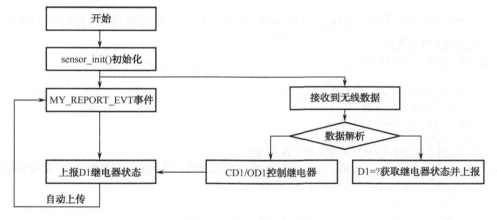

图 8.36　继电器程序逻辑

程序实现过程如下。

（3）　　在 UserApp.h 文件中编写以下代码。

```
#define MY_REPORT_EVT 0x0001    //定义事件 MY_REPORT_EVT
#define NODE_NAME "003"         //定义传感器参数标识
#define NODE_CATEGORY 1         //定义传感器类型
```

（2）在 UseApp.c 文件中实现继电器传感器的初始化 sensor_init()。初始化传感器最基本的是配置选择寄存器和方向寄存器，此外还要启动一个定时器来触发事件 MY_REPORT_EVT，具体的代码实现如下。

```
//初始化传感器
void sensor_init(void)
```

```
{
    //配置 P0_1、P0_5 端口为通用输出 I/O
    SENSOR_SEL &= ~(SENSOR_BIT);
    SENSOR_DIR |= SENSOR_BIT;
    SENSOR_PORT |= SENSOR_BIT;                          //LS1/LS2 断开
    //启动定时器，触发事件：MY_REPORT_EVT
    osal_start_timerEx(sapi_TaskID, MY_REPORT_EVT,
                                    (uint16)((osal_rand()%10) * 1000));
}
```

（3）在 UseApp.c 文件中实现自定义事件处理函数 MyEventProcess(event)，代码实现如下。

```
//自定义事件处理
void MyEventProcess( uint16 event )
{
    if (event & MY_REPORT_EVT) {
        //主动上报数据
        sensor_update();
        //启动定时器，触发事件：MY_REPORT_EVT
        osal_start_timerEx(sapi_TaskID, MY_REPORT_EVT,
                                    (uint16)(myReportInterval * 1000));
    }
}
```

上述代码功能：中调用了函数 sensor_update()来上报采集到的数据，具体的代码实现如下。

```
//处理主动上报的数据
void sensor_update(void)
{
    uint16 cmd = 0;
    uint8 pData[128];
    uint8 *p = pData + 1;
    int len;
    //根据 D0 的位状态判定需要主动上报的数值
    if ((D0 & 0x01) == 0x01){ //若控制编码上报允许，则 pData 的数据包中添加控制编码数据
        len = sprintf((char*)p, "D1=%u", D1);
        p += len;
        *p++ = ',';
    }
    //将需要上传的数据进行打包操作，并通过 zb_SendDataRequest()发送到协调器
    if (p - pData > 1) {
        pData[0] = '{';
            p[0] = 0;
            p[-1] = '}';
            zb_SendDataRequest( 0, cmd, p-pData, pData, 0, AF_ACK_REQUEST,
                                                    AF_DEFAULT_RADIUS );
            HalLedSet( HAL_LED_1, HAL_LED_MODE_BLINK );          //通信 LED 闪烁一次
    }
}
```

（4）在 UseApp.c 文件中实现解析控制命令函数 usr_process_command_call()，当上层应用发送控制命令时，解析命令的代码实现如下。

```
//解析收到的控制命令
int usr_process_command_call(char *ptag, char *pval, char *pout)
{
    int val;
    int ret = 0;
    //将字符串变量pval解析转换为整型变量赋值
    val = atoi(pval);
    //控制命令解析
    if (0 == strcmp("CD0", ptag)) {                    //关闭主动上报
        D0 &= ~val;
    }
    if (0 == strcmp("OD0", ptag)) {                    //开启主动上报
        D0 |= val;
    }
    if (0 == strcmp("D0", ptag)) {                     //查询是否开启了主动上报功能
        if (0 == strcmp("?", pval)) {
            ret = sprintf(pout, "D0=%u", D0);          //命令数据
        }
    }
    if (0 == strcmp("CD1", ptag)) {                    //关闭继电器命令
        D1 &= ~val;
        sensor_control(D1);                            //调用函数来关闭继电器
    }
    if (0 == strcmp("OD1", ptag)) {                    //打开继电器命令
        D1 |= val;
        sensor_control(D1);                            //调用函数来打开继电器
    }
    if (0 == strcmp("D1", ptag)) {                     //查询继电器状态
        if (0 == strcmp("?", pval)) {
            ret = sprintf(pout, "D1=%u", D1);          //命令数据
        }
    }
    if (0 == strcmp("V0", ptag)) {                     //查询主动上报的时间间隔
        if (0 == strcmp("?", pval)) {
            ret = sprintf(pout, "V0=%u", V0);          //命令数据
        }else{
            updateV0(pval);                            //更新主动上报的时间间隔
        }
    }
    return ret;                                         //返回命令数据
}
```

上述代码功能：中调用了函数 sensor_control()来控制继电器的状态，具体的代码实现如下。

```
//控制继电器的状态
void sensor_control(uint8 cmd)
{
    if (cmd == 0){
        SENSOR_PORT |= 0x22 ;                          //LS1/LS2 断开
    } else if (cmd == 1){
        SENSOR_PORT &= ~0x02 ;                         //LS1 闭合
```

```
        SENSOR_PORT |= 0x20 ;                              //LS2 断开
    } else if (cmd == 2){
        SENSOR_PORT |= 0x02 ;                              //LS1 断开
        SENSOR_PORT &= ~0x20 ;                             //LS2 闭合
    } else if (cmd == 3){
        SENSOR_PORT &= ~0x22 ;                                 //LS1/LS2 闭合
    }
}
```

另外，还调用了函数 updataV0()来更新主动上报的时间间隔，具体的代码实现如下。

```
//更新主动上报时间间隔
uint16 updateV0(char *val)
{
    //将字符串变量 val 解析转换为整型变量赋值
    myReportInterval = atoi(val) ;
    V0 = myReportInterval ;
    return V0 ;
}
```

至此，继电器传感器节点的底层开发就完成了。由于不同传感器的参数标识和类型是不同的，初始化传感器的过程也不同，并且控制传感器状态的方式不同，所以当需要开发其他控制类的传感器时，只需要修改 UseApp.h 文件中的宏定义和 UseApp.c 文件中的函数 sensor_init()和函数 sensor_control()即可。

8.4.5 开发步骤

此处以光敏节点、人体红外节点和继电器为例进行协议介绍。

（1）参考 7.2 节步骤将光敏节点、人体红外节点、继电器节点、协调器节点（智云网关板载）的出厂镜像文件固化到节点中（当多台设备使用时需要针对源码修改网络信息并重新编译镜像）。

（2）准备一台智云网关，并确保网关为最新镜像。

（3）参考 7.2 节步骤给硬件上电，并构建形成无线传感网络。

（4）参考 7.2 节步骤对智云网关进行配置，确保智云网络连接成功。

（5）运行 ZcloudTools 工具对节点进行调试。

部分测试步骤（以继电器为例）如下。

单击"综合演示"图标，进入节点拓扑图综合演示界面，等待一段时间后，就会形成所有传感节点的拓扑图结构，包括协调器、路由节点和终端节点，如图 8.37 所示。

单击继电器节点图标，进入继电器节点控制界面。单击"开关"按钮，控制继电器开合，进而控制灯光亮灭，如图 8.38 所示。

返回主界面，单击"数据分析"图标，进入数据分析界面。单击节点列表中的"继电器"节点，进入继电器节点调试界面。输入调试指令"{D1=?}"并发送，查询当前继电器状态值，如图 8.39 所示。

输入调试指令"{OD1=1,D1=?}"并发送，修改继电器状态值为 1（即"开"状态）并查询当前继电器状态值，指令成功执行后会听到继电器开合的声音，执行结果如图 8.40 所示。

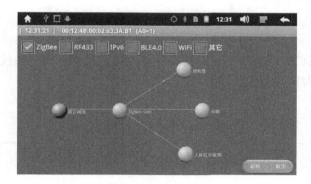

图 8.37　节点拓扑图

图 8.38　继电器节点控制

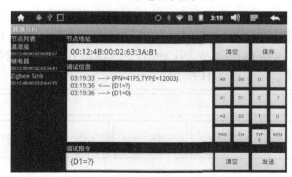

图 8.39　查询继电器状态值

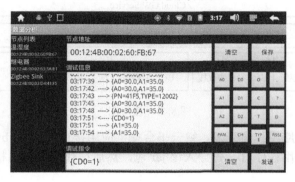

图 8.40　修改继电器状态值

8.4.6　任务结论

针对 ZXBeeEdu CC2530 无线节点的传感器参考代码见本章节任务代码，可根据需求修改可燃气体传感器代码为报警类传感器代码。

8.5　任务 49：智云 Android 应用接口

8.5.1　学习目标

- 理解智云硬件驱动开发。
- 理解 ZigBee 智云通信协议。
- 理解 Android 应用接口。

8.5.2　开发环境

- 硬件：温度传感器（根据需求选择传感器），摄像头 1 个，智云网关 1 个（默认为 s210 系列任务箱），CC2530 无线节点板 2 个，CC Debugger 仿真器 1 个，调试转接板 1 个。
- 软件：Windows XP/7/8，IAR Embedded Workbench for 8051（IAR 嵌入式 8051 系列 CC2530 集成开发环境），Android Developer Tools（Android 集成开发环境）。

8.5.3　原理学习

智云物联云平台提供五大应用接口供开发者使用，包括实时连接（WSNRTConnect）、历史数据（WSNHistory）、摄像头（WSNCamera）、自动控制（WSNAutoctrl）、用户数据（WSNProperty），详细逻辑图如图 8.41 所示。

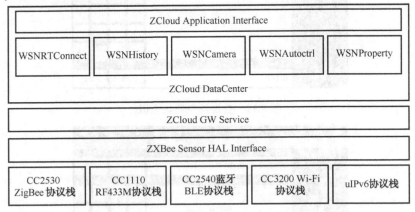

图 8.41　接口图

针对 Android 移动应用程序开发，智云平台提供应用接口库——libwsnDroid2.jar，读者只需要在编写 Android 应用程序时，先导入该 jar 包，然后在代码中调用相应的方法即可。

1．实时连接接口

实时连接接口基于智云平台的消息推送服务，消息推送服务通过利用云端与客户端之间建立稳定、可靠的连接来为开发者提供向客户端应用推送实时消息的服务。智云消息推送服务针对物联网行业特征，支持多种推送类型，如传感实时数据、执行控制命令、地理位置信息、SMS 短信消息等，同时提供用户信息及通知消息统计信息，方便开发者进行后续开发及运营。

基于 Android 的实时连接接口如表 8.9 所示。

表 8.9　实时连接接口

函　　数	参数说明	功　　能
new WSNRTConnect(String myZCloudID, String myZCloudKey);	myZCloudID：智云账号 myZCloudKey：智云秘钥	建立实时数据实例，并初始化智云 ID 及秘钥
connect()	无	建立实时数据服务连接
disconnect()	无	断开实时数据服务连接

setRTConnectListener(){
　onConnect()
　onConnectLost(Throwable arg0)
　onMessageArrive(String mac, byte[] dat)
}
	mac：传感器的 MAC 地址
	dat：发送的消息内容
		设置监听，接收实时数据服务推送过来的消息。
		onConnect：连接成功操作
		onConnectLost：连接失败操作
		onMessageArrive：数据接收操作

sendMessage(String mac, byte[] dat)	mac：传感器的 MAC 地址 dat：发送的消息内容	发送消息
setServerAddr(String sa)	Sa：数据中心服务器地址及端口	设置/改变数据中心服务器地址及端口号
setIdKey(String myZCloudID, String myZCloudKey);	myZCloudID：智云账号 myZCloudKey：智云秘钥	设置/改变智云 ID 及秘钥（需要重新断开连接）

2. 历史数据接口

历史数据基于智云数据中心提供的智云数据库接口开发，智云数据库采用 Hadoop 后端分布式数据库集群，并且多机房自动冗余备份、自动读写分离，开发者不需要关注后端机器及数据库的稳定性、网络问题、机房灾难、单库压力等各种风险。物联网传感器数据可以在智云数据库永久保存，通过提供的简单的 API 编程接口可以完成与云存储服务器的数据连接、数据访问存储、数据使用等。

基于 Android 的历史数据接口如表 8.10 所示。

表 8.10　历史数据接口

函　　数	参数说明	功　　能
new WSNHistory(String myZCloudID, String myZCloudKey);	myZCloudID：智云账号 myZCloudKey：智云秘钥	初始化历史数据对象，并初始化智云 ID 及秘钥
queryLast1H(String channel);	channel：传感器数据通道	查询最近 1 小时的历史数据
queryLast6H(String channel);	channel：传感器数据通道	查询最近 6 小时的历史数据
queryLast12H(String channel);	channel：传感器数据通道	查询最近 12 小时的历史数据
queryLast1D(String channel);	channel：传感器数据通道	查询最近 1 天的历史数据
queryLast5D(String channel);	channel：传感器数据通道	查询最近 5 天的历史数据

续表

函　　数	参 数 说 明	功　　能
queryLast14D(String channel);	channel：传感器数据通道	查询最近 14 天的历史数据
queryLast1M(String channel);	channel：传感器数据通道	查询最近 1 月（30 天）的历史数据
queryLast3M(String channel);	channel：传感器数据通道	查询最近 3 月（90 天）的历史数据
queryLast6M(String channel);	channel：传感器数据通道	查询最近 6 月（180 天）的历史数据
queryLast1Y(String channel);	channel：传感器数据通道	查询最近 1 年（365 天）的历史数据
query();	无	获取所有通道最后一次数据
query(String channel);	channel：传感器数据通道	获取该通道下最后一次数据
query(String channel, String start, String end);	channel：传感器数据通道 start：起始时间 end：结束时间	通过起止时间查询指定时间段的历史数据
query(String channel, String start, String end, String interval);	channel：传感器数据通道 start：起始时间 end：结束时间 interval：采样点的时间间隔，	通过起止时间查询指定时间段指定时间间隔的历史数据
setServerAddr(String sa)	sa：数据中心服务器地址及端口	设置/改变数据中心服务器地址及端口号
setIdKey(String myZCloudID, String myZCloudKey);	myZCloudID：智云账号 myZCloudKey：智云秘钥	设置/改变智云 ID 及秘钥

附注：

（1）每次采样的数据点最大个数为 1500。

（2）历史数据返回格式示例（压缩的 JSON 格式）。

{"current_value":"11.0","datapoints":[{"at":"2015-08-30T14:30:14Z","value":"11.0"},{"at":"2015-08-30T14:30:24Z","value":"11.0"},{"at":"2015-08-30T14:30:34Z","value":"12.0"},…..{"at":"2015-08-30T15:29:54Z","value":"11.0"},{"at":"2015-08-30T15:30:04Z","value":"11.0"}],"id":"00:12:4B:00:02:37:7E:7A_A0","at":"2015-08-30T15:30:04Z"}

（3）历史数据接口支持动态的调整采样间隔，当查询函数没有赋值"interval"参数时，采样间隔遵循以下原则取点，如表 8.11 所示。

表 8.11　传感器 ZXBee 通信协议定义

一次查询支持的最大查询范围	Interval 默认取值	描　　述
≤ 6 hours	0	提取存储的每个点
≤ 12 hours	30	每 30 秒取一个点
≤ 24 hours	60	每 1 分钟取一个点
≤ 5 days	300	每 5 分钟取一个点
≤ 14 days	900	每 15 分钟取一个点
≤ 30 days	1800	每 30 分钟取一个点

续表

一次查询支持的最大查询范围	Interval 默认取值	描　　述
≤ 90 days	10800	每 3 小时取一个点
≤ 180 days	21600	每 6 小时取一个点
≤ 365 days	43200	每 12 小时取一个点
> 365 days	86400	每 24 小时取一个点

3. 摄像头接口

智云平台提供对 IP 摄像头的远程采集控制接口，支持远程对视频图像进行实时采集、图像抓拍、控制云台转动等操作。

基于 Android 的摄像头接口如表 8.12 所示。

表 8.12　基于 Android 的摄像头接口

函　　数	参　数　说　明	功　　能
new WSNCamera(String myZCloudID, String myZCloudKey);	myZCloudID：智云账号 myZCloudKey：智云秘钥	初始化摄像头对象，并初始化智云 ID 及秘钥
initCamera(String myCameraIP, String user, String pwd, String type);	myCameraIP：摄像头外网域名/IP 地址 user：摄像头用户名 pwd：摄像头密码 type：摄像头类型（F-Series、F3-Series、H3-Series） 以上参数从摄像头手册获取	设置摄像头域名、用户名、密码、类型等参数
openVideo();	无	打开摄像头
closeVideo();	无	关闭摄像头
control(String cmd);	cmd：云台控制命令，参数如下。 UP：向上移动一次 DOWN：向下移动一次 LEFT：向左移动一次 RIGHT：向右移动一次 HPATROL：水平巡航转动 VPATROL：垂直巡航转动 360PATROL：360 度巡航转动	发指令控制摄像头云台转动
checkOnline();	无	检测摄像头是否在线
snapshot();	无	抓拍照片

setCameraListener(){
　　onOnline(String myCameraIP, boolean online)
　　onSnapshot(String myCameraIP, Bitmap bmp)
　　onVideoCallBack(String myCameraIP, Bitmap bmp)
}
	myCameraIP：摄像头外网域名/IP 地址
	online：摄像头在线状态（0/1）
	bmp：图片资源
		监听摄像头返回数据。
		onOnline：摄像头在线状态返回
		onSnapshot：返回摄像头截图
		onVideoCallBack：返回实时的摄像头视频图像

续表

函　　数	参 数 说 明	功　　能
freeCamera(String myCameraIP);	myCameraIP：摄像头外网域名/IP 地址	释放摄像头资源
setServerAddr(String sa)	sa：数据中心服务器地址及端口	设置/改变数据中心服务器地址及端口号
setIdKey(String myZCloudID, String myZCloudKey);	myZCloudID：智云账号 myZCloudKey：智云秘钥	设置/改变智云 ID 及秘钥

4．自动控制接口

智云物联平台内置了一个操作简单但是功能强大的逻辑编辑器，为开发者的物联网系统编辑复杂的控制逻辑，可以实现数据更新、设备状态查询、定时硬件系统控制、定时发送短消息、根据各种变量触发某个复杂控制策略实现系统复杂控制等。智云自动控制接口基于触发逻辑单元的自动控制功能，触发器、执行器、执行策略、执行记录保存在智云数据中心，实现步骤如下。

（1）为每个传感器、执行器的关键数据和控制量创建变量。

（2）新建基础控制策略，控制策略里可以运用上一步新建的变量。

（3）新建复杂控制策略，复杂控制策略可以使用运算符，可以无穷组合基础控制策略。

基于 Android 的自动控制接口如表 8.13 所示。

表 8.13　基于 Android 的自动控制接口

函　　数	参 数 说 明	功　　能
new　　WSNAutoctrl(String myZCloudID, 　　String myZCloudKey);	myZCloudID：智云账号 myZCloudKey：智云秘钥	初始化自动控制对象，并初始化智云 ID 及秘钥
createTrigger(String　name, String　type,　JSONObject param);	name：触发器名称 type：触发器类型（sensor、timer） param：触发器内容，JSON 对象格式， 创建成功后返回该触发器 ID（JSON 格式）	创建触发器
createActuator(String name, String type,JSONObject param);	name：执行器名称 type：执行器类型（sensor、ipcamera、phone、job） param：执行器内容，JSON 对象格式， 创建成功后返回该执行器 ID（JSON 格式）	创建执行器
createJob(String　　name, boolean　enable,　JSONObject param);	name：任务名称 enable：true（使能任务）、false（禁止任务） param：任务内容，JSON 对象格式， 创建成功后返回该任务 ID（JSON 格式）	创建任务
deleteTrigger(String id);	id：触发器 ID	删除触发器
deleteActuator(String id);	id：执行器 ID	删除执行器
deleteJob(String id);	id：任务 ID	删除任务
setJob(String　　id,boolean enable);	id：任务 ID enable：true（使能任务）、false（禁止任务）	设置任务使能开关
deleteSchedudler(String id);	id：任务记录 ID	删除任务记录

续表

函　　数	参　数　说　明	功　　能
getTrigger();	无	查询当前智云 ID 下的所有触发器内容
getTrigger(String id);	id：触发器 ID	查询该触发器 ID 内容
getTrigger(String type);	type：触发器类型	查询当前智云 ID 下的所有该类型的触发器内容
getActuator();	无	查询当前智云 ID 下的所有执行器内容
getActuator(String id);	id：执行器 ID	查询该执行器 ID 内容
getActuator(String type);	type：执行器类型	查询当前智云 ID 下的所有该类型的执行器内容
getJob();	无	查询当前智云 ID 下的所有任务内容
getJob(String id);	id：任务 ID	查询该任务 ID 内容
getSchedudler();	无	查询当前智云 ID 下的所有任务记录内容
getSchedudler(String jid,String duration);	id：任务记录 ID duration：duration=x<year|month|day|hours|minute>　　//默认返回 1 天的记录	查询该任务记录 ID 某个时间段的内容
setServerAddr(String sa)	sa：数据中心服务器地址及端口	设置/改变数据中心服务器地址及端口号
setIdKey(String myZCloudID,　　　String myZCloudKey);	myZCloudID：智云账号 myZCloudKey：智云秘钥	设置/改变智云 ID 及秘钥

5. 用户数据接口

智云用户数据接口提供私有的数据库使用权限，实现多客户端间共享的私有数据进行存储、查询和使用。私有数据存储采用 key-value 型数据库服务，编程接口更简单高效。

基于 Android 的用户数据接口如表 8.14 所示。

表 8.14　基于 Android 的用户数据接口

函　　数	参　数　说　明	功　　能
new WSNProperty(String myZCloudID, String myZCloudKey);	myZCloudID：智云账号 myZCloudKey：智云秘钥	初始化用户数据对象，并初始化智云 ID 及秘钥
put(String key,String value);	key：名称 value：内容	创建用户应用数据
get();	无	获取所有的键值对
get(String key);	key：名称	获取指定 key 的 value 值
setServerAddr(String sa)	sa：数据中心服务器地址及端口	设置/改变数据中心服务器地址及端口号
setIdKey(String myZCloudID, String myZCloudKey);	myZCloudID：智云账号 myZCloudKey：智云秘钥	设置/改变智云 ID 及秘钥

8.5.4 开发内容

结合智云节点和 ZXBee 协议,开发一套基于 Android 的简单的 libwsnDroidDemo 程序,(该程序在的"DISK-ZigBee\02-开发例程\chapter 08\8.4-Android\"目录下)供读者理解。根据 8.5.3 节中实现的接口,在该应用中实现的功能主要是传感器的读取与控制、历史数据查询与曲线显示、摄像头的控制、自动控制和应用数据存储与读取,为了让程序更有可读性,该应用使用 2 个包,每个包分为多个 Activity 类,使用接口实现控制与数据的存取,其中,在 com.zhiyun360.wsn.auto 包下是对自动控制接口中的方法进行调用与实现的,因此主 Activity 只需要实现通过单击不同的按钮、或多层次按钮跳转到其他 Activity 中即可。在 src 包中的目录结构如图 8.42 所示。

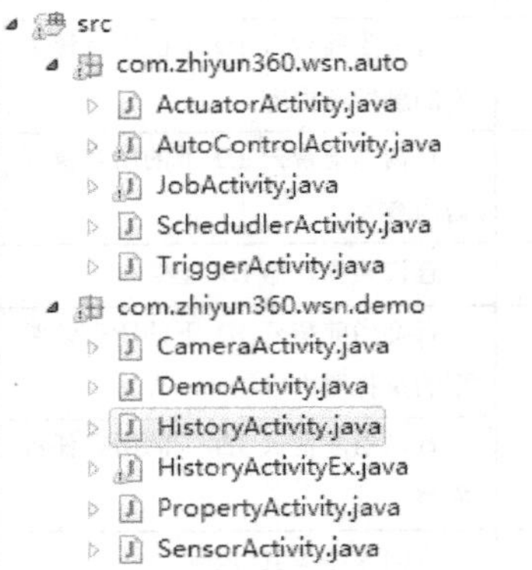

▲ 🐧 src
  ▲ 🎁 com.zhiyun360.wsn.auto
    ▷ 🔲 ActuatorActivity.java
    ▷ 🔲 AutoControlActivity.java
    ▷ 🔲 JobActivity.java
    ▷ 🔲 SchedudlerActivity.java
    ▷ 🔲 TriggerActivity.java
  ▲ 🎁 com.zhiyun360.wsn.demo
    ▷ 🔲 CameraActivity.java
    ▷ 🔲 DemoActivity.java
    ▷ 🔲 HistoryActivity.java
    ▷ 🔲 HistoryActivityEx.java
    ▷ 🔲 PropertyActivity.java
    ▷ 🔲 SensorActivity.java

图 8.42　src 目录结构

其中,DemoActivity 即为主 Activity,主要是作为一个引导作用,用来跳转到不同的 Activity,也可在 DemoActivity.java 文件中定义静态变量,方便引用。每个 Activity 都应有自己的布局,这里不详述布局文件的编写。

1. 实时连接接口

要实现传感器实时数据的发送需要在 SensorActivity.java 文件中调用类 WSNRTConnect 的几个方法即可, 具体调用方法及步骤如下。

(1) 连接服务器地址。外网服务器地址及端口默认为"zhiyun360.com:28081",如果开发者需要修改, 调用方法 setServerAddr(sa)进行设置即可。

```
wRTConnect.setServerAddr(zhiyun360.com:28081);        //设置外网服务器地址及端口
```

(2)初始化智云 ID 及秘钥。先定义序列号和秘钥,然后初始化,本示例中是在 DemoActivity 中设置 ID 与 Key,并在每个 Activity 中直接调用即可,后续不在陈述。

```
String myZCloudID = "12345678";        //序列号
String myZCloudKey = "12345678";       //秘钥
wRTConnect = new WSNRTConnect(DemoActivity.myZCloudID,DemoActivity.myZCloudKey);
```

注意:序列号和秘钥为开发者注册云平台账户时所需的传感器序列号和秘钥。

(3) 建立数据推送服务连接。

```
wRTConnect.connect();                  //调用 connect 方法
```

(4) 注册数据推送服务监听器。接收实时数据服务推送过来的消息。

```
wRTConnect.setRTConnectListener(new WSNRTConnectListener() {
    @Override
    public void onConnect() {                    //连接服务器成功
        //TODO Auto-generated method stub
    }
    @Override
    public void onConnectLost(Throwable arg0) {              //连接服务器失败
        //TODO Auto-generated method stub
```

```
    }
    @Override
    public void onMessageArrive(String arg0, byte[] arg1) {    //数据到达
        //TODO Auto-generated method stub
    }
});
```

（5）实现消息发送。调用 sendMessage 方法想指定的传感器发送消息。

```
String mac = "00:12:4B:00:03:A7:E1:17";                    //目的地址
String dat = "{OD1=1,D1=?}"                                 //数据指令格式
wRTConnect.sendMessage(mac, dat.getBytes());               //发送消息
```

注意：sendMessage 方法只有当数据推送服务连接成功后使用有效。

（6）断开数据推送服务。

```
wRTConnect.disconnect();
```

（7）SensorActivity 的完整示例。下面是一个完整的 SensorActivity.java 代码示例，源码参考 libwsnDroidDemo/src/SensorActivity.java。

```
public class SensorActivity extends Activity {
    private Button mBTNOpen,mBTNClose;
    private TextView mTVInfo;
    private WSNRTConnect wRTConnect;
    private void textInfo(String s) {
        mTVInfo.setText(mTVInfo.getText().toString() + "\n" + s);
    }
    @Override
    public void onCreate(Bundle savedInstanceState) {
        super.onCreate(savedInstanceState);
        setContentView(R.layout.sensor);
        setTitle("传感器数据采集与控制模块");
        mBTNOpen = (Button) findViewById(R.id.btnOpen);
        mBTNClose = (Button) findViewById(R.id.btnClose);

        mTVInfo = (TextView) findViewById(R.id.tvInfo);
        //实例化 WSNRTConnect，并初始化智云 ID 和 Key
        wRTConnect = new WSNRTConnect(DemoActivity.
                                      myZCloudID,DemoActivity.myZCloudKey);
        //设置 WSNRTConnect 服务器地址
        wRTConnect.setServerAddr("zhiyun360.com:28081");
        //设置监听器
        mBTNClose.setOnClickListener(new View.OnClickListener() {
            @Override
            public void onClick(View v) {
                //TODO Auto-generated method stub
                String mac = "00:12:4B:00:03:A7:E1:17";
                String dat = "{CD1=1,D1=?}";
                textInfo(mac + " <<< " + dat);
                wRTConnect.sendMessage(mac, dat.getBytes());
            }
```

```
        });
        //建立连接
        wRTConnect.connect();
        mBTNOpen.setOnClickListener(new OnClickListener() {
            @Override
            public void onClick(View arg0) {
                //TODO Auto-generated method stub
                String mac = "00:12:4B:00:03:A7:E1:17";
                String dat = "{OD1=1,D1=?}";
                textInfo(mac + " <<< " + dat);
                wRTConnect.sendMessage(mac, dat.getBytes());
            }
        });
        wRTConnect.setRTConnectListener(new WSNRTConnectListener() {
            @Override
            public void onConnect() {
                //TODO Auto-generated method stub
                textInfo("connected to server");
            }
            @Override
            public void onConnectLost(Throwable arg0) {
                //TODO Auto-generated method stub
                textInfo("connection lost");
            }
            @Override
            public void onMessageArrive(String arg0, byte[] arg1) {
                //TODO Auto-generated method stub
                textInfo(arg0 + " >>> " + new String(arg1));
            }
        });
        textInfo("connecting...");
    }
    @Override
    public void onDestroy() {
        wRTConnect.disconnect();//断开连接
        super.onDestroy();
    }
}
```

2. 历史数据接口

同理，要实现获取传感器的历史数据需要在 HistoryActivity.java 文件中调用类 WSNHistory 的几个方法即可，具体调用方法及步骤如下。

（1）实例化历史数据对象。直接实例化并连接。

（2）连接服务器地址。外网服务器地址及端口默认为"zhiyun360.com:28081"，如果开发者需要修改，调用方法 setServerAddr(sa)进行设置即可。

```
wRTConnect.setServerAddr(zhiyun360.com:28081);        //设置外网服务器地址及端口
```

（3）初始化智云 ID 及秘钥。先定义序列号和秘钥，然后初始化。

```
String myZCloudID = "12345678";                        //序列号
String myZCloudKey = "12345678";                       //秘钥
//初始化智云 ID 及秘钥
wHistory = newWSNHistory (DemoActivity.myZCloudID,DemoActivity.myZCloudKey);
```

（4）查询历史数据。以下方法为查询自定义时段的历史数据，如需要查询其他时间段（例如，最近 1 个小时，最近一个月）历史数据，请参考 8.5.3 节。

```
wHistory.queryLast1H(String channel);
wHistory.queryLast1M(String channel);
```

（5）HistoryActivity 的完整示例。下面是一个完整的 HistoryActivity.java 代码示例，源码参考 SDK 包/Android/libwsnDroidDemo/src/HistoryActivity.java。

```
public class HistoryActivity extends Activity implements OnClickListener {

    private String channel = "00:12:4B:00:02:CB:A8:52_A0"; //定义数据流通道
    Button mBTN1H, mBTN6H, mBTN12H, mBTN1D, mBTN5D, mBTN14D, mBTN1M,
                    mBTN3M, mBTN6M, mBTN1Y, mBTNSTART, mBTNEND, mBTNQUERY;
    TextView mTVData;
    SimpleDateFormat simpleDateFormat;
    SimpleDateFormat outputDateFormat;
    WSNHistory wHistory;                                    //定义历史数据对象
    @SuppressLint("SimpleDateFormat")
    @Override
    public void onCreate(Bundle savedInstanceState) {
        super.onCreate(savedInstanceState);
        setContentView(R.layout.histroy);
        simpleDateFormat = new SimpleDateFormat("yyyy-M-d");
        outputDateFormat = new SimpleDateFormat("yyyy-MM-dd'T'HH:mm:ss");
        mTVData = (TextView) findViewById(R.id.tvData);
        mBTN1H = (Button) findViewById(R.id.btn1h);
        mBTN6H = (Button) findViewById(R.id.btn6h);
        mBTN12H = (Button) findViewById(R.id.btn12h);
        mBTN1D = (Button) findViewById(R.id.btn1d);
        mBTN5D = (Button) findViewById(R.id.btn5d);
        mBTN14D = (Button) findViewById(R.id.btn14d);
        mBTN1M = (Button) findViewById(R.id.btn1m);
        mBTN3M = (Button) findViewById(R.id.btn3m);
        mBTN6M = (Button) findViewById(R.id.btn6m);
        mBTN1Y = (Button) findViewById(R.id.btn1y);
        mBTNSTART = (Button) findViewById(R.id.btnStart);
        mBTNEND = (Button) findViewById(R.id.btnEnd);
        mBTNQUERY = (Button) findViewById(R.id.query);
        //为每个按钮设置监听器响应单击事件
        mBTN1H.setOnClickListener(this);
        mBTN6H.setOnClickListener(this);
        mBTN12H.setOnClickListener(this);
        mBTN1D.setOnClickListener(this);
        mBTN5D.setOnClickListener(this);
        mBTN14D.setOnClickListener(this);
```

```
        mBTN1M.setOnClickListener(this);
        mBTN3M.setOnClickListener(this);
        mBTN6M.setOnClickListener(this);
        mBTN1Y.setOnClickListener(this);
        mBTNSTART.setOnClickListener(this);
        mBTNEND.setOnClickListener(this);
        mBTNQUERY.setOnClickListener(this);

        wHistory = new WSNHistory();                    //初始化历史数据对象
        //初始化智云 ID 和秘钥
        wHistory.initZCloud(DemoActivity.myZCloudID, DemoActivity.myZCloudKey);
    }
    //为按钮实现单击事件
    @Override
    public void onClick(View arg0) {
        //TODO Auto-generated method stub
        mTVData.setText("");
        String result = null;
        try {
            if (arg0 == mBTN1H) {                        //查询近 1 小时的历史数据
                result = wHistory.queryLast1H(channel);
            }
            if (arg0 == mBTN6H) {                        //查询近 6 小时的历史数据
                result = wHistory.queryLast6H(channel);
            }
            if (arg0 == mBTN12H) {                       //查询近 12 小时的历史数据
                result = wHistory.queryLast12H(channel);
            }
            if (arg0 == mBTN1D) {                        //查询近 1 天的历史数据
                result = wHistory.queryLast1D(channel);
            }
            if (arg0 == mBTN5D) {                        //查询近 5 天的历史数据
                result = wHistory.queryLast5D(channel);
            }
            if (arg0 == mBTN14D) {                       //查询近 14 天的历史数据
                result = wHistory.queryLast14D(channel);
            }
            if (arg0 == mBTN1M) {                        //查询近 1 个月的历史数据
                result = wHistory.queryLast1M(channel);
            }
            if (arg0 == mBTN3M) {                        //查询近 3 个月的历史数据
                result = wHistory.queryLast3M(channel);
            }
            if (arg0 == mBTN6M) {                        //查询近 6 个月的历史数据
                result = wHistory.queryLast6M(channel);
            }
            if (arg0 == mBTN1Y) {                        //查询近 1 年的历史数据
                result = wHistory.queryLast1Y(channel);
            }
            if (arg0 == mBTNSTART) {                     //设置要查询数据的起始时间
```

```
                new DatePickerDialog(this,
                    new DatePickerDialog.OnDateSetListener() {
                            @Override
                            public void onDateSet(DatePicker view, int year,
                                int monthOfYear, int dayOfMonth) {
                                mBTNSTART.setText(year + "-"
                                    + (monthOfYear + 1) + "-" + dayOfMonth);
                            }
                    }, 2014, 0, 1).show();
            }
            if (arg0 == mBTNEND) {                    //设置要查询数据的截止时间
                new DatePickerDialog(this,
                    new DatePickerDialog.OnDateSetListener() {

                            @Override
                            public void onDateSet(DatePicker view, int year,
                                int monthOfYear, int dayOfMonth) {
                                mBTNEND.setText(year + "-" + (monthOfYear + 1)
                                    + "-" + dayOfMonth);
                            }
                    }, 2014, 0, 1).show();
            }
            if (arg0 == mBTNQUERY) {                  //单击查询按钮
                Date sdate = simpleDateFormat.parse(mBTNSTART.getText()
                    .toString());
                Date edate = simpleDateFormat.parse(mBTNEND.getText()
                    .toString());
                String start = outputDateFormat.format(sdate) + "Z";
                String end = outputDateFormat.format(edate) + "Z";
                result = wHistory.queryLast(start, end, "0", channel); //调用查
询函数
            }
            mTVData.setText(jsonFormatter(result));  //显示数据
        } catch (Excepttion e) {
            e.printStackTrace();
            Toast.makeText(getApplicattionContext(), "查询数据失败，请重试！",
                Toast.LENGTH_SHORT).show();
        }
    }
    public static String jsonFormatter(String uglyJSONString) {
        Gson gson = new GsonBuilder().setPrettyPrinting().create();
        JsonParser jp = new JsonParser();
        JsonElement je = jp.parse(uglyJSONString);
        String prettyJsonString = gson.toJson(je);
        return prettyJsonString;
    }
}
```

（6）本次示例中也实现了历史数据曲线显示。在 HistoryActivityEx.java 类中，使用同样的
方法初始化并建立连接，后引用 java.text.SimpleDateFormat 包中的方法进行 data-->text 格式转

换，代码如下，此处不对该方法进行过多阐述，读者可自行查阅相关资料。

```java
SimpleDateFormat outputDateFormat = new SimpleDateFormat("yyyy-MM-dd'T'HH:mm:ss");
JSONObject jsonObjs = new JSONObject(result);
JSONArray datapoints = jsonObjs.getJSONArray("datapoints");
if (datapoints.length() == 0) {
    Toast.makeText(getApplicationContext(), "获取数据点为0！",
                                            Toast.LENGTH_SHORT).show();
    return;
}
for (int i = 0; i < datapoints.length(); i++) {
    JSONObject jsonObj = datapoints.getJSONObject(i);
    String val = jsonObj.getString("value");
    String at = jsonObj.getString("at");
    Double dval = Double.parseDouble(val);
    Date dat = outputDateFormat.parse(at);
    xlist.add(dat);
    ylist.add(dval);
}
```

（7）引用 org.achartengine 中的子类，可以实现数据图表显示。已在下面的代码中注释完毕，这里不再过多陈述方法的调用，读者也可自行查阅。

```java
XYMultipleSeriesRenderer renderer = new XYMultipleSeriesRenderer();
renderer.setAxisTitleTextSize(16);                      //数轴文字字体大小
renderer.setChartTitleTextSize(20);                     //标题字体大小
renderer.setLabelsTextSize(15);                         //数轴刻度字体大小
renderer.setLegendTextSize(15);                         //曲线
renderer.setPointSize(5f);
renderer.setMargins(new int[] { 20, 30, 15, 20 });

XYSeriesRenderer r = new XYSeriesRenderer();
r.setColor(Color.rgb(30, 144, 255));
//r.setPointStyle(PointStyle.CIRCLE);
r.setFillPoints(false);
r.setLineWidth(1);
r.setDisplayChartValues(true);
renderer.addSeriesRenderer(r);                          //加载曲线信息
renderer.setApplyBackgroundColor(true);
renderer.setBackgroundColor(Color.WHITE);
renderer.setXLabels(10);
renderer.setYLabels(10);
renderer.setShowGrid(true);
renderer.setMarginsColor(Color.WHITE);
renderer.setZoomButtonsVisible(true);
renderer.setChartTitle("");
renderer.setXTitle("时间");
renderer.setYTitle("数值");
renderer.setXAxisMin(xlist.get(0).getTime());
renderer.setXAxisMax(xlist.get(xlist.size()-1).getTime());
```

```
renderer.setYAxisMin(minValue);
renderer.setYAxisMax(maxValue);                        //数轴上限
renderer.setAxesColor( Color.LTGRAY);
renderer.setLabelsColor( Color.LTGRAY);
XYMultipleSeriesDataset dataset = new XYMultipleSeriesDataset();
TimeSeries series = new TimeSeries("历史数据");
for (int k = 0; k < xlist.size(); k++) {
    series.add(xlist.get(k), ylist.get(k));            //载入数据
}
dataset.addSeries(series);                             //通过 series 传递加载数据
GraphicalView mGrapView = ChartFactory.getTimeChartView(getBaseContext(),
                          dataset, renderer, "M/d-H:mm");
LinearLayout layout = (LinearLayout) findViewById(R.id.curveLayout);
LinearLayout.LayoutParams lp = new LinearLayout.LayoutParams(LayoutParams.
                          FILL_PARENT, LayoutParams.FILL_PARENT);
lp.weight = 1;
layout.addView(mGrapView, lp);                         //视图显示并加载
```

（8）同理，需要借助 try-catch 语句来处理查询失败情况

```
try{
......}
catch (Exception e) {
    //TODO Auto-generated catch block
    e.printStackTrace();
    Toast.makeText(getApplicationContext(), "获取历史数据失败！",
                                Toast.LENGTH_SHORT).show();
}
```

3．摄像头接口

（1）实例化,并初始化智云 ID 及秘钥。

```
wCamera = new WSNCamera("12345678" , "12345678");     //实例化,并初始化智云 ID
及秘钥
```

（2）摄像头初始化，并检测在线。

```
String myCameraIP = "ayari.easyn.hk";        //摄像头 IP
String user = "admin";                       //用户名
String pwd = "admin";                        //密码
String type = "H3-Series";                   //摄像头类型
wCamera.initCamera(myCameraIP, user, pwd, type);
mTVCamera.setText(myCameraIP + "正在检查是否在线...");
wCamera.checkOnline();
```

（3）调用接口方法，实现摄像头的控制。

```
public void onClick(View v) {
    //TODO Auto-generated method stub
    if (v == mBTNSnapshot) {
        if(isOn==true)
        {
            wCamera.snapshot();
```

```
        }
    }
    if (v == mBTNStartVideo) {
        wCamera.openVideo();
        mIVVideo.setVisibility(View.VISIBLE);
        isOn=true;
    }
    if (v == mBTNStopVideo) {
        wCamera.closeVideo();
        mIVVideo.setImageBitmap(null);
        mIVVideo.setVisibility(View.INVISIBLE);
        isOn=false;
    }
    if (v == mBTNup) {
        if(isOn==true){
            wCamera.control("UP");
        }
    }
    if (v == mBTNdown) {
        if(isOn==true){
            wCamera.control("DOWN");
        }
    }
    if (v == mBTNleft) {
        if(isOn==true){
            wCamera.control("LEFT");}
    }
    if (v == mBTNright) {
        if(isOn==true){
            wCamera.control("RIGHT");}
    }
    if (v == mBTNHPatrol)
    {
        if(isOn==true){
            wCamera.control("HPATROL");}
    }
    if (v == mBTNVPatrol) {
        if(isOn==true){
            wCamera.control("VPATROL");}
    }
    if (v == mBTN360Patrol) {
        if(isOn==true){
            wCamera.control("360PATROL");}
    }
}
```

（4）通过回调函数，返回 Bitmap，获取得到的拍摄图片。

```
public void onVideoCallBack(String camera, Bitmap bmp) {
    //TODO Auto-generated method stub
    if (camera.equals(myCameraIP)) {
```

```
        if(isOn==ture){
            mIVVideo.setImageBitmap(bmp);
        }
    }
}
```

（5）释放摄像头资源。

```
public void onDestroy() {
    //释放摄像头资源
    wCamera.freeCamera();
    super.onDestroy();
}
```

4. 应用数据接口

（1）用同样的方法，初始化 ID、Key，并建立连接、连接服务器，代码略。

（2）调用 wsnProperty 的 put(key,value)方法保存键值对。

```
String propertyKey = editKey.getText().toString();
String propertyValue = editValue.getText().toString();
if(propertyKey.equals("") || propertyValue.equals("")){
    Toast.makeText(PropertyActivity.this, "应用属性名或应用属性值不能为空",
                                            Toast.LENGTH_SHORT).show();
}else{
    try {
        wsnProperty.put(propertyKey, propertyValue);
        Toast.makeText(PropertyActivity.this, "成功保存应用属性值到服务器",
                                            Toast.LENGTH_SHORT).show();
    } catch (Exception e) {
        e.printStackTrace();
    }
}
```

（3）调用 wsnProperty 的 get()方法读取键值对。

```
String propertyKey = editKey.getText().toString();
try {
    if(propertyKey.equals("")){
        String result = wsnProperty.get();
        Toast.makeText(PropertyActivity.this, "成功从服务器读取所有的应用属性值",
                                            Toast.LENGTH_SHORT).show();
        tvResult.setText(jsonFormatter(result));
    }else{
        String result = wsnProperty.get(propertyKey);
        Toast.makeText(PropertyActivity.this, "成功从服务器读取应用属性值",
                                            Toast.LENGTH_SHORT).show();
        tvResult.setText("属性名为："+propertyKey+",属性值为:
                                            "+jsonFormatter(result));
    }
} catch (Exception e) {
    e.printStackTrace();
}
```

5. 自动控制接口

本任务中单独一个包作为示例，AutoControlActivity.java 是包中的主 Activity，通过 button 跳转到四个不同的 Activity 中。下面对每个 Activity 进行详细阐述。

（1）TriggerActivity 类是触发器的处理界面，用于保存触发器基本信息（name、MAC 地址、通道名、条件），当传感器达到触发条件时，执行执行器中的命令，也可查询当前保存的触发器。

① 实例化，并建立连接。

```
wsnAutoControl = new WSNAutoctrl(DemoActivity.myZCloudID,
                DemoActivity.myZCloudKey); //DemoActivity 中定义的 ID、Key
wsnAutoControl.setServerAddr("zhiyun360.com:8001");//用户自己设置
```

② 条件运算符选择。

```
radioGroup.setOnCheckedChangeListener(new OnCheckedChangeListener() {
    @Override
    public void onCheckedChanged(RadioGroup group, int checkedId) {
        //TODO Auto-generated method stub
        if (checkedId == radioButton0.getId()) {
            operateSelected = radios[0];
        } else if(checkedId == radioButton1.getId()){
            operateSelected = radios[1];
        } else if(checkedId == radioButton2.getId()){
            operateSelected = radios[2];
        } else if(checkedId == radioButton3.getId()){
            operateSelected = radios[3];
        } else if(checkedId == radioButton4.getId()){
            operateSelected = radios[4];
        } else if(checkedId == radioButton5.getId()){
            operateSelected = radios[5];
        } else if(checkedId == radioButton6.getId()){
            operateSelected = radios[6];
        } else if(checkedId == radioButton7.getId()){
            operateSelected = radios[7];
        } else if(checkedId == radioButton8.getId()){
            operateSelected = radios[8];
        }
    }
});
```

③ 调用"wsnAutoControl.createTrigger(name, "sensor",param)"方法保存触发器信息。

```
JSONObject param = new JSONObject();
param.put("mac", mac);
param.put("ch", channel);
param.put("op", operateSelected);
param.put("value", operateValue);
param.put("once", true);
String result = wsnAutoControl.createTrigger(name, "sensor",param);
if(!result.equals("")){
```

```
JSONObject object = new JSONObject(result);
Integer id = object.getInt("id");
Toast.makeText(TriggerActivity.this, "添加触发器到服务器成功，返回 ID 为"+id,
                                       Toast.LENGTH_SHORT).show();
}else{
    Toast.makeText(TriggerActivity.this, "添加触发器到服务器失败！",
                                       Toast.LENGTH_SHORT).show();
}
```

④ 调用 wsnAutoControl.getTrigger()方法用来获取所有保存的触发器，代码参考 libwsnDriodDemo\src\TriggerActivity.java。

⑤ 同理，所有保存触发器和查询触发器的操作都会抛出异常，因此要用 try-catch 语句进行处理。

⑥ 断开连接。

```
protected void onDestroy() {
    //TODO Auto-generated method stub
    super.onDestroy();
}
```

（2）ActuatorActivity 类执行器处理界面，保存执行器基本信息，用于响应触发器的条件处理事件，执行命令，也有查询的接口方法。处理执行器和处理触发器的方法类似，两者的主要区别在于方法的名称不同，调用 "wsnAutoControl.createActuator(name,"sensor",param)" 方法来保存执行器信息，wsnAutoControl.getActuator()方法来查询保存的执行器信息，源码如下。

```
protected void onCreate(Bundle savedInstanceState) {
    //TODO Auto-generated method stub
    super.onCreate(savedInstanceState);
    setContentView(R.layout.actuator);
    setTitle("自动控制-执行器");
    editName = (EditText) findViewById(R.id.editName);
    editMac = (EditText) findViewById(R.id.editMac);
    editCommand = (EditText) findViewById(R.id.editCommand);
    btnSave = (Button) findViewById(R.id.btnSave);
    btnQuery = (Button) findViewById(R.id.btnQuery);
    tvResult = (TextView) findViewById(R.id.tvResult);
    wsnAutoControl = new WSNAutoctrl(DemoActivity.myZCloudID,
                                       DemoActivity.myZCloudKey);
    wsnAutoControl.setServerAddr("zhiyun360.com:8001");
    btnSave.setOnClickListener(new View.OnClickListener() {
        @Override
        public void onClick(View v) {
            //TODO Auto-generated method stub
            String name = editName.getText().toString();
            String mac = editMac.getText().toString();
            String command = editCommand.getText().toString();
            if(name.equals("")||mac.equals("")||command.equals("")){
                Toast.makeText(ActuatorActivity.this, "执行器名或 MAC 地址或指令不
能为空！
                                       ",Toast.LENGTH_SHORT).show();
```

```
            }else{
                try {
                    System.out.println("in try");
                    JSONObject param = new JSONObject();
                    param.put("mac", mac);
                    param.put("data", command);
                    String result = wsnAutoControl.createActuator(name,
                                                "sensor", param);

                    if(!result.equals("")){
                        JSONObject object = new JSONObject(result);
                        Integer id = object.getInt("id");
                        Toast.makeText(ActuatorActivity.this, "保存执行器到服务器
成功,
                                    返回ID为"+id, Toast.LENGTH_SHORT).show();
                    }else{
                        Toast.makeText(ActuatorActivity.this, "保存执行器到服务器
失败!",
                                        Toast.LENGTH_SHORT).show();
                    }
                } catch (Exception e) {
                    e.printStackTrace();
                }
            }
        }
    });
    btnQuery.setOnClickListener(new View.OnClickListener() {
        @Override
        public void onClick(View v) {
            //TODO Auto-generated method stub
            try {
                String result = wsnAutoControl.getActuator();
                tvResult.setText(jsonFormatter(result));
                Toast.makeText(ActuatorActivity.this, "查询所有的执行器成功!",
                                    Toast.LENGTH_SHORT).show();
            } catch (Excepttion e) {
                e.printStackTrace();
            }
        }
    });
}
public String jsonFormatter(String uglyJSONString) {
    Gson gson = new GsonBuilder().disableHtmlEscaping().
                                    setPrettyPrinting().create();
    JsonParser jp = new JsonParser();
    JsonElement je = jp.parse(uglyJSONString);
    String prettyJsonString = gson.toJson(je);
    return prettyJsonString;
}
@Override
protected void onDestroy() {
```

```
            //TODO Auto-generated method stub
            super.onDestroy();
        }
    }
```

（3）JobActivity 类是执行策略处理界面，用于匹对触发器和执行器，实现自动控制。调用"wsnAutoControl.createJob(name,enable,param)"方法来创建执行策略，调用"wsnAutoControl.getJob()"方法来浏览所有执行策略，源码如下。

```
protected void onCreate(Bundle savedInstanceState) {
    //TODO Auto-generated method stub
    super.onCreate(savedInstanceState);
    setContentView(R.layout.job);
    setTitle("自动控制-执行策略");
    editName = (EditText) findViewById(R.id.editName);
    editTriggerId = (EditText) findViewById(R.id.editTriggerID);
    editActuatorId = (EditText) findViewById(R.id.editActuatorID);
    radioGroup = (RadioGroup) findViewById(R.id.radioGroup);
    radioButton0 = (RadioButton) findViewById(R.id.radioGroupButton0);
    radioButton1 = (RadioButton) findViewById(R.id.radioGroupButton1);
    btnSave = (Button) findViewById(R.id.btnSave);
    btnQuery = (Button) findViewById(R.id.btnQuery);
    tvResult = (TextView) findViewById(R.id.tvResult);
    wsnAutoControl = new WSNAutoctrl(DemoActivity.myZCloudID,
                                     DemoActivity.myZCloudKey);
    wsnAutoControl.setServerAddr("zhiyun360.com:8001");
    radioGroup.setOnCheckedChangeListener(new OnCheckedChangeListener() {
        @Override
        public void onCheckedChanged(RadioGroup group, int checkedId) {
            //TODO Auto-generated method stub
            if (checkedId == radioButton0.getId()) {
                enable = true;
            } else if(checkedId == radioButton1.getId()){
                enable = false;
            }
        }
    });
    btnSave.setOnClickListener(new View.OnClickListener() {
        @Override
        public void onClick(View v) {
            //TODO Auto-generated method stub
            String name = editName.getText().toString();
            String triggerId = editTriggerId.getText().toString();
            String actuatorId = editActuatorId.getText().toString();
            if(name.equals("")||triggerId.equals("")||actuatorId.equals("")){
                Toast.makeText(JobActivity.this, "执行策略名或触发器 ID 或执行器 ID
不能为空！", Toast.LENGTH_SHORT).show();
            }else{
                String[] tids = triggerId.split(",");
                String[] aids = actuatorId.split(",");
```

```
                    try{
                        JSONObject param = new JSONObject();
                        JSONArray tidsArray = new JSONArray();
                        JSONArray aidsArray = new JSONArray();
                        for(int i=0;i<tids.length;i++){
                            tidsArray.put(tids[i]);
                        }
                        for(int j=0;j<aids.length;j++){
                            aidsArray.put(aids[j]);
                        }
                        param.put("tids", tidsArray);
                        param.put("aids", aidsArray);
                        String  result  =  wsnAutoControl.createJob(name,  enable,
param);

                        if(!result.equals("")){
                            JSONObject jsonObject = new JSONObject(result);
                            Integer id = jsonObject.getInt("id");
                            Toast.makeText(JobActivity.this, "保存执行策略到服务器成功,
                                     返回 ID 为"+id, Toast.LENGTH_SHORT).show();
                        }else{
                            Toast.makeText(JobActivity.this,"保存执行策略到服务器失败! ",
                                            Toast.LENGTH_SHORT).show();

                        }
                    }catch (Exception e) {
                        //TODO: handle exception
                        Toast.makeText(JobActivity.this, "请输入正确的触发器 ID 和执行
ID格式! ", Toast.LENGTH_SHORT).show();
                    }
                }
            }
        });
    btnQuery.setOnClickListener(new View.OnClickListener() {
        @Override
        public void onClick(View v) {
            //TODO Auto-generated method stub
            String result;
            try {
                result = wsnAutoControl.getJob();
                tvResult.setText(jsonFormatter(result));
            } catch (Exception e) {
                //TODO Auto-generated catch block
                e.printStackTrace();
            }
        }
    });
}
    public String jsonFormatter(String uglyJSONString) {
        Gson gson = new GsonBuilder().disableHtmlEscaping().
                                         setPrettyPrinting().create();

        JsonParser jp = new JsonParser();
```

```
        JsonElement je = jp.parse(uglyJSONString);
        String prettyJsonString = gson.toJson(je);
        return prettyJsonString;
    }
    @Override
    protected void onDestroy() {
        super.onDestroy();
    }
}
```

（4）SchedudlerActivity 类定义了用户查询执行记录的方法，用户查询分为两种：过滤查询和执行查询，调用"wsnAutoControl.getSchedudler(number, duration)"方法用来过滤查询，调用"wsnAutoControl.getSchedudler()"方法用来执行查询，源码如下。

```
protected void onCreate(Bundle savedInstanceState) {
    //TODO Auto-generated method stub
    super.onCreate(savedInstanceState);
    setContentView(R.layout.schedudler);
    setTitle("自动控制-执行记录");
    wsnAutoControl = new WSNAutoctrl(DemoActivity.myZCloudID,
                                    DemoActivity.myZCloudKey);
    wsnAutoControl.setServerAddr("zhiyun360.com:8001");
    btnQuery = (Button) findViewById(R.id.btnQuery);
    btnFilter = (Button) findViewById(R.id.btnFilter);
    editNumber = (EditText) findViewById(R.id.editNumber);
    tvResult = (TextView) findViewById(R.id.tvResult);
    spinner = (Spinner) findViewById(R.id.spinnerDurationn);
    //设置下拉列表的风格
    ArrayAdapter<String> adapter = new ArrayAdapter<String>(this,
                        android.R.layout.simple_spinner_item, durationns);
    adapter.setDropDownViewResource(android.R.layout.
                                    simple_spinner_dropdown_item);
    spinner.setAdapter(adapter);
    spinner.setOnItemSelectedListener(new OnItemSelectedListener() {
        @Override
        public void onItemSelected(AdapterView<?> parent, View view,
                                        int positionn, long id) {
            //TODO Auto-generated method stub
            durationn = durationns[positionn];
        }
        @Override
        public void onNothingSelected(AdapterView<?> parent) {
            //TODO Auto-generated method stub
        }
    });
    btnFilter.setOnClickListener(new View.OnClickListener() {
        @Override
        public void onClick(View v) {
            //TODO Auto-generated method stub
            String number = editNumber.getText().toString();
```

```
            if(editNumber.equals("")){
                Toast.makeText(SchedudlerActivity.this, "过滤查询的数值文本框不能
                                       为空! ", Toast.LENGTH_SHORT).show();
            }else{
                String result;
                try {
                    result = wsnAutoControl.getSchedudler(number, durationn);
                        tvResult.setText(jsonFormatter(result));
                    Toast.makeText(SchedudlerActivity.this, "过滤查询执行记录成功!
                                           ", Toast.LENGTH_SHORT).show();
                } catch (Exceptionn e) {
                    e.printStackTrace();
                }
            }
        }
    });
        btnQuery.setOnClickListener(new View.OnClickListener() {
            @Override
            public void onClick(View v) {
                //TODO Auto-generated method stub
                String result;
                try {
                    result = wsnAutoControl.getSchedudler();
                    tvResult.setText(jsonFormatter(result));
                    Toast.makeText(SchedudlerActivity.this, "从服务器获取执行记录
成功! ", Toast.LENGTH_SHORT).show();
                } catch (Exceptionn e) {
                    //TODO Auto-generated catch block
                    e.printStackTrace();
                }
            }
        });
    }
    public String jsonFormatter(String uglyJSONString) {
        Gson gson = new GsonBuilder().disableHtmlEscaping().
                                        setPrettyPrinting().create();
        JsonParser jp = new JsonParser();
        JsonElement je = jp.parse(uglyJSONString);
        String prettyJsonString = gson.toJson(je);
        return prettyJsonString;
    }
    @Override
    protected void onDestroy() {
        //TODO Auto-generated method stub
        super.onDestroy();
    }
}
```

8.5.5 开发步骤

（1）部署智云硬件环境。

① 准备一个 s210 系列任务箱网关，1 个温/湿度传感器无线节点，设置节点板跳线为模式一，分别接上出厂电源。

② 确认已安装 ZStack 的安装包。如果没有安装，打开光盘提供的安装包，安装完后默认生成"C:\Texas Instruments\ZStack-CC2530-2.4.0-1.4.0"文件夹。

③ 打开例程：将附带资源包中的"DISK-ZigBee\02-开发例程\Chapter 08\8.5-Android"全部文件夹复制到"C:\Texas Instruments\ZStack-CC2530-2.4.0-1.4.0\Projects\zstack\Samples"目录下。

④ 分别打开协调器和传感器工程，编译代码。为了避免冲突，需要根据实际硬件平台修改节点 PANID（范围为 0x0001～0x3FFF），工程文件为"Tools→f8wConfig.cfg"。

⑤ 把 CC Debugger 仿真器连接到 CC2530 无线节点，使用 Flash Programmer 工具把上述程序分别下载到对应的传感器节点板和协调器节点板中，同时读取传感器节点板的 IEEE 地址备用。

⑥ 部署硬件，组成智云无线传感网络，并将数据接入到智云服务中心。

（2）用 Android 集成开发环境打开 Android 任务例程。在 eclipse 中导入任务例程 libwsnDroidDemo 文件，目录为"DISK-ZigBee\02-开发例程\Chapter 08\8.4-Android\libwsnDroidDemo"，要实现 8.5.4 中的所有内容都需要用到 libwsnDroid-20150731.jar 包中的 API，因此，需要将 libwsnDroid2.jar 包复制到工程目录的 libs 文件夹下（例程包中若已存在，此步骤可忽略），如图 8.43 所示，运行调试无 bug。

图 8.43　libs 文件夹下列表显示

（3）正确填写智云 ID 及秘钥、服务器地址、摄像头信息。智云 ID 及秘钥和服务器地址为网关中开发者自己设置，摄像头信息有摄像头 IP、用户名、密码、摄像头类型，摄像头 IP 为摄像头连接网关后映射出的 IP，其他三个摄像头均已给出。

（4）将程序运行虚拟机中或其他 Android 终端，并组网成功。

（5）单击按钮，查看运行结果。以实时连接接口和摄像头接口为例来显示运行结果。

① 主界面显示，分为多个模块，单击分别进入不同的模块，如图 8.44 所示。

② 单击"传感器读取与控制"按钮，跳转到传感器读取与控制界面，此 Activity 调用的是实时连接接口中的方法。单击"开灯"、"关灯"按钮，显示实时控制的指令输出，如图 8.45 所示。

③ 返回到主界面，单击摄像头控制，进入摄像头控制模块，当显示出 ayari.easyn.hk（摄像头 IP）在线后，就可以进行按钮控制摄像头，如图 8.46 所示。

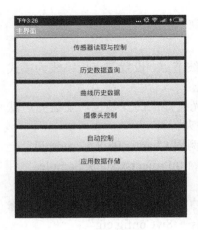

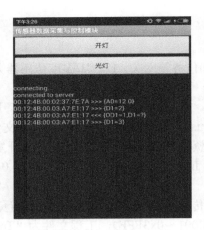

| 图 8.44　主界面 | 图 8.45　传感器读取与控制模块 | 图 8.46　摄像头控制模块 |

8.5.6　任务结论

根据 API 介绍，编写一个温/湿度采集的应用，在主界面每隔 30s 更新一次温/湿度的值。

8.6　任务 50：智云开发调试工具

8.6.1　学习目标

● 掌握智云硬件驱动开发。
● 理解 ZigBee 智云通信协议。
● 熟练使用智云开发调试工具。

8.6.2　开发环境

● 硬件：温度传感器 1 个，声光报警传感器 1 个，智云网关 1 个（默认为 s210 系列任务箱），CC2530 无线节点板 2 个，CC Debugger 仿真器 1 个，调试转接板 1 个。
● 软件：Windows XP/7/8，IAR Embedded Workbench for 8051（IAR 嵌入式 8051 系列 CC2530 集成开发环境），Android Developer Tools（Android 集成开发环境）。

8.6.3　原理学习

为了方便开发者快速使用智云平台，提供了智云开发调试工具，能够跟踪应用数据包及学习 API 的运用，该工具采用 web 静态页面方式提供，如图 8.47 所示，主要包含以下内容。
● 智云数据分析工具：支持设备数据包的采集、监控及指令控制，支持智云数据库的历史数据查询。
● 智云自动控制工具：支持自动控制单元触发器、执行器、执行策略、执行记录的调试。
● 智云网络拓扑工具：支持进行传感器网络拓扑分析，能够远程更新传感网络 PANID 和 Channel 等信息。

图 8.47 智云开发调试工具

8.6.4 开发内容

1. 实时推送测试工具

实时数据推送演示，通过消息推送接口，能够实时抓取项目上下行所有节点数据包，支持通过命令对节点进行操作，获取节点实时信息、控制节点状态等操作，如图 8.48 所示。

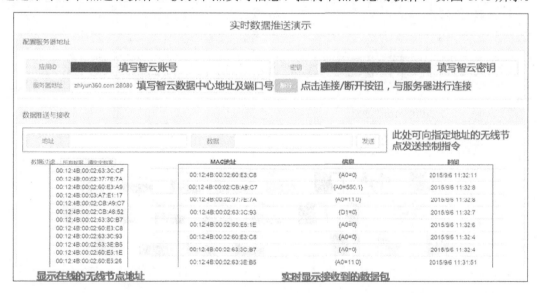

图 8.48 实时数据推送演示

2. 历史数据测试工具

历数值/图片性历史数据获取测试工具：能够接入到数据中心数据库，对项目任意时间段历史数据进行获取，支持数值型数据曲线图展示、JSON 数据格式展示，同时支持摄像头抓拍的照片在曲线时间轴展示，如图 8.49 所示。

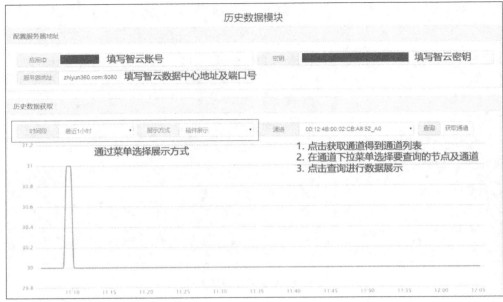

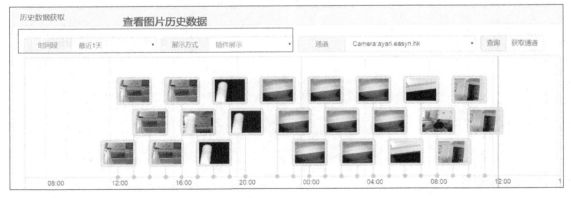

图 8.49　历史数据查询演示

3．网络拓扑分析工具

　　ZigBee 协议模式下网络拓扑图分析工具，能够实时接收并解析 ZigBee 网络数据包，将接收到的网络信息通过拓扑图的形式展示，通过颜色对不同节点类型进行区分，显示节点的 IEEE 地址，如图 8.50 所示。

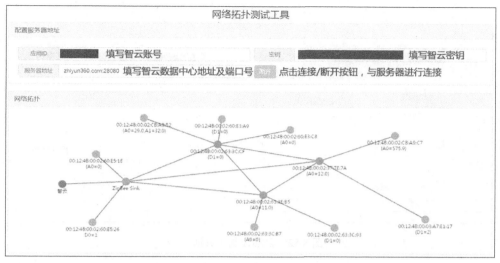

图 8.50　网络拓扑图分析演示

4．数据存储与查询测试工具

应用数据存储与查询测试工具通过用户数据库接口，支持在该项目下存取用户数据，以 Key-Value 键值对的形式保存到数据中心服务器，同时支持通过 Key 获取到其对应的 Value 数值。

在界面可以对用户应用数据库进行查询、存储等操作，如图 8.51 所示。

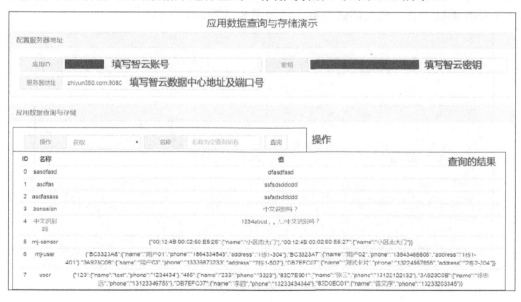

图 8.51　用户测试工具演示

5．自动控制测试工具

自动控制模块测试工具通过内置的逻辑编辑器实现复杂的自动控制逻辑，包括触发器（传感器类型、定时器类型），执行器（传感器类型、短信类型、摄像头类型、任务类型），执行任务，以及执行记录四大模块，每个模块都具有查询、创建、删除功能，如图 8.52 所示。

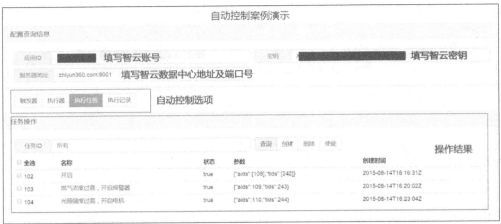

图 8.52   自动控制工具演示

8.6.5   开发步骤

（1）将温/湿度节点、声光报警节点、协调器节点镜像文件固化到节点中。
（2）准备一台智云网关，并确保网关为最新镜像。
（3）给硬件上电，并构建形成无线传感网络。
（4）对智云网关进行配置，确保智云网络连接成功。
（5）运行 Web 调试工具对节点进行调试。
打开 web 调试工具，进入调试主页面，如图 8.53 所示。

图 8.53   Web 调试工具

单击"实时数据"进入实时数据调试页面，先输入正确的智云 ID/Key 和服务器地址，单击"链接"按钮连接到至云服务器，就可以开始测试了。例如，输入温/湿度节点的 MAC 地址和查询数据的命令，即可查询到当前温/湿度传感器采集到的数据，如图 8.54 所示。
也可以输入声光报警器的 MAC 地址和控制报警器的命令，即可对报警器进行实时控制，并查询到报警器当前的状态，如图 8.55 所示。

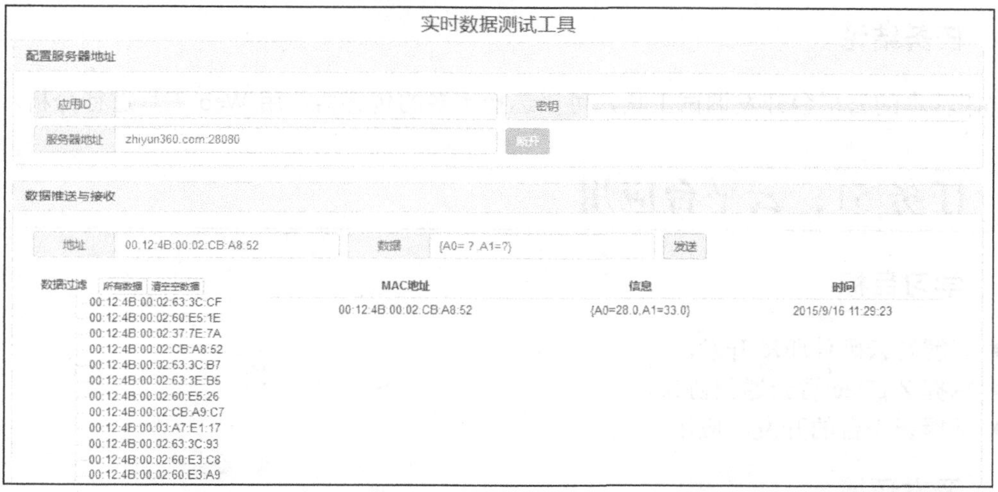

图 8.54　实时数据测试工具（1）

图 8.55　实时数据测试工具（2）

单击"用户数据"进入用户数据接口的调试页面，用户数据接口提供存储和读取的操作，可以先选择"存储"，例如，存储数据的 Key 为 username，Value 为刘德华。存储成功后，再切换至"获取"选项，输入要查询数据的 Key，即 username，下面会显示其对应的 Value 值，如图 8.56 所示。

图 8.56　用户数据测试工具

8.6.6 任务结论

掌握基本的云平台开发调试工具，可以选择更多的传感器，用 Web 工具进行分析。

8.7 任务 51：云平台应用

8.7.1 学习目标

- 理解智云硬件驱动开发。
- 掌握 ZigBee 智云通信协议。
- 掌握云平台的开发与应用。

8.7.2 开发环境

- 硬件：温度传感器 1 个，声光报警传感器 1 个，智云网关 1 个（默认为 s210 系列任务箱），CC2530 无线节点板 2 个，CC Debugger 仿真器 1 个，调试转接板 1 个。
- 软件：Windows XP/7/8，IAR Embedded Workbench for 8051（IAR 嵌入式 8051 系列 CC2530 集成开发环境），Android Developer Tools（Android 集成开发环境）。

8.7.3 原理学习

智云平台为开发者提供一个应用项目分享的应用网站 "http://www.zhiyun360.com"，注册后开发者可以轻松发布自己的应用项目。

应用项目可以展示节点采集的实时在线数据、查询历史数据，并且以曲线的方式进行展示；对执行设备，开发者可以编辑控制命令，对设备进行远程控制；同时可以在线查阅视频图像，并且支持远程控制摄像头云台的转动，支持设置自动控制逻辑进行摄像头图片的抓拍并曲线展示，如图 8.57 所示。

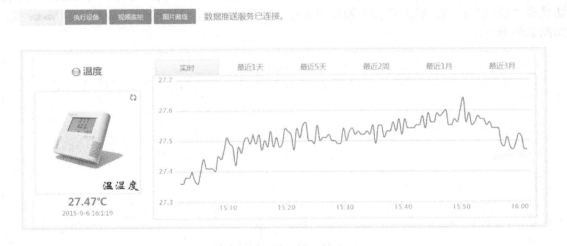

图 8.57 智云应用项目

8.7.4 开发内容

登录智云物联应用网站"http://www.zhiyun360.com"，如图 8.58 所示。

图 8.58 智云物联网站

1．用户注册

新用户需要对应用项目进行注册，在网站右上角单击"注册"按钮，如图 8.59 所示。
注册成功后，登录即可进入到应用项目后台，可对应用项目进行配置。

2．项目配置

智云物联网站后台提供设备管理、自动控制、系统通知、项目信息、账户信息、查看项目等板块内容。

（1）设备管理。对底层智能传感/执行硬件设备进行添加和管理，主要设备类型为传感器、执行器、摄像头。

① 添加传感器（光敏传感器）。菜单列表选择"传感器管理"，内容选项卡选择"添加传感器"，如图 8.60 所示，按照提示填写属性。

图 8.59 用户注册

图 8.60 添加传感器

传感器名称：用户为设备自定义的名称
    # 数据流通道："IEEE 地址_通道名"（IEEE 读取方法见附录 7），比如：00:12:4B:00:02:63:3C:4F_A0
    # 传感器类型：从下拉列表选择
    # 曲线形状：模拟量类传感器可选择"平滑"，电平类传感器可选择"阶梯"
    # 是否公开：是否将该传感器信息展示到前端项目网页

传感器添加成功后，在传感器管理列表可看到成功添加的各种传感器信息，如图 8.61 所示。

通道	传感器名称	传感器类型	单位	曲线类型	是否公开	编辑	删除
00:12:4B:00:02:CB:A8:52_A0	温度传感器	温度	℃	平滑	是	编辑	删除
00:12:4B:00:02:CB:A8:52_A1	湿度传感器	湿度	%	平滑	是	编辑	删除
00:12:4B:00:02:CB:A9:C7_A0	光照传感器	光照	LF	平滑	是	编辑	删除
00:12:4B:00:02:63:3E:B5_A0	空气质量传感器	空气质量	ppm	平滑	是	编辑	删除
00:12:4B:00:02:60:FB:67_A0	湖南演示燃气	可燃气体		平滑	否	编辑	删除
00:12:4B:00:02:63:3A:FC_A0	湖南演示温度	温度	℃	平滑	否	编辑	删除
00:12:4B:00:02:63:3A:FC_A1	湖南演示湿度	湿度	%	平滑	否	编辑	删除

图 8.61　添加传感器

② 添加执行器（继电器传感器）。菜单列表选择"执行器管理"，内容选项卡选择"添加执行器"，如图 8.62 所示，按照提示填写属性。

    # 执行器名称：为设备自定义的名称
    # 执行器地址：IEEE 地址，比如：00:12:4B:00:02:63:3C:4F
    # 执行器类型：从下拉列表选择
    # 指令内容：根据执行器节点程序逻辑设定，比如：{'开':'{OD1=1,D1=?}','关':'{CD1=1,D1=?}'}
    # 是否公开：是否将该执行器信息展示到前端项目网页

图 8.62　添加执行器

执行器添加成功后，在执行器管理列表可看到成功添加的各种执行器信息，如图 8.63 所示。

执行器管理　添加执行器

执行器地址	执行器名称	执行类型	单位	指令内容	是否公开	编辑	删除
00:12:4B:00:02:63:3C:CF	声光报警	声光报警		{'开':'{OD1=1,D1=?}','关':'{CD1=1,D1=?}','查询':'{D1=?}'}	是	编辑	删除
00:12:4B:00:02:60:E5:1E	步进电机	步进电机		{'正转':'{OD1=3,D1=?}','反转':'{CD1=2,OD1=1,D1=?}','停止':'{CD1=1,D1=?}','查询':'{D1=?}'}	是	编辑	删除
00:12:4B:00:02:60:E3:A9	风扇	风扇		{'开':'{OD1=1,D1=?}','关':'{CD1=1,D1=?}','查询':'{D1=?}'}	是	编辑	删除
00:12:4B:00:02:60:E5:26	RFID	低频RFID		{'开':'{OD0=1,D0=?}','关':'{CD0=1,D0=?}','查询':'{D0=?}'}	是	编辑	删除
00:12:4B:00:02:63:3C:4F	卧室灯光	继电器		{'开':'{OD1=1,D1=?}', '关':'{CD1=1,D1=?}'}	是	编辑	删除

图 8.63　传感器信息

③ 添加摄像头。菜单列表选择“摄像头管理”，内容选项卡选择“添加摄像头”，如图 8.64 所示，按照提示填写属性。

```
# 摄像头名称：用户为设备自定义的名称
# 摄像头 IP：从摄像头底部的条码标签可获取
# 摄像头用户名：根据摄像头的配置设定
# 摄像头密码：根据摄像头的配置设定
# 是否公开：是否将该摄像头信息展示到前端项目网页
```

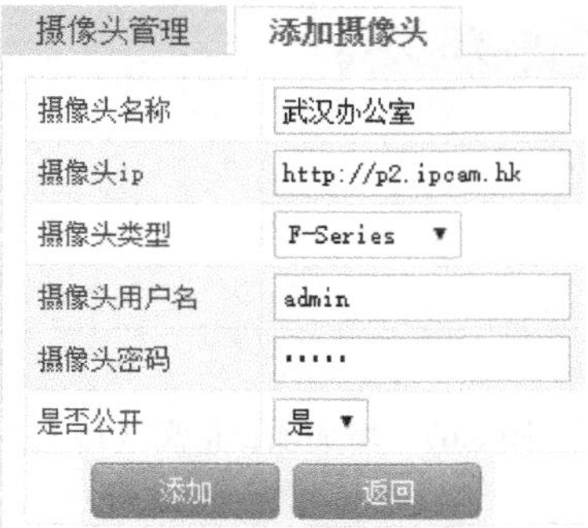

图 8.64　添加摄像头

摄像头添加成功后，在摄像头管理列表可看到成功添加的各种摄像头信息，如图 8.65 所示。

摄像头管理　添加摄像头

摄像头名称	摄像头类型	摄像头IP	是否公开	摄像头用户名	摄像头密码	编辑	删除
会议室摄像头	F-Series	217022.easyn.hk	是	admin	admin	编辑	删除
培训摄像头	F3-Series	069208.ipcam.hk	否	admin		编辑	删除

图 8.65　添加传感器

至此项目设备配置完成。

（2）自动控制。本版块内容较为复杂，可以实现联动控制功能，如图 8.66 所示。

图 8.66　自动控制

（3）系统通知。本版块是由网站系统管理发布的一些通知信息。

（4）项目信息。用于描述用户应用项目信息，项目信息是对应用项目名称、副标题、介绍等的描述，上传图像是提交用户应用项目的 Logo 图标，智云 ID/Key 要求填写与项目所在网关一致的正确授权的智云 ID/Key。增加项目信息如图 8.67 和图 8.68 所示。

图 8.67　增加项目信息（1）

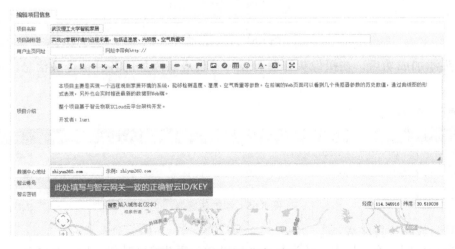

图 8.68　增加项目信息（2）

地理位置可在地图页面标记自己的位置：输入所在城市的中文名称进行搜索，然后在地图小范围确定地点。

（5）账户信息。账户信息栏目用于用户信息的填写，如图 8.69 所示，将在用户项目的首页底部展示。

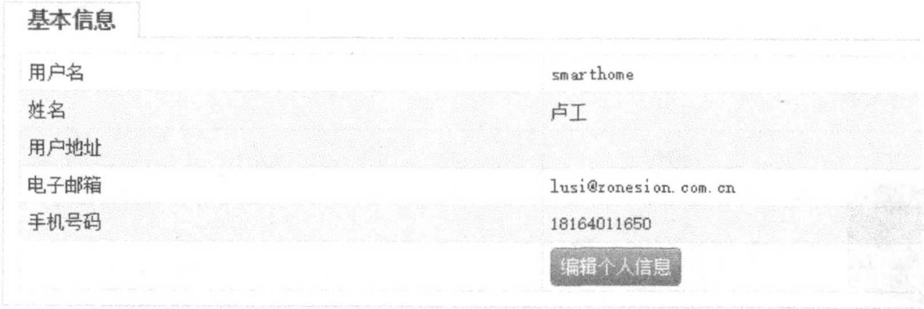

基本信息
用户名
smarthome
姓名
卢工
用户地址
电子邮箱
lusi@ronesion.com.cn
手机号码
18164011650
编辑个人信息

图 8.69 账号信息

（6）查看项目。单击“查看项目”栏目即可进入到所在项目的首页。

3．项目发布

项目配置好了，即完成了项目的发布，在项目后台可设置各种设备的公开权限，禁止公开的设备普通用户在项目页面无法浏览。

项目展示页示例如下所示（http://www.zhiyun360.com/Home/Sensor?ID=46）。

（1）查看传感器数据：传感器数据采集选项卡如图 8.70 所示，左边栏显示传感器图片、名称、实时接收到的数值、在线状态（在线则传感器名称的指示图标变蓝色，不在线为灰色），右边栏显示传感器一段时间内的数据曲线，可单击标签选择实时（最近 1 小时）、最近 1 天、最近 5 天、最近 2 周、最近 1 月、最近 3 月的数据。

执行设备
视频监控
图片回线
数据推送服务已连接。
温度传感器
实时
最近1天
最近5天
最近2周
最近1月
最近3月
温湿度
31.0℃
2015-6-26 16:34:49
光照传感器

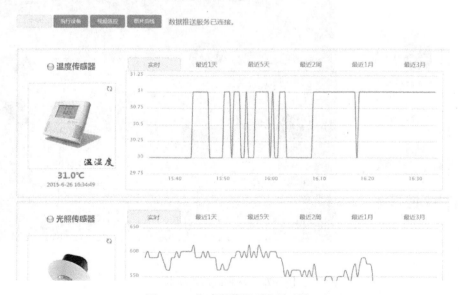

图 8.70 传感器数据采集选项卡

（2）实时控制执行器：执行设备选项卡如图 8.71 所示，左边栏显示执行器图片、名称、在线状态（在线则传感器名称的指示图标变蓝色，不在线为灰色），右边栏显示该执行器可进行的操作，单击对应按钮，可远程对设备进行控制，同时在"反馈信息"窗口可查看控制命令及反馈的消息结果。

图 8.71　执行设备选项卡

（3）视频监控：视频监控选项卡如图 8.72 所示，左边栏显示摄像头图片、名称、在线状态（在线则传感器名称的指示图标变蓝色，不在线为灰色）、控制按钮，右边栏显示摄像头采集的图像画面，单击对应按钮，可远程对摄像头进行开关及云台转动等操作。

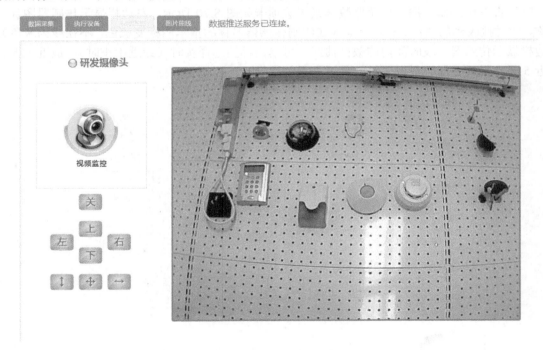

图 8.72　视频监控选项卡

（4）图片曲线：图片曲线选项卡如图 8.73 所示，左边栏显示摄像头图片、名称，右边栏显示摄像头定时抓拍的图片（此功能需要在后台自动控制板块添加策略，具体可参考自动控制相关文档）。

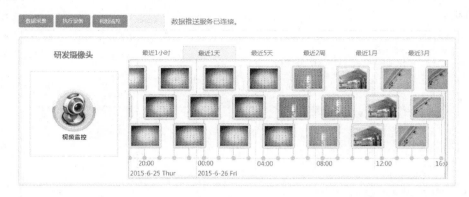

图 8.73　图片曲线

8.7.5　开发步骤

登录智云物联应用网站"http://www.zhiyun360.com"，单击右上角的"注册"按钮，填写注册信息，如图 8.74 所示。

图 8.74　注册信息

完成注册后，会进入智云管理平台，可以添加和管理传感器、摄像头等，如图 8.75 所示。

图 8.75　添加传感器

在"项目信息"页面中单击下面的"编辑项目信息"，需要填写正确的智云 ID/Key，如图 8.76 所示。

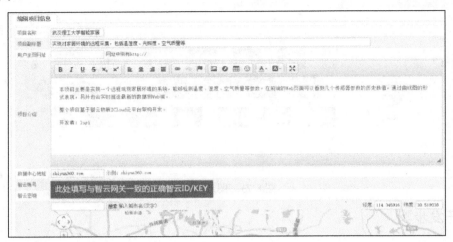

图 8.76 编辑项目信息

8.7.6 任务结论

通过本任务掌握云平台的基本原理和开发步骤，可以选择更多的传感器，构建个性化应用项目。

无线节点读取 IEEE 地址

ZigBee 无线节点/协调器的读取 IEEE 地址的方法如下。

（1）安装 TI CC2530 程序下载工具。SmartRF Flash Programmer 的安装文件为"\DISK-ZigBee/04-常用工具/ZigBee/Setup_SmartRFProgr_1.12.4.exe"。

（2）将 CC2530 仿真器通过调试转接板连接到节点的调试接口槽，另一端通过 USB 线缆接入到电脑（驱动默认位置为"C:\Program Files (x86)/Texas Instruments\SmartRF Tools/Drivers/Cebal）。

（3）运行 SmartRF Flash Programmer 程序，在"program"下拉菜单选择"Program CCxxxx SoC or MSP430"，此时"System-on-Chip"选项卡可以看到已经识别了仿真器为 SmartRF04EB 和节点芯片类型为 CC2530。如果没有看到仿真器，则按一下仿真器的复位按钮或重新插拔仿真器的 USB 线缆，找到"Read IEEE"按钮并单击，在页面的"IEEE 0x"一栏就会显示 CC2530 的 MAC 地址信息，如图 A.1 所示。

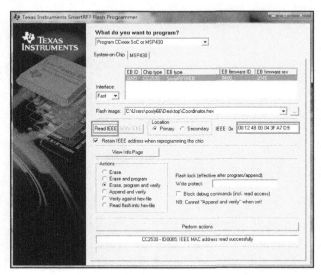

图 A.1

说明：默认无线节点采用的是主 IEEE 地址（全球唯一不可修改），但根据实际需求用户可以采用扩展地址，可在上述软件的"Location"中选择"Secondary"进行读取/写入扩展地址，则此时节点启动时将默认使用该地址作为 IEEE 地址。当不使用扩展地址时，选择"Erase"擦除 Flash 即可。

认识常用的传感器

下面是常用的传感器模块图片。

（1）可燃气体（Combustible Gas）传感器如图 B.1 所示，空气质量传感器与可燃气体传感器外形一样，只是型号不同。

（2）酒精传感器如图 B.2 所示。

图 B.1　可燃气体传感器

图 B.2　酒精传感器

（3）雨滴/凝露传感器如图 B.3 所示。

（4）火焰传感器如图 B.3 所示，检测火焰前，需要将电位器调节至 LED 灯刚刚灭。

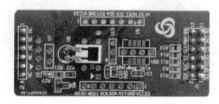

图 B.3　雨滴/凝露传感器

图 B.4　火焰传感器

（5）光敏传感器如图 B.5 所示。

（6）霍尔传感器如图 B.6 所示。

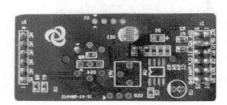

图 B.5　光敏传感器

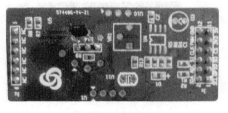

图 B.6　霍尔传感器

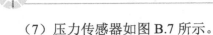

（7）压力传感器如图 B.7 所示。

（8）三轴传感器如图 B.8 所示。

图 B.7　压力传感器

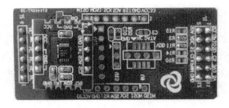
图 B.8　三轴传感器

（9）温/湿度传感器（分两种）如图 B.9 所示。

DHT11

SHT1x

图 B.9　温/湿度传感器

（10）人体红外传感器如图 B.10 所示。

（11）超声波测距传感器如图 B.11 所示。

图 B.10　人体红外传感器

图 B.11　超声波测距传感器

（12）继电器传感器如图 B.12 所示。

（13）RFID 传感器如图 B.13 所示。

图 B.12　继电器传感器

图 B.13　RFID 传感器

参考文献

[1] 刘云山. 物联网导论. 北京：科学出版社，2010.

[2] 信息化和工业化深度融合专项行动计划（2013—2018）. 工信部信〔2013〕317 号. 工业和信息化部.

[3] 物联网发展专项行动计划. 发改高技[2013]1718 号. 国家发展改革委、工业和信息化部等 10 个部门.

[4] 陈海明，崔莉，谢开斌. 物联网体系结构与实现方法的比较研究[J]. 计算机学报，2013,01:168-188.

[5] 李新慧，俞阿龙，潘苗. 基于 CC2530 的水产养殖监控系统的设计[J]. 传感器与微系统，2013,03:85-88.

[6] 张京，杨启良，戈振扬，等. 温室环境参数无线传感器网络监测系统构建与 CC2530 传输特性分析[J]. 农业工程学报，2013,07:139-147.

[7] 李正民，张兴伟，柳宏川. 基于 CC2530 的温湿度监测系统的设计与实现[J]. 测控技术，2013,05:25-28,39.

[8] 廖建尚. ARM9 和 Linux 的 DS18B20 驱动程序研究[J]. 单片机与嵌入式系统应用，2013,04:53-56.

[9] 张猛，房俊龙，韩雨. 基于 ZigBee 和 Internet 的温室群环境远程监控系统设计[J]. 农业工程学报，2013,S1:171-176.

[10] 唐珂. 国外农业物联网技术发展及对我国的启示[J]. 中国科学院院刊，2013,06:700-707.

[11] 葛文杰，赵春江. 农业物联网研究与应用现状及发展对策研究[J]. 农业机械学报，2014,07:222-230,277.

[12] 郭利全，谢维波. 基于 Android 平台的可视对讲系统的设计与实现[J]. 微型机与应用，2012,05:4-7.

[13] 钱志鸿，王义君. 物联网技术与应用研究[J]. 电子学报，2012,05:1023-1029.

[14] 蔡利婷，陈平华，罗彬，等. 基于 CC2530 的 ZigBee 数据采集系统设计[J]. 计算机技术与发展，2012,11:197-200.

[15] 赵春江，屈利华，陈明，等. 基于 ZigBee 的温室环境监测图像传感器节点设计[J]. 农业机械学报，2012,11:192-196.

[16] 盛平，郭洋洋，李萍萍. 基于 ZigBee 和 3G 技术的设施农业智能测控系统[J]. 农业机械学报，2012,12:229-233.

[17] 杨玮，吕科，张栋，等. 基于 ZigBee 技术的温室无线智能控制终端开发[J]. 农业工程学报，2010,03:198-202.

[18] 韩华峰，杜克明，孙忠富，等. 基于 ZigBee 网络的温室环境远程监控系统设计与应用[J]. 农业工程学报，2009,07:158-163.

[19] 沈苏彬，范曲立，宗平，等. 物联网的体系结构与相关技术研究[J]. 南京邮电大学

学报（自然科学版），2009,06:1-11.

[20] 俞仁来，谭明皓. 基于 ZigBee 的无线传感器网络路由分析[J]. 通信技术，2011,01: 129-131.

[21] 石家骏，钟俊，易平. 基于 ZigBee 的无线抄表系统网关的设计与实现[J]. 计算机工程与设计，2011,03:875-878.

[22] 衣翠平，柏逢明. 基于 ZigBee 技术的 CC2530 粮库温湿度检测系统研究[J]. 长春理工大学学报（自然科学版），2011,04:53-57.

[23] 廖建尚. 基于 CC2530 和 ZigBee 的智能农业温湿度采集系统设计[J]. 物联网技术，2015,08:25-29.

[24] 丁小伟. 基于 Andriod 终端的酒店移动点餐系统设计[J]. 自动化与仪器仪表，2015,12: 241-243.

[25] 韩华峰，杜克明，孙忠富，等. 基于 ZigBee 网络的温室环境远程监控系统设计与应用[J]. 农业工程学报，2009,7:158-163.

[26] 安璐，丁恩杰，李曙俏. 基于 ZigBee 的采空区无线温度监测系统[J]. 传感器与微系统，2012,04:96-98.

[27] Texas Instruments. Z-Stack developer's guide[M]. California USA: Texas Instruments, 2015.

[28] ZigBee Alliance. ZigBee Speciafication[S]. USA: ZigBee Alliance, 2008.

[29] Texas Instruments. Z-Stack user's guide for smartrf05eb and CC2530. California USA:Texas Instruments, 2011.

[30] 黎贞发，王铁，宫志宏，等. 基于物联网的日光温室低温灾害监测预警技术及应用[J]. 农业工程学报，2013,4:229-236.

[31] 吴舟. 基于移动互联网的农业大棚智能监控系统的设计与实现[J]. 北京：北京邮电大学，2013.

[32] 张瑞瑞，赵春江，陈立平，等. 农田信息采集无线传感器网络节点设计[J]. 农业工程学报，2009,11:213-218.

[33] Janjai S, Wattan R, Nunez M. A statistical approach for estimating diffuse illuminance on vertical surfaces[J]. Building and Environment, 2009, 44(10): 2097-2105.

[34] Masaaki K T I N H. validation of lighting simulation program with all sky model-l [A]. International Commission on illumination [J]. Proceedings of 26th Session of the CIE (Volume 2), 2007.

[35] 倪天龙. 单总线传感器 DHT11 在温湿度测控中的应用[J]. 单片机与嵌入式系统应用，2010,6:60-62.

[36] 李长有，王文华. 基于 DHT11 温湿度测控系统设计 [J]. 机床与液压，2013,13:107-108,97.

[37] DHT11 Humidity & Temperature Sensor. http://www.micro4you.com/files/sensor/DHT11. pdf.

[38] 周凌云，陈志雄，李卫民. TDR 法测定土壤含水量的标定研究[J]. 土壤学报，2003,1: 59-64.

[39] 王芳，王凯，王先超. 基于 ARM-Linux 与 DS18B20 的温度监测系统[J]. 计算机工

程与设计，2010,12:2736-2739.

[40] 邓中华.ZigBee 技术在无线温度采集系统中的应用研究[D].华南理工大学，2011.

[41] 李法春．C51 单片机应用设计与技能训练[M]．北京：电子工业出版社，2011.

[42] CC2530 Data Sheet. http://www.ti.com/.

[43] CC253x System-on-Chip Solution for 2.4 GHz IEEE 802.15.4 and ZigBee® Applications User's Guide.

[44] 贾玖玲．周期性非均匀采样处理带通信号的研究及实现[D]．大连海事大学，2016.

[45] 高婷．基于北斗定位的海上落水报警装置设计与研究[D]．上海海洋大学，2014.

[46] 宋景文．火焰传感器[J]．自动化仪表，1991(05)：5-6.

[47] 刘振照．基于 OpenGL 的继电器三维可视化仿真系统的研究与开发[D]．福州大学，2006.

[48] 张璞汝，张千帆，宋双成，等．一种采用霍尔传感器的永磁电机矢量控制[J]．电源学报，2017(1)：1-8.

[49] 张潭．开关型集成霍尔传感器的研究与设计[D]．电子科技大学，2013.

[50] 3141 sensitive hall-effect switches for high-temperature operation（datasheet）.

[51] 陈疆．基于超声波传感器的障碍物判别系统研究[D]．西北农林科技大学，2005.

[52] 范洪亮．基于红外传感器的地铁隧道监测系统的设计[D]．黑龙江大学，2015.

[53] 张群强，赵巧妮．基于 MQ-2 型传感器火灾报警系统的设计[J]．价值工程，2015，(13)：96-98.

[54] 李雯．基于 MQ-3 的酒精测试器的设计研究[J]．计算机知识与技术，2015，（20）：181+201.

[55] 徐良雄．酒精浓度超标报警器设计与分析[J]．电子设计工程，2011，（13）：82-84.

[56] 郭坚．基于 SIM908 的无人机空气质量监测系统设计与研究[D]．天津大学，2014.

[57] 3-Axis Orientation/Motion Detection Sensor.

[58] 杨枫．加速传感器在手机中的应用及其摄像头替代技术研究[D]．上海交通大学，2012.

[59] 张金燕，刘高平，杨如祥．基于气压传感器 BMP085 的高度测量系统实现[J]．微型机与应用，2014，(06):64-67.

[60] MFRC522 datasheet http：//www.dzsc.com/datasheet/MFRC522_2417831.html.

[61] MFRC522 非接触式读卡器 IC．广州周立功单片机发展有限公司.

[62] 金海红．基于 Zigbee 的无线传感器网络节点的设计及其通信的研究[D]．合肥工业大学，2007.

[63] 彭瑜．低功耗、低成本、高可靠性、低复杂度的无线电通信协议——ZigBee[J]．自动化仪表，2005(05)：1-4.

[64] Alliance Z B．ZigBee Specification[J]．2007,1(1).

[65] Texas Instrument．ZStack Compile Options.pdf.

[66] 樊明如．基于 ZigBee 的无人值守的酒店门锁系统研究[D]．安徽理工大学，2014.

[67] 陈明燕．基于 ZigBee 温室环境监测系统的研究[D]．西安科技大学，2012.

[68] Texas Instrument．ZStackDeveloper's Guide.

[69] http://developer.android.com/.

[70] Phillips Bill Brian Hardy. Android Programming. the big nerd ranch gui 2013-9.

[71] Meier Reto.professional Android 4 application development. Wrox. 2012-05.

[72] 褚欣媛. 基于 ZigBee 的智能家居安防系统[D]. 太原理工大学，2013.

[73] 黄俊祥，陶维青. 基于 MFRC522 的 RFID 读卡器模块设计[J]. 微型机与应用，2010，(22):16-18.